"十三五"普通高等教育本科规划教材

高等院校电气信息类专业"互联网+"创新规划教材

数据库原理与应用（SQL Server 版）（第 2 版）

毛一梅　郭　红　主编

北京大学出版社

PEKING UNIVERSITY PRESS

内 容 简 介

本书第 2 版从数据库原理入手，结合 Microsoft SQL Server 2012 的具体应用，详细介绍了数据库技术的相关知识。本书第 2 版分 3 篇共 10 章：第 1 篇为导入篇，包括第 1 章和第 2 章，主要介绍数据库的相关概念和发展进程；第 2 篇为基础篇，包括第 3 章至第 8 章，以 Microsoft SQL Server 2012 为实施工具介绍数据库的基本操作技巧；第 3 篇为应用篇，包括第 9 章和第 10 章，介绍数据库编程和数据库设计的方法，本书的特点在于理论与实际的紧密结合，各章中有大量的应用实例供读者学习和提高。

本书适合作为本科院校数据库相关课程的教材，也可供数据库技术初、中级水平的读者自学使用。

图书在版编目（CIP）数据

数据库原理与应用：SQL Server 版 / 毛一梅，郭红主编. —2 版. —北京：北京大学出版社，2017.6
（高等院校电气信息类专业"互联网+"创新规划教材）
ISBN 978-7-301-28262-5

Ⅰ. ①数… Ⅱ. ①毛… ②郭… Ⅲ. ①关系数据库系统—高等学校—教材 Ⅳ. ①TP311.138

中国版本图书馆 CIP 数据核字(2017)第 095408 号

书　　　　名	数据库原理与应用(SQL Server 版)(第 2 版)	
	SHUJUKU YUANLI YU YINGYONG	
著作责任者	毛一梅　郭　红　主编	
策 划 编 辑	郑　双	
责 任 编 辑	李娉婷	
数 字 编 辑	陈颖颖	
标 准 书 号	ISBN 978-7-301-28262-5	
出 版 发 行	北京大学出版社	
地　　　　址	北京市海淀区成府路 205 号　100871	
网　　　　址	http://www.pup.cn　新浪微博：@北京大学出版社	
电 子 信 箱	pup_6@163.com	
电　　　　话	邮购部 62752015　发行部 62750672　编辑部 62750667	
印 刷 者	北京鑫海金澳胶印有限公司	
经 销 者	新华书店	
	787 毫米×1092 毫米　16 开本　22.75 印张　536 千字	
	2012 年 2 月第 1 版	
	2017 年 6 月第 2 版　2019 年 6 月第 2 次印刷	
定　　　　价	52.00 元	

第 2 版前言

数据库技术是当今世界高新技术潮流中的主流技术之一，在信息量高速迸发的今天，数据库技术越来越被重视，各行各业均离不开数据库，如何更好地管理和使用数据库也是企业和政府格外关注的话题。

作为应用型本科类的学校，人才培养目标不是造就研究型的知识精英，而是要打造有一定文化素养的、有实用价值的人才。因此，编者于 2010 年编写了《数据库原理与应用(SQL Server 版)》。在本书的编写过程中，编者充分考虑应用型本科学生自身的特点和发展方向，把数据库技术中的原理与具体的应用紧密结合，把数据库技术的运用方法和技巧融入具体的数据库应用实例中去，深入浅出、循序渐进地讲解了数据库系统的基本概念和基本理论。本书第 1 版出版后受到了广大读者的好评。鉴于近年来数据库技术的快速发展，应读者的要求，编者对本书第 1 版进行修订改编，对数据库新技术方面的知识进行了普及性介绍，如数据仓库、分布式数据库、大数据等概念；本书第 2 版以数据库原理为知识背景，以主流数据库 Microsoft SQL Server 2012 为实施工具，并提供了实验指导，详细列出了操作方法和步骤，方便教师教学和学生自学；另外，在本书第 2 版的最后一章给出了针对具体的信息系统进行数据库设计的完整分析思路和实施步骤。

本书第 2 版分 3 篇共 10 章：第 1 篇为导入篇，包括第 1 章和第 2 章，主要介绍数据库的相关概念和发展进程，如数据库相关定义、数据库的起源与近年来所应用的新技术、数据模型的概念、关系的数学定义、关系的完整性及关系的规范化等知识；第 2 篇为基础篇，包括第 3 章至第 8 章，以 Microsoft SQL Server 2012 为实施工具介绍数据库的基本操作技巧，如数据库的管理、数据表的管理、数据的查询、视图的管理与应用、数据的安全管理等；第 3 篇为应用篇，包括第 9 章和第 10 章，介绍数据库编程和数据库设计的方法，包括函数、批命令、事务、存储过程、触发器等的创建与管理，数据库的设计步骤等，并给出了相应的应用案例。

本书第 2 版的特点是涵盖知识比较全面，既包括了数据库的基础理论知识，又包括了数据库的应用技术，并提供了大量实例。编者根据 6 年来的教学实践活动，总结了经验，对第 1 版内容中的第 10 章和第 12 章的重点内容归并到了与之相关的章节，并对整本教材的章节顺序进行了部分调节，增加了相应的实验指导，为读者理解相关知识点、提高实际应用能力提供了方便。本书在第 1、4、6、10 章相关内容旁嵌入了微课视频的二维码，学生通过扫描二维码学习可以更好地预习和复习所学操作。

本书由毛一梅、郭红担任主编，本书第 2 版具体编写分工如下：第 1、2、6、7、10章由上海商学院毛一梅、张晶老师改编，第 3、4、5、9 章由华北科技学院郭红老师改编，

第 8 章由毛一梅和华北科技学院吴晓丹老师共同改编，最后由毛一梅、郭红统稿!

在本书的编写过程中，编者得到了上海商学院计算机学院老师们的热情支持，他们对本书的修订提出了宝贵的建议，在此深表谢意。鉴于编者学识水平有限，书中不当之处望广大读者不吝赐教，联系方式：yimei_mao@163.com。

编　者

2017 年 2 月

【资源索引】

目　　录

第 3 篇 应 用 篇

第1篇

导 入 篇

第1章

绪　　论

1. 掌握数据库的基本概念。
2. 了解数据管理的发展历史。
3. 熟悉基本的数据模型。

在信息时代的今天，各行各业都有各自不同的信息管理系统，几乎所有的信息管理系统都要用到数据库，相信大家也曾听过许多关于数据库的专业术语，那么，也许大家会问：

- 什么是数据？数据和信息之间有什么关系？
- 什么是数据库？数据库、数据库系统、数据库管理系统之间有什么联系？
- 数据库系统是如何发展起来的？近年来产生了哪些新的数据库技术？
- 数据库系统是如何将复杂的内部结构屏蔽起来的？
- 什么是数据仓库？数据仓库和传统的数据库系统有什么不同之处？
- 什么是分布式数据库系统？它有什么特点？
- 什么是大数据？它的 4V 特征的具体内容是什么？
- 什么是数据库结构模型？不同的数据库结构模型各有什么优缺点？

本章将详细介绍数据库及数据库技术的相关概念和知识。在完成本章的学习任务之后，相信读者可以轻松地回答以上问题。

【微课视频】

1.1 数据库系统概述

在科技飞速发展的今天，信息无处不在，为了及时获取有效的信息，人们通常要把数据收集起来，然后进行加工处理，从中发现有用的信息。因此，数据处理是当前计算机的主要应用之一，数据库技术是作为一门数据处理技术而发展起来的，所研究的问题就是如何科学地组织和存储数据，如何高效地获取和处理数据。

在当今这个信息爆炸的年代，随着数据量的日益膨胀，数据库技术作为信息分析的核心和基础得到了越来越广泛的应用。

1.1.1 数据

众所周知，做任何一件事情决策很重要，而正确的决策必须有正确的信息作为依据，这些信息来源于事实。

什么是数据？数据(Data)就是对客观事实的记录，它是可以鉴别的符号，这种符号可以是数字、文字、图形、图像、声音等多种表现方式。

在现代计算机系统中，数据的概念是广义的。早期的计算机系统主要用于解决烦琐的数字计算，处理的数据主要是整数、实数、浮点数等传统数学中的数据。现代计算机能够存储和处理的对象十分广泛，不仅可以是数字、文本、图形，还可以是音频、视频等多媒体数据。因此，数据的形式越来越复杂。

数据和其语义是不可分的。所谓数据的语义就是指对数据的解释，例如，402 是一个数据，它可能是一个门牌号，也可能是一个货品的编号或价格，如果只有一个数据而没有对它的解释，那么这个数据是毫无意义的。因此，数据不是一个孤立的符号，伴随着数据的出现必须要对该数据的含义进行说明，也就是说，数据是要有语义的。

数据与信息有什么关系？数据与信息不同，数据指的是用符号记录下来的可区别的一种事物的特征或事实，信息是反映现实世界的知识。信息以数据的形式表示，即数据是信息的载体；信息是抽象的，而数据是具体的，信息不随数据设备所决定的数据形式而改变；信息是经过加工，并对客观世界产生影响的数据；信息是对数据的解释。而数据的表现方式可以是不同的，数据既是对客观事实的记录，也是对信息的一种描述。

同一个数据经过不同人的处理可以产生不同的信息，同一个数据在不同背景下也会产生不同的信息。例如，同样一个产品的销售数据对于一个大型企业来说，可能会觉得销售量太小，需要减少产量，调整产品销售策略；而这个销售数据对于一个小型企业来说，可能就觉得销售量很大，需要增加该产品的产量。

数据处理是指将数据向信息转换的过程，包括对数据的收集、存储、传播、检索、分类、加工和输出等活动。

1.1.2 数据库

什么是数据库？数据库(Database，DB)是长期存储在计算机内的、有组织的、可共享的大量数据的集合。数据库中的数据不是杂乱无章地堆积在一起的，而是按照一定的数据模型组织、描述和存储的。数据库中的数据相互关联，可以为多个用户、多个程序所共享，具有较小的冗余度，数据间联系密切，但又有较高的数据独立性。

数据库技术要解决的主要问题就是如何科学地组织和存储数据，如何高效地获取、更新和加工处理数据，并保证数据的安全性、可靠性和共享性。

数据库技术从诞生到现在，在不到半个世纪的时间里，形成了坚实的理论基础，成熟的商业产品和广泛的应用领域，吸引了越来越多的研究者加入。数据库的诞生和发展给计算机信息管理带来了一场巨大的革命。30 多年来，国内外已经开发建设了成千上万个数据库，它已成为企业、部门乃至个人日常工作、生产和生活的基础设施。同时，随着应用的扩展与深入，数据库的数量和规模越来越大，数据库的研究领域也已经大大地拓宽和深化了。

1.1.3　数据库管理系统

数据库管理系统(Database Management System，DBMS)是位于用户与操作系统之间的一层数据管理软件，为用户或应用程序提供访问数据库的方法，是用来管理数据库的计算机应用软件，可以让用户很方便地对数据库进行维护、排序、检索和统计等操作。数据库管理系统的主要目标就是使数据成为方便用户使用的资源，易于为各类用户所共享，它建立在操作系统的基础之上，对数据库进行统一的管理和控制。

数据库管理系统是用户与数据库的接口，应用程序只有通过数据库管理系统才能和数据库"打交道"。数据库管理系统的基本功能有定义数据、组织和管理数据、数据库运行管理、数据库创建和维护等。

数据库管理系统是一个大型的、复杂的软件系统，是信息管理系统中的基础软件。目前专门研制数据库管理系统的厂商及其研制的 DBMS 产品有很多，比较著名的有 IBM 公司的 DB2 关系数据库管理系统和 IMS 层次数据库管理系统、Oracle 公司的 Oracle 关系数据库管理系统、Sybase 公司的 Sybase 关系数据库管理系统和 Microsoft 公司的 Access、SQL Server 关系数据库管理系统等。

1.1.4　数据库系统

数据库系统(Database System，DBS)是实现有组织地、动态地存储大量关联数据，方便多用户访问的计算机软件、硬件和数据资源组成的系统，即采用了数据库技术的计算机系统。从狭义上来讲，数据库系统主要是指数据库、数据库管理系统、应用程序和用户或应用软件。从广义上来讲，它不仅包括数据库、数据库管理系统、应用程序和用户或应用软件，还包括计算机硬件、操作系统和维护人员。其中，数据库管理系统是数据库系统的核心和主体，它保证了数据库的独立性和共享性。

数据库、数据库系统、数据库管理系统之间又有什么联系呢？可以用一个图书馆系统来比拟一个数据库系统，把数据库看作图书馆里的书库，数据库中的数据看作图书馆中的图书，把数据库管理系统看作图书馆管理的操作规程，图书馆中的一切操作如书的存储、查阅、借还等及所有的日常管理都必须按照图书馆指定的操作规程进行，而数据库中对数据的任何操作包括数据的定义、数据的查询、数据的维护、数据库的运行控制等也都必须在数据库管理系统的管理之下进行。

1.2　数据管理技术的产生和发展

【微课视频】

数据管理指的是对数据的分类、组织、编码、存储、检索和维护等。计算机的数据管理主要经历了人工管理、文件系统、数据库系统 3 个阶段。

1.2.1　人工管理阶段

在 20 世纪 50 年代中期以前，计算机主要用于科学计算。由于当时的外存只有纸带、卡片、磁带，没有磁盘等直接存取的存储设备，数据只是在需要时输入，用完后撤走，且没有专门用于管理硬件设备的操作系统，也没有管理数据的专门软件。数据开发人员在应用程序中自己设计、定义和管理数据，应用程序中不仅要规定数据的逻辑结构，还要设计物理结构，包括存储结构、存取方法、输入方式等，数据处理方式是批处理。所有的数据完全由人工进行管理，因此这个阶段被称为人工管理阶段。在这个阶段，数据本身不能独立存储和提供应用，只能是附属于计算机程序的一部分，不能在应用程序之间共享，随着应用程序一起运行与消失。

1.2.2　文件系统阶段

20 世纪 50 年代后期到 20 世纪 60 年代中期，随着计算机硬件的发展，有了磁盘、磁鼓等直接存取的存储设备，计算机的应用范围不再局限于科学计算，操作系统中已经有了专门的数据管理软件，一般称为文件系统，处理方式上不仅有了文件批处理，而且能够联机进行实时处理。在文件系统阶段，数据可以以文件的组织方式长期保存在外存上，使用程序反复进行查询、修改、插入、删除等操作；程序和数据之间有了一定的独立性，操作系统提供文件管理功能和访问文件的存取方法，程序和数据之间有了数据存取的接口，数据具有一定的共享性，但是它的共享性是有一定局限的。当不同的应用程序使用部分相同的数据时，仍必须建立各自的文件，而不能共享相同的数据，造成了数据的冗余度大，且不能确保数据的一致性。文件系统阶段数据与程序之间的相互依赖性依然较强。

1.2.3　数据库系统阶段

文件系统中存在的各种问题使人们把希望寄托在数据库系统中。数据库是由逻辑上关联的数据组成的，它存储在一个数据"储藏室"中，数据库在最终用户数据的存储、访问和管理方面采用了不同的方式。通过数据库系统中的数据库管理系统软件，人们可以在很大程度上消除在文件系统中存在的数据不一致、数据异常、数据依赖和结构依赖等问题。

数据库系统与文件系统的主要区别在于：文件系统是操作系统的重要组成部分，而数据库系统是独立于操作系统、在操作系统之上实现的软件，数据库中数据的组织和存储是通过操作系统中的文件系统来实现的；文件系统中的文件是为某一特定应用服务的，文件的逻辑结构对该应用程序来说是优化的，但要想为现有的数据增加一些新的应用会很困难，系统不容易扩充，而数据库系统面向现实世界，它共享性高、冗余度小、易扩充，具有较高的物理独立性和一定的逻辑独立性，整体数据结构化，用数据模型来描述，由数据库管理系统提供数据的安全性、数据的完整性、并发控制能力和数据恢复能力。

使用数据库系统可以大大提高应用程序开发的效率。因为在数据库系统中，应用程序

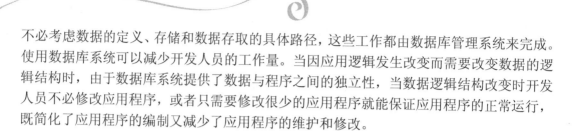

不必考虑数据的定义、存储和数据存取的具体路径，这些工作都由数据库管理系统来完成。使用数据库系统可以减少开发人员的工作量。当因应用逻辑发生改变而需要改变数据的逻辑结构时，由于数据库系统提供了数据与程序之间的独立性，当数据逻辑结构改变时开发人员不必修改应用程序，或者只需要修改很少的应用程序就能保证应用程序的正常运行，既简化了应用程序的编制又减少了应用程序的维护和修改。

使用数据库系统可以减轻数据库系统管理人员维护系统的负担。因为数据库系统在数据库建立、运行和维护时对数据库进行统一的管理和控制。

总之，使用数据库系统的优点有很多，既便于数据的集中管理，控制数据冗余，提高数据的利用率和一致性，又有利于应用程序的开发和维护。

1.2.4 数据库系统的发展

近年来，随着 Internet 技术及其应用的高速发展，新的数据库技术不断涌现，数据仓库、分布式数据库系统、大数据等名词大家也都耳熟能详，限于篇幅，这里不再做详细的探讨，但为了帮助大家了解近年来数据库系统的发展进程，这里简单地介绍一下相关概念。

1. 数据仓库

随着 20 世纪 90 年代后期 Internet 的兴起与飞速发展，大量的信息和数据要求我们用科学的方法整理，从不同视角对企业经营各方面的数据和信息进行精确分析、准确判断，数据仓库系统也就应运而生。

数据仓库技术是基于数学及统计学的严谨逻辑思维达成"科学的判断、有效的行为"的一个工具。数据仓库技术也是一种实现"数据整合、知识管理"的有效手段。

数据仓库(Data Warehouse，DW 或 DWH)是为企业所有级别的决策制定提供所有类型数据支持的战略集合。数据仓库之父比尔·恩门(Bill Inmon)在 1991 年出版的 *Building the Data Warehouse* (《建立数据仓库》)一书给出的定义：数据仓库是一个面向主题(Subject Oriented)的、集成(Integrated)的、相对稳定(Non-Volatile)的、反映历史变化(Time Variant)的数据集合，用于支持管理决策(Decision Making Support)。

与传统数据库面向应用进行数据组织不同，数据仓库中的数据是面向主题进行组织的。主题是指用户使用数据仓库进行决策时所关心的重点问题，一个主题通常与多个操作型信息系统相关。面向主题的数据组织方式，就是在较高层次上对分析对象的数据的一个完整、一致的描述，能完整、统一地体现各个分析对象所涉及的各项数据及数据间的联系。

数据仓库是集成的，数据仓库中的数据是从原有分散的数据库中抽取出来的，由于数据仓库的每一主题所对应的源数据在原有分散的数据库中可能有重复或不一致的地方，加上综合数据不能从原有数据库中直接得到。因此，数据在进入数据仓库之前必须经过统一和综合处理形成集成化的数据。也就是说，将所需数据从原来的数据中抽取出来，进行加工与集成、统一与综合之后才能进入数据仓库。

数据仓库的数据主要供企业决策分析使用，所涉及的数据操作主要是数据查询，一旦某个数据进入数据仓库以后，一般情况下将被长期保留，即数据仓库中一般有大量的查询操作，但修改和删除操作很少，通常只需要定期地加载、刷新。

数据仓库中的数据通常包含历史信息，系统地记录了企业从过去某一时点(如开始应用数据仓库的时点)到当前的各个阶段的信息,通过这些信息,可以对企业的发展历程和未来趋势做出定量分析和预测。

数据仓库和数据库系统在其功能、面向的用户和存储对象等诸多方面有所不同,其主要区别见表1-1。

表1-1　数据仓库和数据库系统的主要区别

数据仓库	数据库系统
管理层使用	一线人员使用
支持战略决策	支持日常运营
用于联机分析	用于事务处理
面向主题	面向应用程序
存储历史数据	存储当前数据
不可预测查询模型	可预测查询模型

随着数据仓库技术的日趋成熟,基于数据仓库的决策支持系统正在许多大型企业中发挥着重要的作用。广义地说,基于数据仓库的决策支持系统由3个部件组成:数据仓库技术、联机分析处理技术和数据挖掘技术,其中数据仓库技术是系统的核心。

2. 分布式数据库系统

随着网络的普及与应用,传统集中式数据库系统的不足日渐明显,大量的数据需要在分布的网络上采集和发布。采用集中式处理数据的方式不仅大大加重了网络通信负担,还导致信息系统的规模和配置受到局限,且一旦集中式数据库服务器出现故障,整个系统会完全瘫痪。于是,分布式数据库系统于20世纪70年代末诞生,80年代进入成长阶段。20世纪90年代起分布式数据库系统开始进入商品化应用阶段,一些数据库厂商也在不断推出和改进自己的分布式数据库产品。

分布式数据库系统(Distributed Database System,DDBS)是物理上分散而逻辑上集中的数据库系统。一个分布式数据库系统具有物理分布性、逻辑整体性、站点自治性等特点。

1) 物理分布性

分布式数据库系统中的数据不是存储在一个站点上的,而是分散存储在由计算机网络连接起来的多个站点上,而且这种分散存储对用户来说是感觉不到的。所以,分布式数据库系统的数据具有物理分布性,这是与集中式数据库系统的区别之一。

2) 逻辑整体性

分布式数据库系统中的数据物理上分散在各个站点中的,但这些分散的数据逻辑上构成一个整体,它们被分布式数据库系统的所有用户(全局用户)共享,并由一个分布式数据库管理系统统一管理。这使得"分布"对于用户来说是透明的,也就是说用户感觉不到数据是分布在不同地方的。这是分布式数据库的"逻辑整体性"特点,也是与分散式数据库的最大区别。区分一个数据库系统是分散式的还是分布式的,只要判断该数据库系统是否支持全局应用即可。所谓全局应用,是指一个应用所使用的数据涉及两个或两个以上站点上的数据。分布式数据库系统中包含全局数据库(Global Database,GDB)和局部数据库(Local Database,LDB)。全局数据库由全局数据库管理系统(Global Database Management System,GDBMS)进行管理。所谓全局,是指从整个系统角度出发研究问题。局部数据库由局部数据库管理系统(Local Database Management System，LDBMS)进行管理。所谓局部，是指从各个站点自己的角度出发研究问题。

3) 站点自治性

站点自治性也称场地自治性，各站点上的数据由本地的 DBMS 管理，具有自治处理能力，完成本站点的应用(局部应用)，这是分布式数据库系统与多处理机系统的区别。多处理机系统虽然把数据也分散存放于不同的数据库中，但从应用角度来看，这种数据分布与应用程序没有直接的联系，所有的应用程序都由前端机处理，只不过对应用程序的执行由多个处理机进行，这样的系统仍然属于集中式数据库系统的范畴。

3. 大数据

大数据(Big Data)，或称巨量资料，指的是所涉及的资料量和规模量巨大到无法通过传统的软件工具，在合理时间内达到撷取、管理、处理并整理成为帮助企业经营决策实现更为积极目的的资讯。麦肯锡全球研究所给出的大数据定义：一种规模大到在获取、存储、管理、分析方面大大超出了传统数据库软件工具能力范围的数据集合，它具有海量的数据规模、快速的数据流转、多样的数据类型和价值密度低四大特征。这四大特征也被人们称为大数据的 4V 特征，即 Volume(大量化)、Variety(多样化)、Velocity(快速化)、Value(价值化)。

大量化：全球在 2010 年正式进入 ZB 时代，互联网数据中心(Internet Data Center，IDC)预计到 2020 年，全球将总共拥有 35ZB 的数据量，企业面临着数据量的大规模增长。目前，大数据的规模尚是一个不断变化的指标，单一数据集的规模范围从几十 TB 到数 PB 不等。

多样化：传统的数据处理对象是结构化数据，然而，实际应用中有许多是非结构化的数据。数据多样性的增加主要是由于新型多结构数据，包括网络日志、社交媒体、互联网搜索、手机通话记录及传感器网络等数据类型造成。其中，部分传感器安装在火车、汽车和飞机上，每个传感器都增加了数据的多样性。

快速化：大数据高速描述的是数据被创建和移动的速度。在高速网络时代，通过基于实现软件性能优化的高速计算机处理器和服务器，创建实时数据流已成为流行趋势。企业不仅需要了解如何快速创建数据，还必须知道如何将数据快速处理、分析并返回给用户，以满足他们的实时需求。

价值化：大量的不相关信息，浪里淘沙却又弥足珍贵。大数据的价值深藏于浩翰的数据中，需要使用数据挖掘、机器学习、人工智能等先进技术对其进行分析，将看似不关联的数据和信息关联起来，从而获取较高的价值回报。

大数据技术描述了新一代技术和架构，目的是通过高速捕获、发现和分析数据，经济高效地从种类繁多的大量数据中获益。

1.3 数据库的模式结构

【微课视频】

数据库系统是相关数据集和管理这些数据的软件程序的集合。数据库系统的主要作用就是为用户提供数据的抽象视图，大多数据库用户是非专业用户，因此，系统将数据的存储结构和维护操作细节的复杂性屏蔽起来，为用户提供更为高效的数据检索和维护界面。为此，数据库系统需建立特有的模式结构。

1.3.1 模式与实例

模式(Schema)是数据库逻辑结构和特征的描述，是对数据库的型的描述，反映了数据的结构及其联系。模式是相对稳定的。

模式的一个实例(Instance)就是模式的一个具体值，反映数据库某一时刻的状态。同一个模式可以有很多实例，实例随数据库中数据的更新而变动，实例是不稳定的。

数据库的模式结构被抽象为3层：视图层、逻辑层和物理层，人们通常也把这3层的模式结构称为外模式、逻辑模式和内模式。数据库的模式结构如图1.1所示。

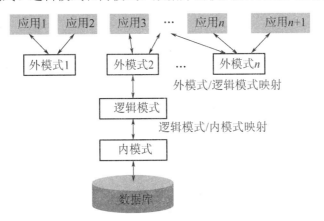

图 1.1 数据库的模式结构

从图1.1中可以看到，数据库的逻辑模式是数据库模式结构中的核心，数据库系统通过外模式到逻辑模式的映射和逻辑模式到物理模式的映射把数据库的物理结构与用户所看见的数据结构隔离开来，这样既方便用户检索和维护数据，也方便数据库设计者对存储的数据结构进行优化，确保数据最小冗余，最大限度满足数据的完整性、一致性和安全性等要求。

1.3.2 外模式

外模式也称子模式(Subschema)或用户模式，是数据库用户(包括应用程序员和最终用户)能够看见和使用的局部数据的逻辑结构和特征的描述，是数据库用户的数据视图，是与某一应用有关的数据的逻辑表示。

一个数据库可以有多个外模式，不同用户或应用程序中能看到不同的数据库外模式，通过外模式，将数据库的内部结构隐藏了起来，因此，外模式是保证数据安全性的一个有力措施。

外模式通常是模式的子集，一个数据库可以有多个外模式。反映了不同用户的应用需求、看待数据的方式、对数据保密的要求。对于模式中的同一数据来说，其在外模式中的结构、类型、长度、保密级别等都可以不同。

模式与外模式是一对多的关系，也就是说一个模式可以对应多个外模式，而一个外模式只对应一个模式；外模式与应用的关系也是一对多的关系，同一外模式可以为某一用户的多个应用程序所使用，但一个应用程序只能使用一个外模式。

1.3.3 逻辑模式

逻辑模式是数据库中全体数据的逻辑结构和特征的描述。逻辑模式是所有用户的公共数据视图，综合了所有用户的需求，是数据库的核心层，一个数据库只有一个逻辑模式。逻辑模式是数据库系统模式结构的中间层，既与数据的物理存储细节和硬件环境无关，又与具体的应用程序、开发工具及高级程序设计语言无关。

数据的逻辑结构主要指数据项的名称、类型、取值范围等。

1.3.4 内模式

内模式也称存储模式或物理模式，是数据物理结构和存储方式的描述，是数据在数据库内部的表示方式，是记录的存储方式。记录的存储方式规定了数据是顺序存储、按 B 树结构存储还是按 Hash 方法存储等。内模式还包括对索引的组织方式、数据是否压缩存储、数据是否加密、数据存储记录结构等物理存储方式的规定。内模式是在逻辑模式的基础上根据用户对检索速度、安全性的要求和数据量的大小、存储器的物理空间、所在位置等实际情况来设计的。一个数据库只有一个内模式，内模式和逻辑模式的关系是一对一的关系，也就是说一个内模式对应一个逻辑模式，一个逻辑模式也只对应一个内模式。

1.4 数据库模型

【微课视频】

由于计算机不能直接处理现实世界中的具体事物，因此，必须将那些具体的事物转换成计算机能够处理的数据。数据库中用数据模型来抽象、描述和处理现实世界中的数据。数据模型是数据库的核心概念，每个数据库中的数据都是按照某种特定的数据模型来组织的。

1.4.1 数据库模型的基本概念

数据库模型是数据库中用来表示数据结构和数据联系的逻辑概述的集合，数据库模型可以分为两种类型：概念模型和结构模型。

数据库的概念模型是独立于计算机系统的模型，强调的是数据库中描述的是什么，而不是如何描述它。概念模型通常用来描述某个特定组织所关心的信息结构。关于概念模型本书将在第 10 章中做详细的介绍。这里重点要讨论的是数据的结构模型，它直接面向数据库的逻辑结构，是现实世界的第二层抽象。

数据的结构模型好坏直接影响数据库的性能，因此，选择数据的结构模型是设计数据库的一项重要任务，现有的各种数据库管理系统软件都是基于某种结构模型的。数据库的结构模型包含数据结构、数据操作、数据完整性约束 3 个部分。

数据结构是所研究对象的数据模型，是指同一数据对象中各数据元素间存在的关系。常见的数据结构有层次结构、网状结构和关系结构等；数据操作是指对数据库各种对象的实例允许执行的操作的集合，包括操作及有关的操作规则；数据完整性约束条件是数据完整性规则的集合，完整性规则是给定的数据模型中数据及其联系所具有的依存规则，用以限定符合数据模型的数据库状态及其状态的变化。

1.4.2 数据库结构模型

数据库结构模型的 3 个方面内容即数据结构、数据操作和数据完整性约束完整地描述了一个数据模型，其中数据结构是描述模型性质的重要方面。因此，在数据库系统中，通常按照数据结构来命名数据模型，常用的数据结构模型有层次模型、网状模型和关系模型。

1. 层次模型

IBM 公司在 1968 年开发的层次数据库系统（Information Management System，IMS）是最典型的一种适合其主机的层次数据库。这是 IBM 公司首次研制成功的大型数据库管理系统软件产品。

层次模型采用树形结构表示数据之间的联系，树的节点称为记录，记录之间只有简单的层次关系。层次模型满足以下两个基本条件。

（1）有且只有一个节点没有父节点，该节点称为根节点。

（2）除根节点外，所有节点有且仅有一个父节点。

在层次模型中，每个节点表示一个记录类型，记录类型之间的联系用节点之间的连线（有向边）表示，这种联系是父子之间的一对多的联系，所以层次数据库管理系统只能处理一对多的实体联系。图 1.2 所示为一个层次模型示例，可以看出，它像一棵倒立的树。

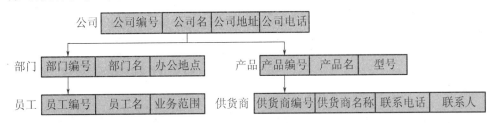

图 1.2　层次模型示例

在图 1.2 所示公司结构的层次模型中，有 5 种记录类型，记录类型"公司"是根节点，由"公司编号""公司名""公司地址""公司电话" 4 个字段组成，"部门"和"产品"是它的两个子节点。记录类型"部门"同时还是"员工"的父节点，由"部门编号""部门名""办公地点" 3 个字段组成。记录类型"产品"是"供货商"的父节点，包括"产品编号""产品名""型号" 3 个字段。"员工"和"供货商"是两个叶节点，它们没有子节点。由"公司"到"部门"到"员工"和由"公司"到"产品"到"供货商"均为一对多的联系。

图 1.3 所示是图 1.2 所示层次模型对应的一个值，该值是由 C01（上海电子产品销售公

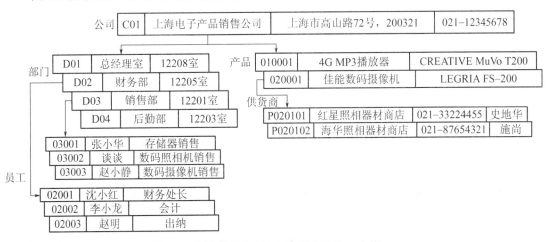

图 1.3　层次模型示例中层次数据库的一个值

司)记录值及其后代记录值组成的一棵树。C01 有 4 个部门记录值，即 D01、D02、D03、D04；两个产品值，即 010001、020001；部门 D02 有 3 个员工，即 02001、02002、02003；部门 D03 有 3 个员工，即 03001、03002、03003；产品 020001 有两个供货商，即 P020101、P020102。

层次模型的一个基本特点：任何一个给定记录的值只有按其路径查看时，才能显出它的全部意义，没有一个子记录的值能够脱离其父记录的值而独立存在。

层次模型的主要优点：层次模型的数据结构比较简单清晰，因此其查询效率高；层次模型提供了良好的完整性支持。

层次模型的不足之处：虽然层次模型能够比较好地处理一对多的联系，但对于现实世界中普遍存在的多对多的关系的处理能力较差。在层次模型中，处理多对多的联系时首先要将多对多的联系分解成多个一对多的联系才能进行处理，分解过程中容易产生数据的不一致性，并造成存储空间的浪费。在数据库中进行插入操作时，如果没有父节点的值，就不能插入子节点的值；在进行删除操作时，如果删除父节点的值，则子节点的值也同时被删除；在数据查询时，查询子节点的数据必须通过父节点。

2. 网状模型

1961 年，通用电气公司(General Electric Company)的 Charles Bachman 成功地开发出世界上第一个网状数据库管理系统——集成数据存储(Integrated Data Store, IDS)，奠定了网状数据库的基础，并在当时得到了广泛的发行和应用。IDS 具有数据模式和日志的特征，但它只能在 GE 主机上运行，并且数据库只有一个文件，数据库中所有的表必须通过手工编码来生成。之后，通用电气公司的一个客户——BF Goodrich Chemical 公司重写了整个系统，并将重写后的系统命名为集成数据管理系统(Integrated Data Management System, IDMS)。

网状数据库模型对于层次和非层次结构的事物都能比较自然地模拟，在关系数据库出现之前，网状数据库管理系统要比层次型的数据库管理系统应用更为普遍。在数据库发展史上，网状数据库占有重要地位。

网状模型是层次模型的扩展，它满足以下条件。

(1) 可以有任意多个节点没有父节点。

(2) 一个节点允许有多个父节点。

(3) 两个节点之间可以有两种或两种以上的联系。

网状模型是一种比层次模型更具普遍性的数据结构，它允许两个节点之间有多种联系。因此，网状模型可以更直接地去描述现实世界，而层次模型实际上可以看作网状模型的一个特例。

与层次模型一样，网状模型中每个节点表示一个记录类型(实体)，每个记录类型可以包含若干个字段(实体的属性)，节点间的连线表示记录类型(实体)之间一对多的父子联系。与层次模型不同的是，网状模型中每个子节点可以有多个父节点，即子节点和父节点的联系可以是不唯一的。

虽然从理论上来讲，网状数据库可以处理多对多的联系，但有些网状数据库(如 DBTG 系统)不能表示多对多的联系。在网状数据库中，可以方便地将多对多的联系化为一对多的联系。

网状模型示例如图 1.4 所示。客户和销售员之间本来是多对多的联系，即一个客户可以从多个销售员手中购买商品，一个销售员也可以向多个客户销售商品，为了将其化为一对多的联系,引入发票作为相互之间的连接记录。每个客户可以有多个发票,即对应于客户记录中的一个值,发票记录中可以有多个值与之联系,而发票记录中的一个值,只能与客户记录中的一个值联系,因此客户和发票之间的联系是一对多的联系;同样销售员与发票也是一对多的联系。

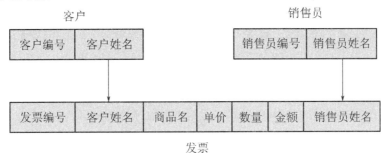

图 1.4 网状模型示例

网状模型的主要优点:与层次模型相比,网状模型更易实现多对多的联系,网状模型的数据访问灵活性明显优于层次模型,存取效率较高。

网状模型的主要缺点:结构较为复杂,不利于最终用户掌握。网状模型的数据定义、数据操作复杂,为了访问数据,数据库管理员、程序员和最终用户必须熟悉它的内部结构,并要将其嵌入某一种高级语言(如 COBOL、C)中,用户不易掌握和使用;网状数据库模型提供导航式的数据访问环境,因此结构修改仍然很困难,尽管网状模型具有数据独立性,但它不具有结构独立性。

3. 关系模型

1970 年,IBM 的研究员 E.F.Codd 博士在刊物 *Communication of the ACM* 上发表了一篇名为 *A Relational Model of Data for Large Shared Data Banks* 的论文,提出了关系模型的概念,确立了关系模型的理论基础,对用户和设计者来说都是一个重大的突破。

关系模型用二维表格表示数据之间的联系,是目前最重要的数据模型。该模型应用最为广泛,大家熟悉的 Microsoft SQL Server、Microsoft Access、Microsoft Visual FoxPro、Oracle 和 Sybase 等都属于关系模型数据库管理系统。

关系模型建立在严格的数学概念的基础上,从用户角度来看,关系模型由一组关系组成,每个关系的数据结构都是一张规范化的二维表,见表 1-2。

表 1-2 学生基本信息表

学号	姓名	性别	出生年月	所在院系
200701	王浙君	男	1990.3	管理学院
200702	李 铁	女	1989.9	软件工程学院
200601	郭海明	女	1990.5	财会金融学院
200602	章 风	女	1990.8	软件工程学院
200801	王 超	男	1989.1	管理学院

关系模型的主要优点:与网状模型和层次模型不同,关系数据库模型具有层次数据库

模型和网状数据库模型所不具备的数据结构的独立性。因为它使用的不是导航式的数据访问系统，它的数据访问路径与关系数据的设计者、程序员和最终用户无关。关系数据库结构的修改不会以任何方式影响数据库管理系统的数据访问，从而使设计数据库和管理它的内容变得很简单。另外，关系型数据库执行时，由于看不到硬件任务，它的存取路径对用户也是透明的，因此，它具有安全性高、操作简单等特点。

关系模型的主要不足在于：关系模型数据库管理系统隐藏了大部分的系统复杂性，同样也造成了巨大的实际硬件和软件开销的需求，关系型数据库对硬件的要求比较高，从某种意义上来说，关系模型易于使用的优点也会变成它的负担，因为它操作简单，不需要经过多少培训的用户也可以便捷地生成报表和查询。随着数据库规模的增长，缺乏设计的数据会使系统速度变慢，并且产生一些在文件系统里出现的数据异常现象。

由于关系型数据库的不足和它的实际优点相比显得有点微不足道，因此关系型数据库在数据库领域中依然占据着霸主地位。

本 章 小 结

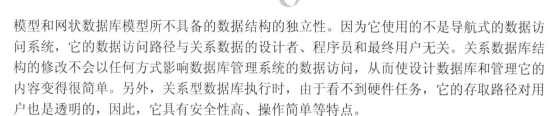

数据(Data)就是对客观事实的记录，它是可以鉴别的符号。数据和其语义是不可分的。数据与信息不同，数据指的是用符号记录下来的可区别的一种事物的特征或事实；信息是反映现实世界的知识，信息以数据的形式表示，即数据是信息的载体；信息是抽象的，不随数据设备所决定的数据形式而改变，信息是经过加工并对客观世界产生影响的数据。

数据库(Database)是长期存储在计算机内的、有组织的、可共享的大量数据的集合。数据库管理系统(Database Management System，DBMS)是位于用户与操作系统之间的一层数据管理软件，为用户或应用程序提供访问数据库的方法，可以让用户很方便地对数据库进行维护、排序、检索和统计等操作。数据库系统(Database System，DBS)是实现有组织地、动态地存储大量关联数据，方便多用户访问的计算机软件、硬件和数据资源组成的系统，即采用了数据库技术的计算机系统。

数据仓库是一个面向主题(Subject Oriented)的、集成(Integrated)的、相对稳定(Non-Volatile)的、反映历史变化(Time Variant)的数据集合，用于支持管理决策。分布式数据库系统(Distributed Database System，DDBS)是物理上分散而逻辑上集中的数据库系统。一个分布式数据库系统具有物理分布性、逻辑整体性、站点自治性等特点。大数据是一种规模大到在获取、存储、管理、分析方面大大超出了传统数据库软件工具能力范围的数据集合，它具有海量的数据规模、快速的数据流转、多样的数据类型和价值密度低四大特征。

模式(Schema)是数据库逻辑结构和特征的描述，是对数据库的型的描述。它反映的是数据的结构及其联系。数据库的模式结构被抽象为 3 层：视图层、逻辑层和物理层，所对应的模式为外模式、逻辑模式和内模式。逻辑模式是数据库中全体数据的逻辑结构和特征的描述，它是数据库模式的核心；外模式也称子模式(Subschema)或用户模式，是数据库用户(包括应用程序员和最终用户)能够看见和使用的局部数据的逻辑结构和特征的描述；内模式(也称存储模式或物理模式)是数据物理结构和存储方式的描述，是数据在数据库内部的表示方式，是记录的存储方式。一个数据库只有一个逻辑模式，外模式和逻辑模式是一对多的关系，即一个模式对应多个外模式，一个数据库只有一个内模式，逻辑模式和内模式是一对一的关系。

　　数据库模型是数据库中用来表示数据结构和数据联系的逻辑概述的集合，数据库模型可以分为两种类型：概念模型和结构模型。数据库的概念模型是独立于计算机系统的模型，它强调的是数据库中描述的是什么，而不是如何描述它，概念模型通常用来描述某个特定组织所关心的信息结构。数据的结构模型，是直接面向数据库的逻辑结构，是现实世界的第二层抽象。在数据库系统中，通常按照数据结构来命名数据库模型，常用的数据库结构模型有层次模型、网状模型和关系模型。

习　题　1

一、思考题

1．什么是数据库？数据库的基本特点是什么？

2．从软件的角度来看，数据库系统的核心是什么？数据库系统和文件系统的主要区别是什么？

3．什么是数据库管理系统？常用的数据库管理系统有哪些？

4．什么是数据仓库？它与传统的数据库主要的区别是什么？

5．试述分布式数据库及其特点。

6．什么是大数据？大数据的4V特征是什么？

7．什么是数据库的结构模型？它通常有哪几种类型？各有什么优缺点？

二、辨析题

1．数据库避免了一切数据的重复。

2．数据库系统是存储在计算机内结构化数据的集合。

3．在数据库中存储的是数据及数据之间的联系。

4．数据库、数据库系统、数据库管理系统三者之间的关系是数据库管理系统包括数据库系统，数据库系统包括数据库。

5．数据的物理独立性是指用户程序与数据库管理系统的相互独立性。

6．数据库的网状模型应满足的条件：有且只有一个节点无父节点，其余节点都只有一个父节点。

7．数据库管理系统管理的是结构化的数据。

8．数据库的内模式与外模式是一对一的关系。

第 2 章

关系数据理论

1. 理解关系数据理论的相关概念。
2. 理解关系模型的基本概念,掌握关系数学定义中的相关概念及含义。
3. 熟练掌握关系代数中传统的集合运算和专门的关系运算。
4. 理解关系模式设计中可能出现的问题、产生的根源及其解决途径。
5. 掌握基本范式的概念、函数依赖及与函数依赖相关的概念。

关系型数据库是目前最常用的数据库,所谓关系型数据库通常指的就是采用了关系模型的数据库系统,从第 1 章中我们知道,关系模型建立在严格的数学概念的基础上,因此,在学习关系型数据库之前我们需要了解:

- 关系的数学定义是什么?
- 什么是关系代数?在关系代数中如何进行关系运算?
- 什么是关系演算?如何进行关系演算?

弄清楚这些问题,可以更好地理解有关关系模型数据库系统具体实现的理论依据。

2.1 关系的数学定义

关系模型建立在集合代数的基础上，本书从集合论角度来讨论关系数据结构的形式化定义。

2.1.1 基本概念

1. 域（Domain）

定义 2.1 域是一组具有相同数据类型的值的集合，如整数集合、自然数集合和小写字母集合等，记为 D

2. 笛卡儿积（Cartesian Product）

定义 2.2 给定一组域 D_1，D_2，$\cdots$，D_n，这些域中可以有相同的部分，则 D_1，D_2，$\cdots$，D_n 的笛卡儿积为

$$D_1 \times D_2 \times \cdots \times D_n = \{(d_1,\ d_2,\ \cdots,\ d_n) \mid d_i \in D_i,\ i=1,\ 2,\ \cdots,\ n\}$$

其中，每一个元素 $(d_1,\ d_2,\ \cdots,\ d_n)$ 称为一个 n 元组（n-tuple），或简称为元组（Tuple）。元素中的每一个值 d_i 称为一个分量（Component）。

笛卡儿积可表示为一个二维表，表中的每行对应一个元组，每列对应一个域。

【例 2-1】 设给出两个域：姓名集 D_1={谭丁，王静，张默}和性别集 D_2={男，女}，则 $D_1 \times D_2$= {(谭丁，男)，(谭丁，女)，(王静，男)，(王静，女)，(张默，男)，(张默，女)}。笛卡儿积产生的这 6 个元组可构成一张二维表，如图 2.1 所示，表中部分元组的集合称为其子集。从图 2.1 中可看出，笛卡儿积会包含一些无意义的元组。

$D_1 \times D_2$

D_1	D_2
谭丁	男
谭丁	女
王静	男
王静	女
张默	男
张默	女

图 2.1 D_1 与 D_2 的笛卡儿积

3. 关系（Relation）

定义 2.3 $D_1 \times D_2 \times \cdots \times D_n$ 的子集称为在域 D_1，D_2，$\cdots$，D_n 上的关系，用 $R(D_1, D_2, \cdots, D_n)$ 表示。这里 R 表示关系的名称，n 是关系的目或度（Degree）。关系中的每个元素是关系中的元组，通常用 t 表示。

若 $D_i(i=1, 2, \cdots, n)$ 为有限集，其基数(Cardinal number)为 $m_i(i=1, 2, \cdots, n)$，则 $D_1 \times D_2 \times \cdots \times D_n$ 的基数为

$$m = \prod_{i=1}^{n} m_i$$

【例2-2】设 D_1 为教师集合 $T=\{t_1, t_2\}$，D_2 为学生集合 $S=\{s_1, s_2, s_3\}$，D_3 为课程集合 $C=\{c_1, c_2\}$，则 $D_1 \times D_2 \times D_3$ 是一个三元关系，该关系的元组个数即基数为 $2 \times 3 \times 2=12$，是教师、学生、课程集合中元素构成的所有元组的集合。

关系是笛卡儿积的有限子集，所以关系也是一个二维表，表中的行被称为元组或记录 (Record)，列被称为属性(Attribute)或字段(Field)，表的第一行是字段名的集合，被称为关系框架(或表结构)，列中的元素为该字段(属性)的值，且值总是限定在某个值域(Domain)内。n 目关系必有 n 个属性。

由上可知，关系是元组的集合。关系的基本数据结构是二维表。每一张表称为一个具体的关系或简称为关系。二维表的表头也称为关系的型，二维表中的值(元组)也称为关系的值，如图 2.2 所示。

学生关系(表名)

学号	姓名	年龄	性别	籍贯
200601	王刚	23	男	四川
200602	张雯	22	女	重庆
200720	李学文	22	男	山东
200721	陈晓东	23	男	湖南
200722	任盈盈	22	女	重庆

属性名 —— 学号；关系的型；记录或元组；关系的值；属性(字段)

图 2.2 关系、元组、属性

若关系中的某一属性(组)的值能唯一地标识一个元组，则称该属性(组)为候选码 (Candidate Key)。例如，图 2.2 中的学号可唯一地标识每一个学生元组，故为候选码。若增加一个学生身份证号属性，因身份证号也可唯一地标识每一个学生元组，故它也为候选码。由此可知，一个关系的候选码可以有多个。

若一个关系有多个候选码，则选定其中一个为主码(Primary Key)。例如，图 2.2 中的学号为候选码，可作为学生关系的主码。

主码的诸属性称为主属性(Prime Attribute)。不包含在任何候选码中的属性称为非主属性(Non-key Attribute)。

在最简单的情况下，主码只包含一个属性。在最极端的情况下，关系模式的所有属性构成这个关系模式的组合主码，称为全码(All-key)。例如，购买关系(顾客、商品、售货员)，由于三者均为多对多的关系，任何一个或两个属性的值均不能决定整个元组，故选顾客、商品、售货员三者组合为候选码，也作为主码，称为全码。

4．关系的性质

关系应具备以下 6 个性质：

(1) 列的同质性。列的同质性即每一列中的分量是同一类型的数据，来自同一个域。

(2) 列名唯一性。不同的列可出自同一个域，称其中的每一列为一个属性，不同的属性要给予不同的属性名。

(3) 列序无关性。列序无关性即列的顺序无所谓，可以任意交换。

(4) 元组相异性。元组相异性即任意两个元组不能完全相同。

(5) 行序无关性。行序无关性即行的顺序无所谓，可以任意交换。

(6) 分量原子性。分量原子性即分量值是原子的，每一个分量都必须是不可分的数据项。

说明：

关系模型要求关系必须是规范化的，即要求关系模式必须满足一定的规范条件。这些规范条件中最基本的一条就是，关系的每一个分量必须是一个不可分的数据项，即不允许出现表中还有表。规范化的关系简称为范式(Normal Form)。

关系可以有 3 种类型：基本关系(通常又称为基本表或基表)、查询表和视图表。

(1) 基本表是实际存在的表，它是实际存储数据的逻辑表示。

(2) 查询表是查询结果对应的表。

(3) 视图表是由基本表或其他视图表导出的表，是虚表，不存储实际的数据。

2.1.2 关系模式与关系型数据库

关系模式是关系结构的描述和定义，即二维表的表结构的定义。在数据库中要区分型和值。关系型数据库中，关系模式是型，关系是值。关系实质上是一张二维表，表的每一行为一个元组，每一列为一个属性。因此，关系模式必须指出这个元组集合的结构，即它由哪些属性构成，这些属性来自哪些域，以及属性与域之间的映像关系。一个关系模式应当是一个五元组。

定义 2.4 关系的描述称为关系模式(Relation Schema)。它可以形式化地表示为

$$R(U，D，DOM，F)$$

其中，R 为关系名，U 为组成该关系的属性名集合，D 为属性组 U 中属性所来自的域，DOM 为属性向域的映像集合，F 为属性间数据的依赖关系集合。

例如，图 2.2 中的关系模式为 R(U，D，DOM，F)。其中，R 为学生。U 为{学号,姓名，年龄，性别，籍贯}。D 为属性{学号，姓名，年龄，性别，籍贯}的取值域。学号来自于正整数域，姓名来自于姓氏及名字的集合，年龄的域是(15~40)，性别的域是(男,女)，籍贯的域是所有地名的集合。DOM 为属性值在取值域中的映射。{学号(sno int 6)，年龄(age int 2[15~40])，性别(sex char 2[男,女])，姓名(name char 20)，籍贯(place char 40)}。F 为依赖关系。{学号为主码，决定其他各属性，如学号→姓名等}。

表 2-1 所示的表不符合关系模型规范，因为关系模型规定每个数据项都是不可分的最小项，且关系模型中每一列的数据必须是相同的数据类型。

关系模式通常可以简记为关系的属性名表，即 $R(U)=R(A_1，A_2，\cdots，A_n)$，其中 U 代表属性的全集，$A_1，A_2，\cdots，A_n$ 为属性名。

例如，学生关系的关系模式可简记为学生(学号，姓名，年龄，性别，籍贯)。

表 2-1　不符合关系模型规范的表

姓　名	学　号	课程		总成绩
		语文	数学	
肖　惠	20080202	89	65	154
张佳茗	20080209	88	89	'88+89'

关系型数据库是对应于一个关系模型的某个应用领域所有关系的集合。关系型数据库也有型和值之分。关系型数据库的型也称为关系数据库模式(遵循定义 2.4)，是对关系型数据库的描述，是关系模式的集合。关系型数据库的值也称为关系数据库，是关系的集合。关系数据库模式与关系数据库通常统称为关系型数据库。

例如，教师、学生、课程、授课和学习这些关系及关系间的联系就组成一个教学管理数据库。

2.2　关 系 代 数

关系代数是一种抽象的查询语言，用对关系的运算来表达查询，作为研究关系数据语言的数学工具。

关系代数的运算对象是关系，运算结果亦为关系。关系代数用到的运算符包括 4 类，即集合运算符、专门的关系运算符、比较运算符和逻辑运算符，具体见表 2-2。

表 2-2　关系代数运算符及其含义

运　算　符		含　义
集合运算符	∪	并
	−	差
	∩	交
	×	广义笛卡儿积
专门的关系运算符	σ	选择
	Π	投影
	⋈	连接
	÷	除
比较运算符	>	大于
	⩾	大于等于
	<	小于
	⩽	小于等于
	=	等于
	≠	不等于
逻辑运算符	¬	非
	∧	与
	∨	或

集合运算将关系看成元组的运算，其运算从关系的"水平"方向，即行的角度来进行；关系运算不仅涉及集合中的行而且涉及集合中的列；比较运算符和逻辑运算符是用来辅助关系运算符进行操作的。

2.2.1　集合运算

传统的集合运算是二目运算，包括并、差、交、广义笛卡儿积 4 种运算。

设关系 R 和关系 S 具有相同的目 n（即两个关系都有 n 个属性），且相对应的属性取自同一个域，t 是元组变量，t∈R 表示 t 是 R 的一个元组，则 4 种运算分别定义如下。

1.　并（Union）

关系 R 与关系 S 的并运算结果由属于 R 或属于 S 的元组组成，其结果关系仍为 n 目关系，记作：

$$R \cup S = \{t \mid t \in R \vee t \in S\}$$

2.　差（Difference）

关系 R 与关系 S 的差运算的结果由仅属于 R 而不属于 S 的所有元组组成，其结果关系仍为 n 目关系，记作：

$$R - S = \{t \mid t \in R \wedge t \notin S\}$$

3.　交（Intersection）

关系 R 与关系 S 的交运算的结果由既属于 R 又属于 S 的元组组成。其结果关系仍为 n 目关系，记作：

$$R \cap S = \{t \mid t \in R \wedge t \in S\}$$

由于交运算不是基本运算，因此它用基本运算可表达如下：

$$R \cap S = R - (R - S)$$

4.　广义笛卡儿积（Extended Cartesian Product）

两个分别为 n 目和 m 目的关系 R 和 S 的广义笛卡儿积是一个 (n+m) 列的元组的集合。元组的前 n 列是关系 R 的一个元组，后 m 列是关系 S 的一个元组。若 R 有 k_1 个元组，S 有 k_2 个元组，则关系 R 和关系 S 的广义笛卡儿积有 $k_1 \times k_2$ 个元组，记作：

$$R \times S = \{\widehat{t_r t_s} \mid t_r \in R \wedge t_s \in S\}$$

【例 2-3】假定有如图 2.3(a) 所示的关系 R 和图 2.3(b) 关系 S，求：R∪S，R∩S，R−S，R×S。其集合运算的结果分别如图 2.3(c)～图 2.3(f) 所示。

2.2.2　专门的关系运算

专门的关系运算包括选择、投影、连接、除等。为了叙述上的方便，先引入几个记号。

(1) 设关系模式为 R(A_1, A_2, …, A_n)，它的一个关系设为 R。t∈R 表示 t 是 R 的一个元组。t[A_i] 表示元组 t 中相应于属性 A_i 的一个分量。

R		
A	B	C
a	b	c
a	d	e
f	d	c

(a)

S		
A	B	C
a	d	e
a	g	e
f	d	c

(b)

R∪S		
A	B	C
a	b	c
a	d	e
f	d	c
a	g	e

(c)

R∩S		
A	B	C
a	d	e
f	d	c

(d)

R−S		
A	B	C
a	b	c

(e)

R×S					
R.A	R.B	R.C	S.A	S.B	S.C
a	b	c	a	d	e
a	b	c	a	g	e
a	b	c	f	d	c
a	d	e	a	d	e
a	d	e	a	g	e
a	d	e	f	d	c
f	f	c	a	d	e
f	d	c	a	g	e
f	d	c	f	d	c

(f)

图 2.3　传统集合运算

（2）若 $A=\{A_{i1}, A_{i2}, \cdots, A_{ik}\}$，其中 $A_{i1}, A_{i2}, \cdots, A_{ik}$ 是 $A_1, A_2, \cdots, A_n$ 中的一部分，则 A 称为属性列或域列。$\overline{A}$ 表示 $\{A_1, A_2, \cdots, A_n\}$ 中去掉 $\{A_{i1}, A_{i2}, \cdots, A_{ik}\}$ 后剩余的属性组。$t[A]=(t[A_{i1}], t[A_{i2}], \cdots, t[A_{ik}])$ 表示元组 t 在属性列 A 上诸分量的集合。

（3）R 为 n 目关系，S 为 m 目关系。$\widehat{t_r t_s}$ 称为元组的连接（Concatenation）。它是一个 (n+m) 列的元组，前 n 个分量为 R 中的一个 n 元组，后 m 个分量为 S 中的一个 m 元组。

（4）给定一个关系 R(X,Z)，X 和 Z 为属性组。我们定义，当 t[X]=x 时，x 在 R 中的象集（Images Set）如下：

$$Z_x=\{t[Z]|t\in R, t[X]=x\}$$

它表示 R 中属性组 X 上值为 x 的诸元组在 Z 上分量的集合。

1．选择（Selection）

选择又称为限制（Restriction）。它是在关系 R 中选择满足给定条件的诸元组，记作：

$$\sigma_F(R) = \{t|t\in R \wedge F(t)='真'\}$$

其中，F 表示选择条件，它是一个逻辑表达式，取逻辑值"真"或"假"。逻辑表达式 F 的基本形式如下：

$$X_1 \theta Y_1$$

θ表示比较运算符,它可以是>、≥、<、≤、=或≠。X_1、Y_1等是属性名、常量或简单函数。属性名也可以用它的序号来代替。在基本选择条件上可增加逻辑运算符,¬(非)、∧(与)和∨(或)运算。

因此选择运算实际上是从关系 R 中选取使逻辑表达式 F 为真的元组。这是从行的角度进行的运算。

【例 2-4】 已知关系 T,如图 2.4(a)所示,求选择运算 $\sigma_{A2>5 \vee A3 \neq 'f'}$ (T) 的结果。

该题要求在关系 T 中选择满足条件 A2>5 或者 A3≠'f'的元组,则其运算结果如图 2.4(b)所示。

关系T			$\sigma_{A_2>5 \vee A_3 \neq 'f'}$(T)			Π_{A_1, A_3}(T)		Π_{A_3}(T)
A_1	A_2	A_3	A1	A2	A3	A_1	A_3	A_3
a	3	f	b	2	d	a	f	f
b	2	d	c	2	d	b	d	d
c	2	d	e	6	f	c	d	
e	6	f	g	6	f	e	f	
g	6	f				g	f	
(a)			(b)			(c)		(d)

图 2.4 选择、投影运算

2. 投影(Projection)

关系 R 上的投影是从 R 中选择出若干属性列组成新的关系,记作:

$$\Pi_A(R) = \{ t[A] \mid t \in R \}$$

其中,A 为 R 中的属性列。

【例 2-5】 已知关系 T,如图 2.4(a)所示,求 Π_{A_1, A_3}(T) 或 $\Pi_{1,3}$(T) 的结果。

Π_{A_1, A_3}(T) 要求在已有的关系 T 是取出 A_1 和 A_3 属性列,其运算结果如图 2.4(c)所示。

投影之后不仅取消了原关系中的某些列,而且可能取消重复的元组,因为取消了某些属性列后,就可能出现重复行,应取消这些完全相同的行。

【例 2-6】 已知关系 T,如图 2.4(a)所示,求 Π_{A_3}(T) 或 Π_3(T) 的运算结果。

Π_{A_3}(T) 的运算结果如图 2.4(d)所示。

3. 连接(Join)

连接也称为 θ 连接。它是从两个关系的笛卡儿积中选取属性间满足一定条件的元组,记作:

$$R \underset{A\theta B}{\bowtie} S = \{ \widehat{t_r t_s} \mid t_r \in R \wedge t_s \in S \wedge t_r[A]\theta t_s[B] \}$$

其中,A 和 B 分别为 R 和 S 上度数相等且可比的属性组,θ 是比较运算符。连接运算从 R 和 S 的笛卡儿积 R×S 中选取 R 关系在 A 属性组上的值与 S 关系在 B 属性组上的值满足比较关系 θ 的元组。

连接运算中有两种最为重要也最为常用的连接,一种是等值连接(Equijoin),另一种是自然连接(Natural Join)。

θ 为 "=" 的连接运算称为等值连接。它是从关系 R 与 S 的笛卡儿积中选取 A、B 属性值相等的那些元组,即等值连接为

$$R \underset{A=B}{\bowtie} S = \{\widehat{t_r t_s} \mid t_r \in R \land t_s \in S \land t_r[A]=t_s[B]\}$$

自然连接是一种特殊的等值连接,它要求两个关系中进行比较的分量必须是相同的属性组,并且要在结果中把重复的属性去掉,即若 R 和 S 具有相同的属性组 B,则自然连接可记作:

$$R \bowtie S = \{\widehat{t_r t_s} \mid t_r \in R \land t_s \in S \land t_r[B]=t_s[B]\}$$

一般的连接操作是从行的角度进行运算的,但自然连接还需要取消重复列,所以是同时从行和列的角度进行运算的。

设有关系 R 和 S,它们的公共属性组成的集合为 Y,则对 R 和 S 进行自然连接时,在 R 中的某些元组可能在 S 中没有与 Y 上值相等的元组,同样,对于 S 也是如此,那么 R⋈S 时,这些元组都将被舍弃。若不舍弃这些元组,并且在这些元组新增加的属性上赋空值 NULL,这种操作就称为外连接;若只保存 R 中要舍弃的元组,则称为 R 和 S 的左外连接;若只保存 S 中要舍弃的元组,则称为 R 和 S 的右外连接。

【例 2-7】 已知关系 R 和 S,如图 2.5(a)和图 2.5(b)所示,求自然连接、外连接、左外连接和右外连接运算的结果。

运算结果如图 2.5(c)～图 2.5(f)所示。

R		
W	X	Y
a	b	c
b	b	f
c	a	d

S		
X	Y	Z
b	c	d
a	d	b
e	f	g

R ⋈ S			
W	X	Y	Z
a	b	c	d
c	a	d	b

R 与 S 的外连接			
W	X	Y	Z
a	b	c	d
c	a	d	b
b	b	f	NULL
NULL	e	f	g

(a)   (b)   (c)   (d)

R 与 S 的左外连接			
W	X	Y	Z
a	b	c	d
c	a	d	b
b	b	f	NULL

R 与 S 的右外连接			
W	X	Y	Z
a	b	c	d
c	a	d	b
NULL	e	f	g

(e)   (f)

图 2.5 连接运算举例

4. 除(Division)

给定关系 R(X,Y)和 S(Y,Z),其中 X, Y, Z 为属性组。R 中的 Y 与 S 中的 Y 可以有不同的属性名,但必须出自相同的域集。R 与 S 的除运算得到一个新的关系 P(X),P 是 R

中满足下列条件的元组在 X 属性列上的投影：元组在 X 上分量值 x 的象集 Y_x 包含 S 在 Y 上投影的集合，记作：

$$R \div S = \{ t_r[X] \mid t_r \in R \wedge \Pi_Y(S) \subseteq Y_x \}$$

其中，Y_x 为 x 在 R 中的象集，$x = t_r[X]$。

除运算是同时从行和列角度进行运算的。

【例 2-8】 设关系 R, S 分别如图 2.6 中的 (a) 和 (b) 所示，求 R÷S 的运算结果。

在关系 R 中，A 可以取 4 个值 $\{a_1, a_2, a_3, a_4\}$。其中：

(1) a_1 的象集为 $\{(b_1,c_2), (b_2,c_3), (b_2,c_1)\}$。

(2) a_2 的象集为 $\{(b_3,c_7), (b_2,c_3)\}$。

(3) a_3 的象集为 $\{(b_4,c_6)\}$。

(4) a_4 的象集为 $\{(b_6,c_6)\}$。

S 在 (B,C) 上的投影为 $\{(b_1,c_2), (b_2,c_3), (b_2,c_1)\}$。

显然只有 a_1 的象集 $(B,C)_{a_1}$ 包含 S 在 (B,C) 属性组上的投影，所以 R÷S=$\{a_1\}$。其运算结果如图 2.6(c) 所示。

R			S			S÷S
A	B	C	B	C	D	A
a_1	b_1	c_2	b_1	c_2	d_1	a_1
a_2	b_3	c_7	b_2	c_1	d_1	
a_3	b_4	c_6	b_2	c_3	d_2	
a_1	b_2	c_3				
a_4	b_6	c_6				
a_2	b_2	c_3				
a_1	b_2	c_1				
(a)			(b)			(c)

图 2.6 除运算举例

2.2.3 应用实例

设学生-选课关系型数据库有下列关系表（见表 2-3～表 2-5），根据下列各题中的要求写出相应的关系代数表达式。

表 2-3 学生表 Student

sno(学号)	sname(姓名)	ssex(性别)	sage(年龄)	sdept(所在院系)
200701	王浙君	男	18	CS
200702	李 铁	女	20	IS
200601	郭海明	女	18	MA
200602	章 风	女	21	IS
200801	王 超	男	19	CS

表 2-4　课程表 Course

cno （课程号）	cname （课程名）	credit （学分）	cpno （先修课程号）
01	高等数学	6	
02	英语	4	
03	C 语言	4	01
04	数据结构	4	03
05	数据库	3	04

表 2-5　学生选课表 SC

sno （学号）	cno （课程号）	score （成绩）
200701	01	90
200701	02	87
200701	03	72
200601	01	85
200601	02	62
200801	03	92
200801	05	88

注意：

上述关系中，除学号、年龄、学分、成绩属性的值为整数型外，其余均为字符型。

【例 2-9】　查询年龄在 22 岁以下的女学生。

$$\sigma_{ssex='女' \ \wedge \ sage<22}(\text{Student})$$

【例 2-10】　查询成绩在 90 分及其以上的学生学号和姓名。

$$\Pi_{sno,sname}(\sigma_{grade>=90}(\text{Student}\bowtie\text{SC}))$$

或

$$\Pi_{sno,sname}(\Pi_{sno,sname}(\text{Student})\bowtie\Pi_{sno,score}(\sigma_{score>=90}(\text{SC})))$$

【例 2-11】　查询至少选修了一门其直接先修课程号为 01 的学生姓名。

$$\Pi_{sname}((\Pi_{cno}(\sigma_{cpno='01'}(\text{Course}))\bowtie\Pi_{cno,sno}(\text{SC})\bowtie\Pi_{sno,sname}(\text{Student}))$$

【例 2-12】　查询选修数据库课程的学生的姓名和成绩。

$$\Pi_{sname,grade}(\Pi_{cno}(\sigma_{cname='数据库'}(\text{Course}))\bowtie\text{SC}\bowtie\Pi_{sno,sname}(\text{Student}))$$

上式也可表示为：$\Pi_{sname,grade}(\sigma_{cname='数据库'}(\text{Course}\bowtie\text{SC}\bowtie\text{Student}))$，说明关系运算的表达式不是唯一的。

【例 2-13】　查没选 01 号课程的学生的姓名和年龄。

$$\Pi_{sname,sage}(\text{Student})-\Pi_{sname,sage}(\sigma_{cno='01'}(\text{Student}\bowtie\text{SC}))$$

那么能否用：$\Pi_{sname,sage}(\sigma_{cno\neq'05'}(\text{Student}\bowtie\text{SC}))$ 呢？请读者思考。

【例 2-14】　查询选修全部课程的学生的姓名和学号。

$$\Pi_{sno,cno}(\text{SC})\div\Pi_{cno}(\text{Course})\bowtie\Pi_{sno,sname}(\text{Student})$$

【例 2-15】　查所选课与学号 200601 的学生相同的课程的学生的学号和姓名。

$$\Pi_{sno,sname}(\text{Student})\bowtie(\Pi_{sno,cno}(\text{SC})\div\Pi_{cno}(\sigma_{sno=200601}(\text{SC})))$$

本节介绍了 8 种关系代数运算，其中，并、差、广义笛卡儿积、投影和选择 5 种运算为基本的关系运算。其他 3 种运算，即交、连接和除，均可以用这 5 种基本运算来表达。

2.3　关系的完整性

关系模型的完整性规则是对关系的某种约束条件。关系模型中可以有 3 类完整性约束：实体完整性（Entity Integrity）、参照完整性（Referential Integrity）和用户定义的完整性

(User-defined Integrity)。其中，实体完整性和参照完整性是关系模型必须满足的完整性约束条件，被称为关系的两个不变性，应该由关系系统自动支持。

2.3.1　实体完整性

规则 2.1　实体完整性规则　若属性 A 是基本关系 R 的主属性，则属性 A 不能取空值。

例如，关系学生(学号,姓名,年龄,籍贯)中，"学号"属性为主码，则"学号"不能取空值。

实体完整性规则规定基本关系的所有主属性都不能取空值，而不仅是主码整体不能取空值。例如，学生选课关系：选修(学号,课程号,成绩)，"学号、课程号"为主码，则"学号"和"课程号"两个属性都不能取空值。

说明：

(1) 实体完整性规则是针对基本关系而言的。一个基本表通常对应现实世界的一个实体集。例如，学生关系对应于学生的集合。

(2) 现实世界中的实体是可区分的，即它们具有某种唯一性标志。

(3) 相应地，关系模型中以主码作为唯一性标志。主属性不能取空值。所谓空值就是"不知道"或"无意义"的值。如果主属性取空值，就说明存在某个不可标示的实体，即存在不可区分的实体，这与第(2)点相矛盾，因此这个规则称为实体完整性。

2.3.2　参照完整性(Referential Integrity)

现实世界中的实体之间往往存在某种联系，在关系模型中实体及实体间的联系都是用关系来描述的。这样就自然存在着关系与关系间的引用。先来看 3 个例子。

【例 2-16】学生实体和专业实体可以用下面的关系模式表示，其中主码用下划线标示：

学生(<u>学号</u>,姓名,性别,专业号,年龄)
专业(<u>专业号</u>,专业名)

这两个关系之间存在着属性的引用，即学生关系引用了专业关系的主码"专业号"。显然，学生关系中"专业号"的取值必须是确实存在的专业的专业号，即专业关系中有该专业的记录。也就是说，学生关系中的某个属性的取值需要参照专业关系的属性取值。

【例 2-17】　学生、课程、学生与课程之间的多对多联系可以用如下 3 个关系表示。

学生(<u>学号</u>,姓名,性别,专业号,年龄)
课程(<u>课程号</u>,课程名,学分)
选修(<u>学号</u>,<u>课程号</u>,成绩)

这 3 个关系之间也存在着属性的引用，即选修关系引用了学生关系的主码"学号"和课程关系的主码"课程号"。同样，选修关系中的"学号"值必须是确实存在的学生的学号，即学生关系中有该学生的记录；选修关系中的"课程号"值也必须是确实存在的课程的课程号；即课程关系中有该课程的记录。换句话说，选修关系中某些属性的取值需要参照其他关系的属性取值。

不仅两个或两个以上的关系间可以存在引用关系，同一关系内部属性间也可能存在引用关系。

【例 2-18】　在关系学生(学号,姓名,性别,专业号,年龄,班长)中，"学号"属性是主码，

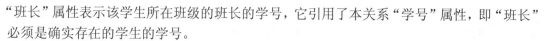

"班长"属性表示该学生所在班级的班长的学号,它引用了本关系"学号"属性,即"班长"必须是确实存在的学生的学号。

定义 2.5 设 F 是基本关系 R 的一个或一组属性,但不是关系 R 的码。如果 F 与基本关系 S 的主码 K_s 相对应,则称 F 是基本关系 R 的外码(Foreign Key),并称基本关系 R 为参照关系(Referencing Relation),基本关系 S 为被参照关系(Referenced Relation)或目标关系(Target Relation)。关系 R 和 S 不一定是不同的关系。

显然,目标关系 S 的主码 K_s 和参照关系的外码 F 必须定义在同一个(或一组)域上。

在例 2-16 中,学生关系的"专业号"属性与专业关系的主码"专业号"相对应,因此"专业号"属性是学生关系的外码。这里专业关系是被参照关系,学生关系为参照关系。

在例 2-17 中,选修关系的"学号"属性与学生关系的主码"学号"相对应,"课程号"属性与课程关系的主码"课程号"相对应,因此"学号"和"课程号"属性是选修关系的外码。这里学生关系和课程关系均为被参照关系,选修关系为参照关系。

在例 2-18 中,"班长"属性与本身的主码"学号"属性相对应,因此"班长"是外码。这里学生关系既是参照关系也是被参照关系。

说明:

外码并不一定要与相应的主码同名。不过,在实际应用当中,为了便于识别,当外码与相应的主码属于不同关系时,往往给它们取相同的名称。

参照完整性规则就是定义外码与主码之间的引用规则。

规则 2.2 参照完整性规则 若属性(或属性组)F 是基本关系 R 的外码,它与基本关系 S 的主码 K_s 相对应(基本关系 R 和 S 不一定是不同的关系),则对于 R 中每个元组在 F 上的值必须为:

- 或者取空值(F 的每个属性值均为空值)。
- 或者等于 S 中某个元组的主码值。

例如,对于例 2-16,按照参照完整性规则,学生关系中每个元组的"专业号"属性只能取下面两类值:

(1) 空值,表示尚未给该学生分配专业。

(2) 非空值,这时该值必须是专业关系中某个元组的"专业号"值,表示该学生不可能分配到一个不存在的专业中,即被参照关系"专业"中一定存在一个元组,它的主码值等于该参照关系"学生"中的外码值。

对于例 2-17,按照参照完整性规则,"学号"和"课程号"属性也可以取两类值:空值或目标关系中已经存在的值。但由于"学号"和"课程号"是选修关系中的主属性,按照实体完整性规则,它们均不能取空值。因此,选修关系中的"学号"和"课程号"属性实际上只能取相应被参照关系中已经存在的主码值。

例如,对于例 2-18,按照参照完整性规则,"班长"属性值可以取两类值:

(1) 空值,表示该学生所在班级尚未选出班长。

(2) 非空值,这时该值必须是本关系中某个元组的学号值。

2.3.3 用户定义的完整性

任何关系数据库系统都应该支持实体完整性和参照完整性。除此之外，不同的关系数据库系统根据其应用环境的不同，往往还需要一些特殊的约束条件，用户定义的完整性就是针对某一具体关系数据库的约束条件。它反映某一具体应用所涉及的数据必须满足的语义要求。例如，某个属性必须取唯一值、某些属性值之间应满足一定的函数关系、某个属性的取值范围为 0～100 等。

关系模型应提供定义和检验这类完整性的机制，以便用统一、系统的方法处理它们，而不要由应用程序承担这一功能。

2.4 关系的规范化

对于从客观世界中抽象出的一组数据，应该如何构建一个与之相适应的数据模式？例如，在关系数据库中，应构造哪几个关系？每个关系由哪些属性组成？这些都是在数据库的逻辑设计中要解决和考虑的问题。

关系实质上是一个二维表。表格数据描述了客观事物及其联系。随着时间的推移，关系会发生变化，但是现实生活中的许多已知事实却限定了关系模式的所有关系，使它必须满足一定的约束条件。这些约束条件可以通过数据间的相互关联体现出来。这种关联称为数据依赖。它是数据库模型设计的关键。

如何评价关系模型的好坏，这是与关系规范化有关的问题。本节着重介绍数据依赖、范式转换、关系规范化等概念。

2.4.1 关系模式的设计问题

建立一个数据库应用系统，很关键的一个问题是如何把现实世界表达成适合于它们的数据库模式，这是数据库的逻辑设计问题。层次模型和网状模型的数据库设计除了遵循层次模型和网状模型的原则及管理系统本身的规定外，主要凭借设计者的经验直观地选择和确定实体集、属性及实体集之间的关系。对哪些记录类应该合并或分解及如何合并和分解，每一条记录类到底包含哪些属性，属性之间的关系如何确定和处理等，这一系列问题并没有固定规则和理论可循，从而使数据库设计变得困难复杂，严重影响了数据库系统的性能和效率，由于关系模型有严格的数学理论基础，因此人们就以关系模型为背景来讨论这个问题，形成了数据库逻辑设计的一个有力工具——关系数据库的规范化理论。

就关系模型而言，首先应明确如何评价其优劣，然后方能决定改进或取代较差模型的方法。下面通过一个具体关系来考察关系模式在使用中存在的问题。

假设有学生关系模式：

```
S(SNO,SNAME,CLASS,CNO,TNAME,TAGE,ADDRESS,GRADE)
```

其中，SNO 为学号，SNAME 为学生姓名，CLASS 为班级，CNO 为课程号，TNAME 为教师姓名，TAGE 为教师年龄，ADDRESS 为教师地址，GRADE 为成绩。具体关系见表 2-6。

在学生关系 S 中，(SNO,CNO)是主码，该关系存在以下问题。

表 2-6　学生表 S

SNO	SNAME	CLASS	CNO	TNAME	TAGE	ADDRESS	GRADE
S1	刘　晓	200701	C1	周学军	38	A1	78
S1	刘　晓	200701	C2	曹　颖	27	A1	64
S2	李　俊	200701	C1	周学军	38	A1	85
S2	李　俊	200701	C2	曹　颖	27	A1	62
S2	李　俊	200701	C3	罗　刚	52	A2	85
S3	王琳琳	200702	C1	周学军	38	A1	72
S3	王琳琳	200702	C3	罗　刚	52	A2	93
S4	沈建勇	200702	C2	曹　颖	27	A1	72
S4	沈建勇	200702	C3	罗　刚	52	A2	66
S4	沈建勇	200702	C4	周学军	38	A1	73

1) 数据冗余度高

一个学生通常要选修多门课程，这样 SNAME，CLASS，TNAME，TAGE，ADDRESS 在这个关系中要重复存储多次，浪费了存储空间。

2) 数据修改复杂

由于数据的冗余，在数据修改时会出现问题。例如，一名学生更名，他的所有元组都要修改 SNAME 的值；又如某个教师的地址改变了，选修该教师课程的所有学生都要修改 ADDRESS 的内容，若一不小心漏了一个元组中的地址没有修改，就会造成这个教师地址的不唯一，即造成数据不一致性。

3) 插入异常

插入异常是指应该插入指定关系中的数据不能执行插入操作的情形。例如，当学生没去选课前，虽然知道他的学号、姓名和班级，但仍无法将他的信息插入到关系 S 中去。因为关系 S 的主码为(SNO,CNO)，CNO 为空值时，插入是禁止的，因为它违反了实体完整性规则，所以当一个元组在主码的属性上部分或全部为空时，该元组不能插入到关系中。又如当新增加的教师尚未分配教学任务时，那么要存储该教师的姓名、年龄和地址到关系 S 中也是不允许的，因为该元组在主码的属性上全部为空值。

4) 删除异常

删除异常是指不应该删去的数据被删去的情形。例如，如果删除 CNO='C2'的元组，结果会丢失曹颖老师的姓名、年龄和地址信息，这是一种不合理的现象。因为该教师并没有调走，但从关系 S 中已查不到他的信息了。

由于关系模式 S 存在上述 4 个问题，因此它是一个"不好"的数据库模式，一个"好"的模式应该不会发生更新异常、插入异常和删除异常，冗余应尽可能减少。

产生上述问题的原因：关系 S 存在多余的数据依赖，或者说不够规范，如果用 4 个关系 ST、CT、TA 和 SC 代替原来的关系 S，见表 2-7～表 2-10，前面提到的 4 个问题就基本解决了。

每个学生的 SNAME、CLASS，每个教师的 TNAME、TAGE、ADDRESS 只存放一次。当学生没有选课时，可将其信息插入到关系 ST 中；当删除某门课时，也不会把任课教师的姓名、年龄和地址信息删掉，这些信息可保存在关系 TA 中。

表 2-7　ST

SNO	SNAME	CLASS
S1	刘　晓	200701
S2	李　俊	200701
S3	王琳琳	200702
S4	沈建勇	200702

表 2-8　CT

CNO	TNAME
C1	周学军
C2	曹　颖
C3	罗　刚
C4	周学军

表 2-9　TA

TNAME	TAGE	ADDRESS
周学军	38	A1
周学军	38	A1
罗　刚	52	A2

表 2-10　SC

SNO	CNO	GRADE
S1	C1	78
S1	C2	64
S2	C1	85
S2	C2	62
S2	C3	85
S3	C1	72
S3	C3	93
S4	C2	72
S4	C3	66
S4	C4	73

　　然而上述的关系模式也不是在任何情况下都是最优的。例如，要查询教某一门课教师的地址，就要将 CT 和 TA 两个关系做自然连接，这样代价很大，而在原关系 S 中却可直接查到。到底什么样的关系模式是较优的？如何解决这些问题？

　　为了使数据库设计的方法更趋完备，人们研究了规范化理论。关系规范化的目的在于控制数据冗余、避免插入和删除异常的操作，从而增强数据库结构的稳定性和灵活性。关系规范化的过程实质上是以结构更单纯、更规范的关系逐步取代原有关系的过程，或者说，是由一个低级范式通过模式分解逐步转换为若干个高级范式的过程。

2.4.2　函数依赖

　　前文曾指出客观世界中的事物是彼此联系、相互制约的。这种联系分为两类：一类是实体与实体之间的联系；另一类是实体内部各属性之间的联系。数据库系统对这两类联系都要研究。前面已讨论了第一类联系，即数据模型。本节讨论第二类联系，即属性之间的联系。其中，最重要的数据依赖就是函数依赖。

定义 2.6　设 $R(U)$ 是属性集 U 上的关系模式，X，Y 是 U 的子集，r 是 R 的任意具体关系，对于 r 的任意两个元组 s，t，由 $s[X] = t[X]$，能导致 $s[Y] = t[Y]$，则称 X 函数决定 Y，或 Y 函数依赖于 X，记为 $X \rightarrow Y$。

　　由于函数依赖类似于变量之间的单值函数关系，因此也可以做如下定义。

　　设 $R(U)$，X，Y 的含义同上，若 $R(U)$ 的所有关系 r 都存在着：对 X 的每一具体值，都有 Y 唯一的具体值与之对应，则称 X 函数决定 Y，或 Y 函数依赖于 X。

注意:

(1) 函数依赖是语义范畴的概念。我们只能根据语义来确定一个函数依赖，而不能按照形式定义来证明一个函数依赖的成立。例如，姓名→班级这个函数依赖只有在没有同名学生的前提下才成立。

(2) 函数依赖不是指关系模式 R 的某个或某些关系满足的约束条件，而是指 R 的任意一个关系均要满足约束条件。

【例 2-19】 假设教师没有重名，指出表 2-6 学生关系 S 中存在的函数依赖关系。

解: 关系 S(SNO,SNAME,CLASS,CNO,TNAME,TAGE,ADDRESS,GRADE)中存在下列函数依赖:

SNO→SNAME(每个学号只能有一个学生姓名)。

SNO→CLASS(每个学号只能有一个班级)。

TNAME→TAGE(每个教师只能有一个年龄)。

TNAME→ADDRESS(每个教师只能有一个地址)。

(SNO,CNO)→GRADE(每个学生学习一门课程只能有一个成绩,不考虑重修或补考因素)。

CNO→TNAME(设每门课程只有一个教师任教,而一个教师可教多门课程,具体参见表 2-7)。

下面介绍一些术语和记号:

(1) X→Y, 但 Y⊄X, 则称 X→Y 是非平凡的函数依赖。若不特别声明,我们总是讨论非平凡的函数依赖。

(2) X→Y, 但 Y⊆X, 则称 X→Y 是平凡的函数依赖。

(3) 若 X→Y, 则 X 称为决定因素。

(4) 若 X→Y, Y→X, 则记作 X←→Y。

(5) 若 Y 不函数依赖于 X, 记作 X↛Y。

定义 2.7 在 R(U)中,如果 X→Y,并且对 X 的任何一个真子集 X′,都有 X′↛Y,则称 Y 完全函数依赖于 X,记作 $X\xrightarrow{F}Y$。若 X→Y,但 Y 不完全函数依赖于 X,则称 Y 部分函数依赖于 X,记作 $X\xrightarrow{P}Y$。

【例 2-20】 试指出表 2-6 所示的学生关系 S 中存在的完全函数依赖和部分函数依赖。

解: 由定义 2.7 可知,左部为单属性的函数依赖一定是完全函数依赖,所以 SNO→SNAME, SNO→CLASS, TNAME→TAGE, TNAME→ADDRESS, CNO→TNAME 都是完全函数依赖。

对于左部由多属性组合而成的函数依赖,就要看其真子集能否决定右部属性。

(SNO,CNO)→GRADE 是一个完全函数依赖,因为 SNO↛GRADE, CNO↛GRADE。

(SNO,CNO)→SNAME, (SNO,CNO)→TNAME, (SNO,CNO)→TAGE, (SNO,CNO)→ADDRESS 都是部分函数依赖,因为 SNO→SNAME, SNO→CLASS, CNO→TNAME, CNO→TAGE, CNO→ADDRESS。

定义 2.8 在 R(U)中,设 X, Y, Z 为 U 中的 3 个不同子集,如果 X→Y(Y⊄X), Y↛X, Y→Z,则必有 X→Z,则称 Z 传递函数依赖于 X,记作 $X\xrightarrow{T}Z$。

注意：

如果存在 Y→X，则 X←→Y，实际上 Z 是直接函数依赖于 X，而不是传递函数依赖。

【例 2-21】 试指出表 2-6 所示的学生关系 S 中存在的传递函数依赖。

解： 因为 CNO→TNAME，TNAME↛CNO，TNAME→TAGE，所以 CNO→TAGE 是一个传递函数依赖。类似的，CNO→ADDRESS 也是一个传递函数依赖。

2.4.3 码的形式化定义

在 2.1 节中给出了"码"的概念，码是能唯一标识实体而又不包含多余属性的属性集。这只是直观的定义。有了函数依赖的概念之后，就可以把码和函数依赖联系起来，对它做出比较精确的形式化定义。

定义 2.9 设 X 为 R<U, F>中的属性或属性集，若 $X \xrightarrow{F} U$，则 X 为 R 的候选码。

在定义中，X→U 表示 X 能唯一决定一个元组；$X \xrightarrow{F} U$ 表示 X 是能满足唯一标志性而又无多余的属性集，因为不存在 X 的真子集 X′，使得 X′→U。

由候选码可以引出下列一些概念。

（1）主码。一个关系的候选码不是唯一的。若候选码多于一个，则选定其中的一个作为主码。因此一个关系的主码是唯一的。

（2）主属。包含在任何一个或一组候选码的属性，称为主属性。

（3）非主属性。不包含在任何一个候选码中的属性，称为非主属性。

（4）全码。整个关系的属性构成一个候选码，称为全码。

【例 2-22】 试指出表 2-11 所示的学生关系 S 中的候选码、主属性和非主属性。

表 2-11 学生关系 S

学　　号	姓　　名	性　　别	年　　龄	系　　名
S1	刘　晓	男	19	计算机
S2	李　俊	男	18	计算机
S3	王琳琳	女	20	电　子
S4	沈建勇	男	19	电　子

在学生没有同名的情况下，学号、姓名均为候选码，那么这两个属性均为主属性。而年龄、性别、系名这 3 个属性为非主属性。

【例 2-23】 试指出表 2-12 关系 R 中的候选码、主属性和非主属性。

表 2-12 关系 R

A	D	E
a1	d1	e2
a2	d6	e2
a3	d4	e3
a4	d4	e4

解： 由表 2-12 看出，关系 R 的所有元组在属性 A 上的值各不相同，所以它能函数决定关系 R 的所有属性，因此 A 是 R 的一个候选码。

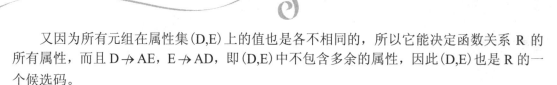

又因为所有元组在属性集(D,E)上的值也是各不相同的，所以它能决定函数关系 R 的所有属性，而且 D↛AE，E↛AD，即(D,E)中不包含多余的属性，因此(D,E)也是 R 的一个候选码。

因此，关系 R 的主属性为(A,D,E)，关系 R 中没有非主属性。

2.4.4　关系范式

在关系数据库系统中，所有的关系结构都必须是规范化的，即至少是第 1 范式，但第 1 范式的关系并不能保证关系模式的合理性，可能会存在数据冗余、插入异常、删除异常等问题，还必须向它的高一级范式进行转换。

从范式来讲，主要是 E.F.Codd 做的工作，他提出了规范化的问题，并给出了范式的概念。他在 1971 年提出了关系的三级规范化形式，即第 1 范式、第 2 范式、第 3 范式的概念。1974 年，E.F.Cood 和 R.F.Boyce 又共同提出了一个新的范式，即 BCNF。1976 年 Fagin 又提出了第 4 范式。后来又有人提出了第 5 范式。

我们说某个关系是某个范式，是指该关系满足某些确定的约束条件，从而具有一定的性质。现在把范式这个概念理解成符合某一级别的关系模式集合，则 R 为第几范式就可以写成 R∈xNF。6 类范式的条件，一个比一个严，它们之间是一种包含的关系，即 5NF⊂4NF⊂BCNF⊂3NF⊂2NF⊂1NF。

本节只讨论最基础的 1NF、2NF、3NF、BCNF 范式，一般情况下，这 4 类范式足以满足实际的应用需求。

1. 第 1 范式(1NF)

定义 2.10　如果关系 R 的每一个属性值是不可再分的最小数据单位，则称 R 属于第 1 范式，简记为 R∈1NF。

由 1NF 的定义可知，第 1 范式是一个不含重复元组的关系，也不存在嵌套结构。

为了与规范化关系区别，把不满足第 1 范式的关系称为非规范化的关系。然而，关系仅为第 1 范式是不够的。例如，表 2-6 所给出的学生关系 S(SNO,SNAME, CLASS,TNAME, TAGE,ADDRESS,GRADE)，它是一个 1NF。但通过前面的分析，我们知道它存在许多问题。那么，为什么会出现这些问题呢？这是由于在 1NF 关系属性之间，往往存在着比较复杂的函数依赖关系，前面的例子中已分析了表 2-6 所示的关系中存在函数依赖关系有 SNO→SNAME，SNO→CLASS，TNAME→TAGE，TNAME→ADDRESS，(SNO，CNO)→GRADE，CNO→TNAME。

由上面这些依赖可推出：CNO —T→ TAGE, CNO —T→ ADDRESS。然而关系 S 的候选码为(SNO,CNO)。

考察非主属性和候选码之间的函数依赖关系：

(SNO,CNO) —P→ SNAME,(SNO,CNO) —P→ CLASS,(SNO,CNO) —P→ TNAME,(SNO,CNO) —P→ TAGE,(SNO,CNO) —P→ ADDRESS,(SNO,CNO) —F→ GRADE。

由此可见，在这个关系中，既存在部分函数依赖又存在传递函数依赖。这种情况在数据库中往往是不允许的，也正是由于这种关系中的函数依赖过于复杂，因此给数据库的操作带来了许多问题。克服这些问题的方法是用投影运算将关系分解，去掉过于复杂的函数依赖关系。

2. 第 2 范式(2NF)

定义 2.11 若 R∈1NF,且 R 中的每个非主属性都完全函数依赖于 R 的任一候选码,则 R∈2NF。

表 2-6 所给出的学生关系 S 就不是 2NF。这个关系中的非主属性 SNAME、CLASS、TNAME、TAGE、ADDRESS 都不是完全函数依赖于候选码(SNO,CNO)的,而是部分依赖于(SNO,CNO)的。

由上面的分析可知,对 1NF 关系进行插入、修改、删除操作时会出现许多问题。为解决这些问题,要对关系进行规范化,方法为对原关系进行投影,将其分解。

分析上面的例子,问题在于非主属性有两种:一种像 GRADE,它完全函数依赖于候选码(SNO,CNO)。另一种像 SNAME、CLASS、TNAME、TAGE、ADDRESS,它们部分函数依赖于候选码(SNO,CNO)。根据这种情况,用投影运算把关系 S 分解为 3 个关系:

(1) ST(SNO,CNO,CLASS)(将只依赖于 SNO 的属性分解到一个子模式中)。

(2) CTA(CNO,TNAME,TAGE,ADDRESS)(将只依赖 CNO 于的属性分解到另一个子模式中)。

(3) SC(CNO,SNO,GRADE)(将完全函数依赖于候选码的属性分解到第三个子模式中)。

分解后,关系 ST 的候选码为 SNO,关系 CTA 的候选码为 CNO,关系 SC 的候选码为(SNO,CNO)。这样,在这 3 个关系中非主属性对候选码都是完全函数依赖,所以关系 ST、CTA 和 SC 都为 2NF。

达到第 2 范式的关系是不是就不存在问题呢?不一定。2NF 关系并不能解决所有的问题。例如,在关系 CTA 中还存在着如下问题:①数据冗余。一个教师承担多门课程时,教师的姓名、年龄、地址要重复存储。②修改复杂。一个教师更换地址时,必须修改相关的多个元组。③插入异常。一个教师报到时,需将其有关数据插入到 CTA 关系中,但该教师暂时还未承担任何教学任务,则因缺码 CNO 值而不能进行插入操作。④删除异常。删除某门课程时,会丢失该课程任课教师的姓名、年龄和地址信息。

之所以存在这些问题,是由于在关系 CTA 中存在着非主属性对候选码的传递函数依赖。所以,还要进一步分解,这就是下面要讨论的 3NF。

3. 第 3 范式(3NF)

定义 2.12 若关系 R∈2NF,且 R 的任何一个非主属性不传递函数依赖于它的任何一个候选码,则 R∈3NF。

关系 CTA 是 2NF,但不是 3NF。因为 CNO 是候选码,TNAME、TAGE、ADDRESS 是非主属性,由于 CNO→TNAME,TNAME↛CNO,TNAME→TAGE,所以 CNO$\xrightarrow{T}$TAGE,同样有 CNO$\xrightarrow{T}$ADDRESS,即存在非主属性对候选码的传递函数依赖。

为克服 CTA 中存在的问题,仍可以采用投影的方法,将 CTA 分解如下:

(1) CT(CNO,TNAME)。

(2) TA(TNAME,TAGE,ADDRESS)。

关系 CT 和 TA 都是 3NF,关系 CTA 中存在的问题得到了解决。

定理 2.1 一个 3NF 的关系必定是 2NF。

证明:用反证法。设 R∈3NF,但 R∉2NF,则 R 中必有非主属性 A、候选码 X 和 X 的真子集 X′ 存在,使得 X′→A。由于 A 是非主属性,因此 A−X≠∅,A−X′≠∅。由于 X′ 是

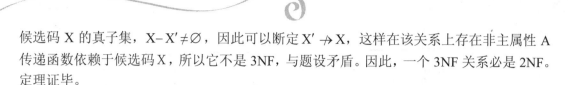

候选码 X 的真子集，X–X′≠∅，因此可以断定 X′↛X，这样在该关系上存在非主属性 A 传递函数依赖于候选码 X，所以它不是 3NF，与题设矛盾。因此，一个 3NF 关系必是 2NF。定理证毕。

4. BCNF

一般来说，第 3 范式的关系大多数能解决插入和删除的异常问题，但也存在一些例外。为了解决 3NF 有时出现的插入和删除异常等问题，R.F.Boyce 和 E.F.Codd 提出了 3NF 的改进形式 BCNF。

定义 2.13 关系模式 R<U,F>∈1NF。若函数依赖集合 F 中的所有函数依赖 X→Y(Y∉X) 的左部都包含 R 的任一候选码，则 R∈BCNF。

若 R 中的每一非平凡函数依赖的决定因素都包含一个候选码，则 R 为 BCNF。

一个 3NF 关系不一定属于 BCNF，但一个 BCNF 关系一定属于 3NF。

【例 2-24】 如果假定：每一个学生可选修多门课程，一门课程可由多个学生选修，每一门课程可由多个教师任教，但每个教师只能承担一门课程，判断表 2-13 给出的关系 SCT(SNO,CNAME,TNAME) 最高属于第几范式并分析该模式存在的问题。

表 2-13　SCT 关系

SNO	CNAME	TNAME
S1	英语	王　平
S1	数学	刘　红
S2	物理	高志强
S2	英语	陈　进
S3	英语	王　平

解： 关系 SCT 的候选码为 (SNO,CNAME) 和 (SNO,TNAME)。故不存在非主属性，也就不存在非主属性对候选码的传递函数依赖，所以，该关系至少是一个 3NF 关系。又因为主属性之间存在 TNAME→CNAME，其左部未包含该关系的任一候选码，所以它不是 BCNF。因此，SCT∈3NF。

该关系中存在插入及删除异常问题。例如，一门新课程和任何教师的数据要插入数据库时，必须至少有一个学生选修该课程且任课教师已被分配给该课程时才能进行。

对于不是 BCNF 又存在问题的关系，解决办法仍然是通过投影将其分解成为 BCNF。例 2-24 中的 SCT 可分解为 SC(SNO,CNAME) 和 CT(CNAME,TNAME)，它们都是 BCNF。

定理 2.2 一个 BCNF 的关系必定是 3NF。

证明：用反证法。设 R 是一个 BCNF，但不是 3NF，则必存在非主属性 A 和候选码 X，以及属性集 Y，使得 X→Y(Y∉X)，Y→A，Y↛X，这就是说 Y 不可能包含 R 的码，但 Y→A 成立。根据 BCNF 定义，R 不是 BCNF，与题设矛盾。因此，一个 BCNF 的关系必定是 3NF。定理证毕。

3NF 和 BCNF 是在函数依赖条件下，对模式分解所能达到的分离程度的测试。一个模式中的关系模式如果都属于 BCNF，那么函数依赖范畴内，它已实现了彻底的分离，已消除了插入和删除异常问题。而 3NF 的"不彻底"性表现在可能存在主属性对候选码的部分函数依赖和传递函数依赖。

函数依赖和关系的规范化是关系数据库设计要考虑的首要问题，并且也是关系数据库很重要的设计问题。

在关系理论中，函数依赖是指关系中一个属性集和另一个属性集之间的对应关系。函数依赖有部分函数依赖、完全函数依赖和传递函数依赖。

在关系数据库中，设计的一个重要目标是生成一组关系模式，使我们既不存储不必要的冗余信息，又可以方便地获取信息。这时采用的方法之一就是设计满足适当范式的关系模式。关系模式的规范化过程是通过对关系模式的分解来实现的。把低一级的关系模式分解为若干个高一级的关系模式。这种分解不是唯一的。

2.5　案 例 分 析

假设某商业集团数据库中有一关系模式 R(商店编号,商品编号,数量,部门编号,负责人)，如果规定：①每个商店的每种商品只在一个部门销售；②每个商店的每个部门只有一个负责人；③每个商店的每种商品只有一个库存数量。

试回答下列问题：

(1) 根据上述规定，写出关系模式 R 的基本函数依赖。

(2) 找出关系模式 R 的候选关键字。

(3) 试问关系模式 R 最高已经达到第几范式？为什么？

(4) 如果 R 已达 3NF，是否已达 BCNF？若不是 BCNF，将其分解为 BCNF 模式集。

1. 预处理

为了方便，我们用代号代表每个属性，A—商店编号，B—商品编号，C—部门编号，D—数量，E—负责人。这样，有关系模式：R(U,F)，U={A,B,C,D,E}。

2. 根据上述规定，写出关系模式 R 的基本函数依赖

为了消除关系模式在操作上的异常问题，优化数据模式，我们需要对关系模式进行规范化处理。而首先需要做的就是找出该关系模式的函数依赖，以便能确切地反映实体内部各属性间的联系。经过对数据语义的分析我们得出下面的依赖关系：

(1) 语义：每个商店的每种商品只在一个部门销售，即已知商店和商品名称可以决定销售部门。

例：东店——海尔洗衣机—— 一定在家电部销售。

所以得出函数依赖是 AB→C。

(2) 语义：每个商店的每个部门只有一个负责人，即已知商店和部门名称可以决定负责人。

例：东店——家电部——部门经理一定是张三。

所以得出函数依赖是 AC→E。

(3) 每个商店的每种商品只有一个库存数量，即已知商店和商品名称可以决定库存数量。

例：东店——海尔洗衣机——库存 10 台。

所以得出函数依赖是 AB→D。

这样，在关系模式 R(U,F)中，基本函数依赖集是 F={ AB→C，AC→E，AB→D }。

3. 找出关系模式 R 的候选码

根据函数依赖和候选码基本定义，我们可以说：只有在最小函数依赖集中才能科学、正确地寻找候选码。那么何为最小函数依赖集？怎么求出 F 的最小函数依赖集呢？根据函数依赖的相关定理我们得知：给定函数依赖集 F，如果 F 中每一函数依赖 $X \to Y \in F$ 满足：

(1) F 为右规约，即函数依赖 $X \to Y$ 的右边 Y 为单个属性。

(2) F 为左规约，即 F 中任一函数依赖 $X \to Y \in F$ 的左边都不含多余属性。

(3) F 为非冗余的，即如果存在 F 的真子集 F'，使得 $F' \equiv F$，则称 F 是冗余的，否则称 F 是非冗余的。

满足上述 3 个条件的函数依赖集，称为 F 的最小函数依赖集，或称 F 是正则的。每一个函数依赖都等价于一个最小函数依赖集。

按照上面的 3 个条件进行最小化处理，可得到一个求最小函数依赖集方法，即：

第一步，为满足条件(1)，根据分解性把右侧是属性组的函数依赖分解为右侧为单属性的多个函数依赖。

第二步，为满足条件(2)，逐一考察最新 F 中的函数依赖，消除左侧冗余属性。

第三步，为满足条件(3)，逐一考察最新 F 中函数依赖 $X \to Y$，检查 $X \to Y$ 是否被 $F - \{X \to Y\}$ 所蕴涵，如果是，则 $X \to Y$ 是冗余的，可以删除。

因此，F 的所谓最小函数依赖集就是去掉了多余依赖的 F。

按上面提供的算法依据具体计算如下：

(1) 根据分解性先分解所有依赖的右边为单属性。可以看出：F={AB→C，AC→E，AB→D }中所有依赖的右边已为单属性。

(2) 对所有依赖的左边为多属性的情况，消除左侧冗余属性。下面计算判断 AB→C 中有无无关属性：

① 设 A→C，在 F={ AB→C，AC→E，AB→D }中计算 A 的闭包 A^+。

首先，初始化 $A^+ = \{A\}$；经观察，在 F={ AB→C，AC→E，AB→D }中，属性 A 不能"带进"任何属性。A 的闭包 A^+ 就是 {A}，也就是 $A^+ = \{A\}$，所以 AB→C 中 B 不是无关属性。

② 设 B→C，在 F={ AB→C，AC→E，AB→D }中计算 B 的闭包 B^+。

首先，初始化 $B^+ = \{B\}$；经观察，在 F={ AB→C，AC→E，AB→D }中，属性 B 不能"带进"任何属性。B 的闭包 B^+ 就是 {B}，也就是 $B^+ = \{B\}$，所以 AB→C 中 A 不是无关属性。

(3) 同理，AC→E 和 AB→D 中左边亦无无关属性。

(4) 下面计算在 F={ AB→C，AC→E，AB→D }中有无冗余依赖。

去掉 AB→C，依赖集变为 F'={ AC→E，AB→D }。

首先，初始化 ${\{AB\}}^+ = \{A, B\}$；在 F={ AC→E，AB→D }中，有 AB→D，即 AB 可以"带进" D 属性，这时 ${\{AB\}}^+ = \{A, B, D\}$；经观察已不能再"带进"其他属性，即 {AB} 的闭包 ${\{AB\}}^+$ 就是 {A,B,D}，也就是 ${\{AB\}}^+ = \{A,B,D\}$。

因为 {A,B,D} 中不包含 C，所以我们说 AB→C 不是冗余依赖。

同理计算，AC→E 和 AB→D 亦不是冗余依赖。

到此，才能肯定 F={ AB→C，AC→E，AB→D }已是最小函数依赖集。

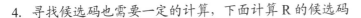

4. 寻找候选码也需要一定的计算，下面计算 R 的候选码

在 F={ AB→C，AC→E，AB→D }中，我们对所有属性进行归类如下：

L 类属性，即仅在函数依赖左边出现的属性。本例为 A、B 属性。

R 类属性，即仅在函数依赖右边出现的属性。本例为 E、D 属性。

LR 类属性，即既在函数依赖左边又在函数依赖右边出现的属性。本例为 C 属性。

N 类属性，即既不在函数依赖左边又不在函数依赖右边出现的属性。本例无此类属性。

我们知道，L 类属性和 N 类属性一定包含在候选码中，R 类属性一定不包含在候选码中。

所以，A、B 一定在候选码中，E、D 一定不在候选码中。这是定性的结果。

具体的候选码是什么呢？

首先，计算 L 类属性 AB 关于 F 的闭包：$\{AB\}_F^+ = \{A,B,D,C,E\}$，因为 AB 的闭包 $\{A,B,D,C,E\}$ 已经包含了 R 的所有属性，所以，{A,B} 是唯一候选码。

对于 LR 类属性参与候选关键字的相关计算稍嫌复杂，但这里已经找出了关系模式 R{A,B,C,D,E} 的唯一候选关键字。

5. 关系模式 R 最高的范式等级及其原因

很明显，关系模式 R(A,B,C,D,E) 中的所有属性值都是不可再分的原子项，所以该关系模式已满足第 1 范式。那么关系模式 R(A,B,C,D,E) 是否满足 2NF？根据范式的相关定义得知：如果关系模式 R(U,F) 中的所有非主属性都完全函数依赖于任一候选关键字，则该关系是第 2 范式。从上面的分析我们知道 R(A,B,C,D,E) 的唯一候选关键字是{A,B}；非主属性是 C、D、E；函数依赖集是{ AB→C，AC→E，AB→D }。所以：

(1) AB→C，例如，东店——海尔洗衣机——一定在家电部销售。

(2) AB→D，例如，东店——海尔洗衣机(只在家电部销售)——库存 10 台。

(3) AB→E，例如，东店——海尔洗衣机(卖海尔洗衣机的部门——家电部)——部门经理是张三。

关系模式 R(A,B,C,D,E) 已满足 2NF。

进一步分析：非主属性 C、D、E 之间不存在相互依赖，即关系模式 R(A,B,C,D,E) 不存在非主属性对候选关键字的传递依赖，根据第 3 范式的定义，关系模式 R(A,B,C,D,E) 已满足 3NF。

6. R 是否已达 BCNF

由 BCNF 范式的定义得知：如果关系模式每个决定因素都包含关键字(而不是被关键字所包含)，则 R 满足 BCNF 范式。分析：在 F={ AB→C，AC→E，AB→D }中，有依赖 AC→E 的左边{A,C}不包含候选关键字{A,B}，即 AC→E 是 BCNF 的违例。所以，关系模式 R(A,B,C,D,E) 不满足 BCNF。

下面分解关系模式 R(A,B,C,D,E)：

(1) 分解 3NF，有一定的规则。

从 BCNF 违例 AC→E 入手，我们得到两个新关系模式：R1(A,C,E) 和 R2(A,C,B,D)。

R1 由违例的所有属性组成，R2 由违例的决定因素和 R 的其余属性组成，即 R1(商店编号,部门编号,负责人)，实际上描述了"负责人"这一件事。R2(商店编号,商品编号,部门

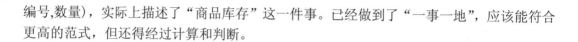

编号,数量),实际上描述了"商品库存"这一件事。已经做到了"一事一地",应该能符合更高的范式,但还得经过计算和判断。

本 章 小 结

本章介绍了关系数据理论的重要知识,包括关系的数学定义、关系代数、关系的完整性、关系的规范化理论等。

关系模型是建立在集合代数的基础上的,它是以集合论中关系概念为基础发展起来的数据模型,关系模式是对关系结构的描述。关系代数的 5 种基本运算是关系的并、差、广义笛卡儿积、投影和选择。

针对关系数据库的设计问题,介绍了函数依赖和关系的规范化理论。第 1 范式的模式要求属性值不可再分裂成更小部分,即任何一个属性项不能是多个子属性组合而成;如果关系模式 R 满足第 1 范式要求,并且 R 中每一个非主属性完全函数依赖于 R 的某个候选键,则称它满足第 2 范式模式;如果关系模式 R 满足第 3 范式,且每个非主属性都不传递依赖于 R 的候选键,则称 R 是第 3 范式的模式。

习 题 2

1. 名词解释

关系、关系模式、主码、外码、关系代数、函数依赖、范式、1NF、2NF、3NF、BCNF。

2. 试述等值连接与自然连接的区别和联系。

3. 设教学数据库 teachingData 中有 3 个基本表:

学生表:S(SNO,SNAME,SEX,CLASS)。

选课表:SC(SNO,CNO,SCORE)。

课程表:C(CNO,CNAME,TEACHER)。

试写出下列查询的关系代数表达式。

(1) 查询所有女生的姓名(SNAME)和所在班级(CLASS)。

(2) 查询没有选修"高等数学"的学生的姓名(SNAME)和所在班级(CLASS)。

(3) 查询老师"张三"所授课程的课程号(CNO)和课程名(CNAME)。

(4) 查询未选修课程号为'00100002'课程的男学生的学号(SNO)和姓名(SNAME)。

4. 设有一个 SPJ 数据库,包括 S、P、J、SPJ 共 4 个关系模式:

S(SNO, SNAME,STATUS,CITY)。

P(PNO,PNAME,COLOR,WEIGHT)。

J(JNO,JNAME,CITY)。

SPJ(SNO,PNO,JNO,QTY)。

其中,供应商 S 由供应商代码(SNO)、供应商姓名(SNAME)、供应商状态(STATUS)、供应商所在城市(CITY)组成。

零件表 P 由零件代码(PNO)、零件名(PNAME)、颜色(COLOR)、重量(WEIGHT)组成。

工程项目表 J 由工程项目代码(JNO)、工程项目名(JNAME)、工程项目所在城市(CITY)组成。

供应情况表 SPJ 由供应商代码(SNO)、零件代码(PNO)、工程项目代码(JNO)、供应数量(QTY)组成，表示某供应商供应某种零件给某工程项目的数量为 QTY。

对应的数据表见表 2-14～表 2-17。

表 2-14　S 表

SNO	SNAME	STATUS	CITY
S1	精益	20	天津
S2	盛锡	10	北京
S3	东方红	30	北京
S4	丰太盛	20	天津
S5	为民	30	上海

表 2-15　P 表

PNO	PNAME	COLOR	WEIGHT
P1	螺母	红	12
P2	螺栓	绿	17
P3	螺丝刀	蓝	14
P4	螺丝刀	红	14
P5	凸轮	蓝	40
P6	齿轮	红	30

表 2-16　J 表

JNO	JNAME	CITY
J1	三箭	北京
J2	一汽	长春
J3	弹簧厂	天津
J4	造船厂	天津
J5	机车厂	唐山
J6	无线电厂	常州
J7	半导体厂	南京

表 2-17　SPJ 表

SNO	PNO	JNO	QTY
S1	P1	J1	200
S1	P1	J3	100
S1	P1	J4	700
S1	P2	J2	100
S2	P3	J1	400
S2	P3	J2	200

(续)

SNO	PNO	JNO	QTY
S2	P3	J4	500
S2	P3	J5	400
S2	P5	J1	400
S2	P5	J2	100
S3	P1	J1	200
S3	P3	J1	200
S4	P5	J1	100
S4	P6	J3	300
S4	P6	J4	200
S5	P2	J4	100
S5	P3	J1	200
S5	P6	J2	200
S5	P6	J4	500

试用关系代数完成如下查询。

(1) 求供应工程 J1 零件的供应商号码 SNO。

(2) 求供应工程 J1 零件 P1 的供应商号码 SNO。

(3) 求供应工程 J1 零件为红色的供应商号码 SNO。

(4) 求没有使用天津供应商生产的红色零件的工程号 JNO。

(5) 求至少用了供应商 S1 所供应的全部零件的工程号 JNO。

第 2 篇

基 础 篇

第 3 章

SQL Server 2012 基础

教学目标

1. 了解 SQL Server 2012 的特点。
2. 掌握 SQL Server 2012 的安装与配置。
3. 理解 SQL Server 2012 的目录结构和系统数据库。
4. 了解 SQL Server 2012 的工具和实用程序。
5. 熟练掌握 SQL Server 2012 的服务器管理。
6. 熟练掌握 SQL Server 2012 的基本操作界面。

SQL Server 是关系型数据库的典型产品之一，是在 Windows 操作系统上使用最多的数据库管理软件。本教程重点介绍 SQL Server 2012。那么，你一定想知道：

- SQL Server 2012 有哪些版本，它们各有什么不同？
- 不同版本的 SQL Server 2012 对软件、硬件各有什么要求？
- 如何选择和安装 SQL Server 2012？
- SQL Server 2012 与以前的版本相比，有哪些优势？
- 使用 SQL Server 2012 能够做什么？

通过学习本章知识，相信你就可以顺利地解决这些问题。

3.1　SQL Server 2012 的新特点

SQL Server 2012 是 Microsoft 公司于 2012 年 3 月向全球发布的关系型数据库管理系统（RDBMS）。它是一个全面的、集成的、端到端的数据解决方案，为企业中的用户提供了一个更安全可靠和更高效的数据平台。

3.1.1　SQL Server 2012 的版本

为了能够满足不同用户对数据管理软件的功能、性能、灵活性及价格上的需求，SQL Server 2012 提供了多个版本供用户选择。它的主要版本包括企业版、商业智能版、标准版、Web 版、开发版和简易版，具体选择哪一个版本可以根据企业或个人的需求来确定。

1. 企业版（Enterprise）

SQL Server 2012 Enterprise 作为高级版本，提供了全面的高端数据中心功能，性能极为快捷，虚拟化不受限制，还具有端到端的商业智能，可为关键任务工作负荷提供较高服务级别，支持最终用户访问深层数据。

2. 商业智能版（Business Intelligence）

SQL Server 2012 Business Intelligence 提供了综合性平台，可支持组织构建和部署安全的、可扩展的且易于管理的商业智能（BI）解决方案，提供基于浏览器的数据浏览与可见性等卓越功能、功能强大的数据集成功能，以及增强的集成管理。

3. 标准版（Standard）

SQL Server 2012 Standard 提供了基本数据管理和商业智能数据库，使部门和小型组织能够顺利运行其应用程序并支持将常用开发工具用于内部部署和云部署，有助于以最少的 IT 资源获得高效的数据库管理。

4. Web 版（Web）

SQL Server 2012 Web 对于为从小规模至大规模 Web 资产提供可伸缩性、经济性和可管理性功能的 Web 宿主和 Web VAP 来说，是一项拥有总成本较低的选择。

5. 开发版（Developer）

SQL Server 2012 Developer 支持开发人员基于 SQL Server 构建任意类型的应用程序，包括 Enterprise 版的所有功能，但有许可限制，只能用于开发和测试系统，而不能用于生产服务器。它是构建和测试应用程序人员的理想之选。

6. 简易版（Express）

SQL Server 2012 Express 是入门级的免费数据库，是学习和构建桌面及小型服务器数据驱动应用程序的理想选择。它是独立软件供应商、开发人员和热衷于构建客户端应用程序人员的最佳选择。如果以后需要使用更高级的数据库功能，则可以将 SQL Server 2012 Express 无缝升级到其他更高端的 SQL Server 版本。SQL Server 2012 中新增了 SQL Server

Express LocalDB，这是 Express 的一种轻型版本，该版本具备所有可编程型功能，但需要在用户模式下运行，并且具有快速的零配置安装和必备组件要求较少等特点。

SQL Server 2012 的所有版本均支持 64 位和 32 位的操作系统，各版本所支持的具体功能见表 3-1。

表 3-1　SQL Server 2012 不同版本所支持的功能

功能名称	Enterprise	Business Intelligence	Standard	Web	Express（A）	Express（T）	Express
单个实例使用的最大计算能力(SQL Server 数据库引擎)	操作系统最大值	4 个插槽或 16 核，取二者较小值	4 个插槽或 16 核，取二者较小值	4 个插槽或 16 核，取二者较小值	1 个插槽或 4 核，取二者较小值	1 个插槽或 4 核，取二者较小值	1 个插槽或 4 核，取二者较小值
单个实例使用的最大计算能力(Analysis Services、Reporting Services)	操作系统支持的最大值	操作系统支持的最大值	同上	同上	同上	同上	同上
利用的最大内存(SQL Server 数据库引擎)	操作系统支持的最大值	64GB	64GB	64GB	1GB	1GB	1GB
利用的最大内存(Analysis Services)	操作系统支持的最大值	操作系统支持的最大值	64GB	不适用	不适用	不适用	不适用
利用的最大内存(Reporting Services)	操作系统支持的最大值	操作系统支持的最大值	64GB	64GB	4GB	不适用	不适用
最大关系数据库大小	524PB	524PB	524PB	524PB	10GB	10GB	10GB

注：Express（A）表示 Express with Advanced Services，Express（T）表示 Express with Tools。

3.1.2　SQL Server 2012 的新功能

Microsoft 公司推出的 SQL Server 2012 提供了更多、更全面的功能，以满足不同用户对数据和信息的处理要求，如支持来自不同网络环境的数据的交互，全面的自助分析等创新功能。SQL Server 2012 在系统的安全性和高可用性、性能、企业安全性和数据发现等几个方面增加了新的功能，这对于 Microsoft 公司来说是重大的更新。

1. AlwaysOn 技术

全新的 AlwaysOn 技术将灾难恢复解决方案和高可用性结合起来，可以在数据中心内部，也可以跨数据中心提供冗余，从而有助于在计划性停机及非计划性停机的情况下迅速地完成应用程序的故障转移。利用 AlwaysOn 用户可以针对一组数据库进行灾难性恢复，而不是一个独立的数据库。AlwaysOn 同时能够提高实时的读写分离，保证应用程序性能的最大化。

2. Windows Server Core 支持

Windows Server Core 是命令行界面的 Windows，即用户只安装 Windows 核心，系统不

具备图形用户界面，使用 DOS 和 PowerShell 来进行交互。Windows Server Core 能够为 SQL Server 2012 提供支持。在 Windows Server Core 上运行 SQL Server 可以极大地减少安装操作系统补丁的需要，从而大幅度缩短计划性停机时间。这样做既可以减少对系统资源的占用，也使安全性得到了提高。

3. ColumnStore 索引

SQL Server 成为第一个能够真正实现列存储技术的主流数据库系统。ColumnStore 索引是为数据仓库查询设计的只读索引，将数据组织成扁平化的压缩形式存储，极大地减少了输入/输出（I/O）和内存使用。因此，有效地提高了数据仓库的查询速度，且效果显著。在测试场景下，星形联结查询及类似查询使客户体验到了 10～100 倍的性能提速。

4. 增强的审计功能

SQL Server 2012 在审计功能方面的改进使其灵活性和可用性得到了增强。以前版本只面对企业版开放审计功能，在 SQL Server 2012 的所有版本中均提供支持，因此有更多彻底审计在 SQL Server 数据库范围内进行，从而实现了审计的规范化。同时 SQL Server 2012 还提供了自定义审计功能、审计筛选功能和审计恢复功能，允许应用程序将自定义事件写入审计日志，提供将不需要的事件过滤到审计日志中的功能，能够从临时文件和网络问题中恢复审核数据，从而增强了审核功能的灵活性。

5. 定义服务器角色

定义服务器角色使 SQL Server 2012 的灵活性、可管理性得到了增强，同时有助于使职责划分更加规范化。SQL Server 2012 允许创建新的服务器角色，对于根据不同角色分派多位管理员的企业来说，能够更好地适应其相关需求。允许角色之间的嵌套，使企业层次结构的映射具有更强的灵活性。另外，用户定义的服务器角色也能使企业避免对 sysadmin 账号产生过多的依赖。

6. BI 语义模型

SQL Server 2012 在分析服务器中引入了 BI 语义模型，它适用于用户通过不同方式构建起来的商业智能解决方案。BI 语义模型是一种为包括报表、分析、记分卡、仪表板、自定义应用程序在内的各种类型的最终用户体验所设计的模型。开发者在使用过程中能够体验到极强的灵活性，可以利用模型的丰富性来创建复杂的业务逻辑。此外，为满足大多数高标准企业的要求，模型还具有较强的伸缩性。

7. 分布式回放

全新的分布式回放（Distributed Replay）功能可以简化应用程序的测试工作，并使应用程序变更、配置变更及升级过程中可能出现的错误最小化。这个多线程的重放工具还能够模拟生产环境在升级或配置更改过程中的工作负荷，从而可以确保变更过程中的性能不会受到负面影响。因此，该功能可以首先记录生产环境的工作状况，然后在另外一个环境中可以方便地重现这些工作状况。

8. Sequence 对象

一个序列（Sequence）就是根据触发器能够实现自增值的计数器对象。在 Oracle 中有

Sequence 功能，以前的 SQL Server 版本类似的功能是通过 Identity 列来实现的，但在 SQL Server 2012 中增加了 Sequence 对象，从而在功能和性能方面都得到很大的提高。

9. PowerView

PowerView 是一种强大的自主 BI 工具，可以让用户方便地创建 BI 报告。SQL Server 2012 商业智能提供了 PowerView 的可视化工具，使各类用户都能够通过简洁易懂的形式使用商业智能，将数据转化为信息，更好地为企业决策服务。即使一个用户缺乏技术知识，无法编写查询，并且对报表方面的知识了解甚微，他利用 PowerView，也可以只需简单的拖动，就能在很短的时间内新建一个商业智能视图。

10. 增强的 PowerShell 支持

增强的 PowerShell 功能是以 SQL Server 2008 对 PowerShell 提供的技术支持为基础进一步扩展实现而成的。SQL Server 2012 主要对 Windows PowerShell 2.0 加以利用，允许数据库管理员使用最新的 PowerShell 功能。它提供极强的灵活性，允许 SQLPX.exe 用于所有的 SQL 环境及相关的自动化应用场景。

11. SQL Azure 增强

虽然这与 SQL Server 2012 并无直接联系，但 Microsoft 公司对 SQL Azure 做了一个关键的改进。Azure 现已具备 Reporting Services 及备份到 Windows Azure 数据存储的能力，Azure 允许数据库的上限到 150GB。同时 Azure 数据同步可更好地适应混合模型和云中部署的解决方案。

12. 大数据支持

针对数据仓库及大数据，SQL Server 2012 提供了从几 TB 到几百 TB 全面端对端的突破性的解决方案。作为 Microsoft 公司的信息平台解决方案，SQL Server 2012 可以帮助企业用户突破性地快速实现各种数据体验，完全释放的企业的洞察力。Microsoft 公司宣布了与 Hadoop 提供商 Cloudera 的合作，这也就意味着 SQL Server 也跨入了 NoSQL 领域。

3.2　SQL Server 2012 的安装与配置

SQL Server 2012 既可以安装在 32 位的操作系统上，也可以安装在 64 位的操作系统上。不同的版本在高可用性、可伸缩性、安全性和可管理性等功能上存在性能差异。用户可以根据自己的需要和软件、硬件环境选择不同的版本。

3.2.1　硬件要求

在 Windows 平台上安装 SQL Server 2012，对硬件的配置要求见表 3-2。

表 3-2　SQL Server 2012 的硬件要求

硬　　件	最　低　要　求
内存	·最低要求：Express 版本为 512MB，所有其他版本为 1GB； ·建议：Express 版本为 1GB，所有其他版本为至少 4GB

（续）

硬　　件	最 低 要 求
处理器	• 处理器速度 最低要求：×86 处理器不低于 1.0GHz，×64 处理器不低于 1.4GHz； 建议：2.0GHz 或更快 • 处理器类型 Intel Pentium IV 或 AMD Athlon
硬盘空间	SQL Server 2012 要求最少 6GB 的可用硬盘空间。其中主要包括： • 数据库引擎和数据文件、复制、全文搜索及 Data Quality Services 为 811MB； • Analysis Services 和数据文件为 345MB； • Reporting Services 和报表管理器为 304MB； • Integration Services 为 591MB； • Master Data Services 为 243MB； • 客户端组件(除 SQL Server 联机丛书组件和 Integration Services 外) 为 1823MB； • SQL Server 联机丛书组件为 375KB，（若下载 BOL 内容还需 200MB）
显示器	Super-VGA（800x600）或更高分辨率的显示器

3.2.2　软件要求

与 SQL Server 2012 相关的软件包括操作系统、Internet Explorer 浏览器(简称 IE) 和 Internet Information Services(即网络服务器，IIS) 等。不同的 SQL Server 2012 版本对它们的最低要求不尽相同，下面以 SQL Server 2012 Standard 为例进行讨论，具体要求见表 3-3。

表 3-3　安装 SQL Server 2012 对操作系统的要求

软　　件	要　　求
操作系统	Windows Server 2012 R2、Windows Server 2012、Windows Server 2008 R2 SP1、Windows Server 2008 SP2、Windows 8.1、Windows 8、Windows 7 SP1(安装之前会进行系统检查)
.NET Framework	.NET Framework 4.0 是 SQL Server 2012 所必需的。首先要确保计算机的 Internet 连接可用，SQL Server 在安装中将下载并安装.NET Framework 4，因为 SQL Server Express 2012 中并不包含该软件
Windows PowerShell	SQL Server 2012 不安装或启用 Windows PowerShell 2.0，但对于数据库引擎组件和 SQL Server Management Studio 而言，Windows PowerShell 2.0 是一个安装必备组件。如果安装程序报告缺少 Windows PowerShell 2.0，可以按照Windows 管理框架页中的说明安装或启用它
Internet Explorer	Internet Explorer 7 或更高版本

说明：

（1）如果安装 64 位 SQL Server 2012，应选用 64 位的操作系版本；若安装 32 位 SQL Server 2012，32 位或 64 位的操作系统版本均可使用。

（2）其他具体要求可参阅 https://msdn.microsoft.com/zh-cn/library。

3.2.3　SQL Server 2012 的安装

在使用 SQL Server 2012 之前，首先要进行软件的安装。本节将以 SQL Server 2012 企业版为例介绍其安装过程。

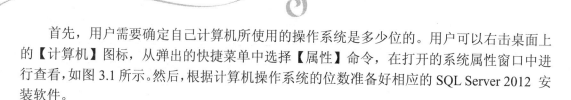

　　首先，用户需要确定自己计算机所使用的操作系统是多少位的。用户可以右击桌面上的【计算机】图标，从弹出的快捷菜单中选择【属性】命令，在打开的系统属性窗口中进行查看，如图 3.1 所示。然后，根据计算机操作系统的位数准备好相应的 SQL Server 2012 安装软件。

图 3.1　查看计算机系统信息

　　具体安装过程如下。

　　步骤 1：以系统管理员 Administrator 的身份登录操作系统。

　　步骤 2：在光驱中放入 Microsoft SQL Server 2012 的安装光盘，或打开存放 SQL Server 2012 企业版安装程序的文件夹，双击可执行文件【setup.exe】的图标，稍等片刻，打开【SQL Server 安装中心】窗口，如图 3.2 所示。在该窗口的左窗格单击【安装】选项卡，再在右窗格选择【全新 SQL Server 独立安装或向现有安装添加功能】选项。

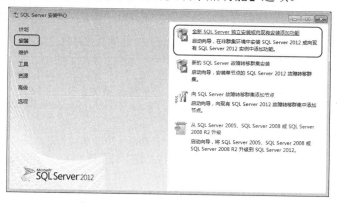

图 3.2　【SQL Server 安装中心】窗口

　　步骤 3：系统配置检查器将在计算机上执行安装程序支持规则的检查操作。可以通过单击【显示详细信息】按钮来查看详细情况。如果检查有未通过的规则，必须进行更正，否则安装将无法继续。如果全部通过，则安装程序支持规则检查如图 3.3 所示。检查完成后单击【确定】按钮。

　　步骤 4：在打开的【产品密钥】界面中，选中【输入产品密钥】单选按钮，输入 SQL Server 对应版本的产品密钥，如图 3.4 所示。完成后单击【下一步】按钮。

　　步骤 5：在打开的【许可条款】界面中，阅读并选中【我接受许可条款】复选框，如图 3.5 所示。完成后单击【下一步】按钮。

　　步骤 6：在打开的【产品更新】界面中，通过网络对安装内容进行更新，如图 3.6 所示。更新完成后单击【下一步】按钮。

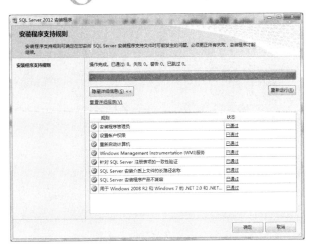

图 3.3 安装程序支持规则检查

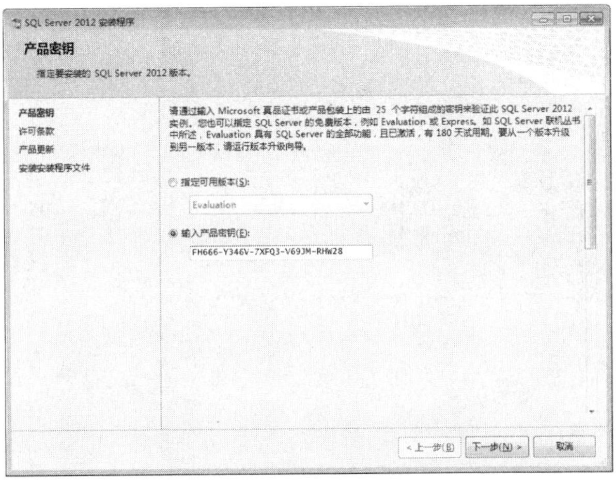

图 3.4 【产品密钥】界面

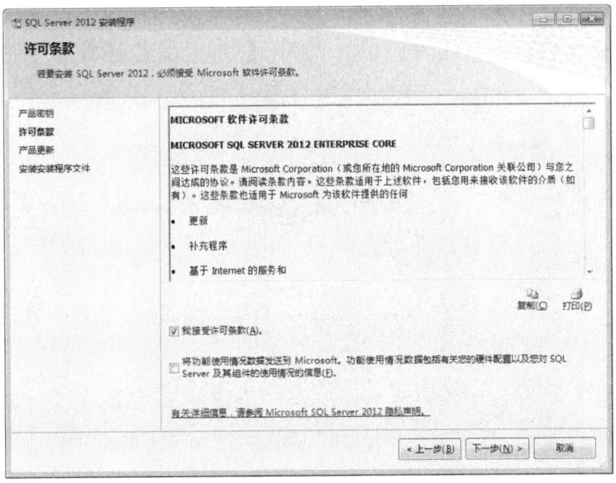

图 3.5 【许可条款】界面

图 3.6 【产品更新】界面

步骤 7：在打开的【安装安装程序文件】界面中，安装器开始 SQL Server 2012 相关安装程序的执行，共 4 个，如图 3.7 所示。当安装完安装程序文件后，单击【下一步】按钮。

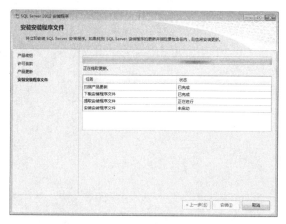

图 3.7 【安装安装程序文件】界面

步骤 8：在打开的【安装程序支持规则】界面中，将进行另一组安装程序支持规则的检查，如图 3.8 所示。检查完毕且通过后，单击【下一步】按钮。

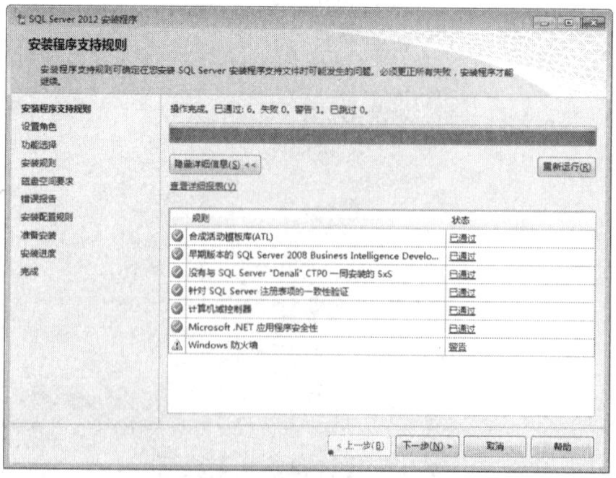

图 3.8 【安装程序支持规则】界面

步骤 9：在打开的【设置角色】界面中，选中【SQL Server 功能安装】单选按钮，即可安装用户所需要的所用功能，如图 3.9 所示。然后单击【下一步】按钮。

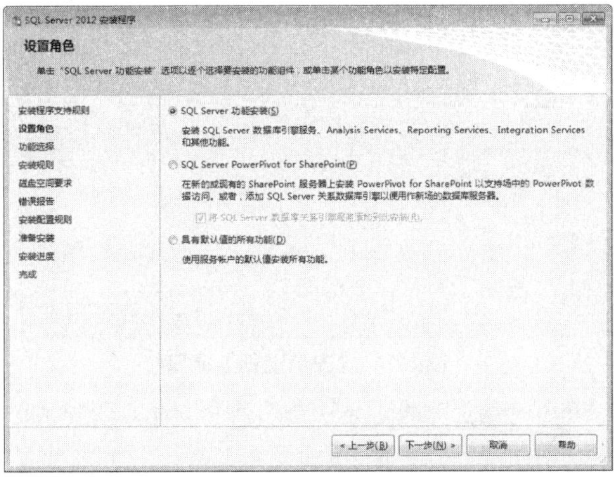

图 3.9 【设置角色】界面

步骤 10：在打开的【功能选择】界面中，在【功能】下拉列表框中选择要安装的功能组件。若用户只需基本功能，可以只选中【数据库引擎服务】复选框；若用户不能确认，可单击【全选】按钮安装全部组件。同时，可以在该页面的底部选择安装路径，如图 3.10 所示。选择完成后单击【下一步】按钮。

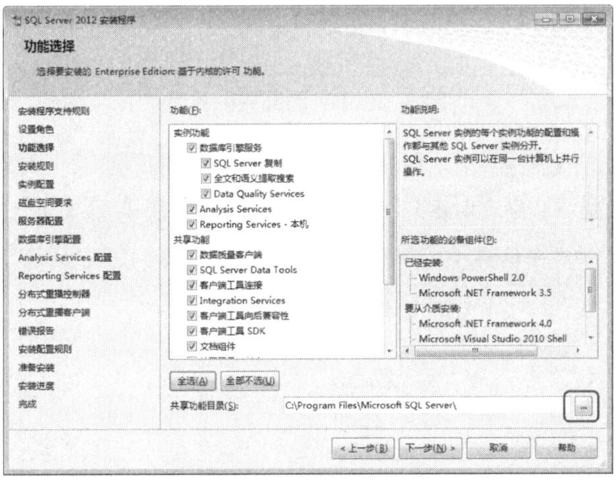

图 3.10 【功能选择】界面

步骤 11：在打开的【安装规则】界面中，系统将进行另外一些安装规则的检查，如图 3.11 所示。如果前面讲的软件、硬件需求都得到满足，此处可以顺利通过检查；如有问题，解决问题后方可继续，检查通过后单击【下一步】按钮。

步骤 12：在打开的【实例配置】界面中，如果是第一次安装，既可以选择默认实例，也可以选择命名实例；如果当前服务器上已经安装了一个默认实例，则再次安装时必须选择命名实例，并指定一个实例名称。本次安装选中【默认实例】单选按钮，在【实例 ID】文本框中显示默认实例名为 MSSQLSERVER，如图 3.12 所示。选择完成后单击【下一步】按钮。

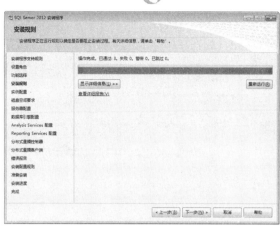

图 3.11 【安全规则】窗口

图 3.12 【实例配置】界面

步骤 13：在打开的【磁盘空间要求】界面中，显示用户可以查看选择 SQL Server 2012 安装内容所需要的磁盘空间，如图 3.13 所示。查看后直接单击【下一步】按钮。

图 3.13 【磁盘空间要求】界面

步骤 14：在打开的【服务器配置】界面中，为【服务账户】选项卡中的每个服务单独配置账户名、密码和启动类型，如图 3.14 所示；在【排序规则】选项卡中可设定排序规则。现在均采用默认设置，直接单击【下一步】按钮。

图 3.14　【服务器配置】界面

步骤 15： 在打开的【数据库引擎配置】界面中，有 3 个选项卡：

(1) 在【服务器配置】选项卡(图 3.15)中，选择身份验证模式，这里选中【混合模式 (SQL Server 身份验证和 Windows 身份验证)】单选按钮，并为系统管理员(sa)账户设置密码并确认密码，如"123456"；然后单击【添加当前用户】按钮，这样该用户(这里是 Administrator)具有操作 SQL Server 2012 实例的所有权限。

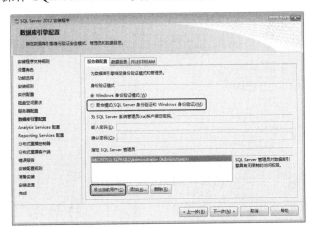

图 3.15　【数据库引擎配置】界面

(2) 在【数据目录】选项卡中，可以修改系统数据库与用户数据库的存放目录。这里保持默认设置。

(3) 在【FILESTREAM】选项卡中，显示了【针对 Transact-SQL 访问启用 FILESTREAM】的相关设置。这里保持默认设置。

设置完成后单击【下一步】按钮。

步骤 16： 如果选择【Analysis Services 配置】选项、【Reporting Services 配置】选项和【分布式重播控制器】选项，则系统会分别打开对应的窗口进行配置。一般只需要添加当前用户或采用默认设置，然后单击【下一步】按钮即可；否则直接显示下一个窗口。

步骤 17： 在打开的【错误报告】界面中，如果需要报告安装过程中的错误信息，则需选中窗口中部的复选框，如图 3.16 所示，然后单击【下一步】按钮。

图 3.16 【错误报告】界面

步骤 18： 在打开的【安装配置规则】界面中，将最后一次检查配置规则，如果显示所有项目均通过，则单击【下一步】按钮。

步骤 19： 在打开的【准备安装】界面中，显示安装的内容，如图 3.17 所示，直接单击【安装】按钮。

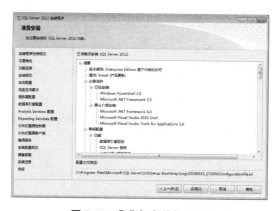

图 3.17 【准备安装】界面

步骤 20： 系统开始安装，当安装结束后，显示【完成】界面，如图 3.18 所示。最后单击【关闭】按钮，退出安装程序。

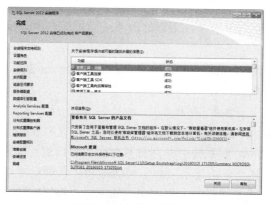

图 3.18 安装完成信息

安装结束后，系统将自动启动 SQL Server 服务。在操作系统的【所有程序】菜单中增加了【Microsoft SQL Server 2012】。

3.3　SQL Server 2012 系统数据库

在使用 SQL Server 2012 时，需要对系统数据库有一定的了解。系统数据库是在安装 SQL Server 实例时由系统默认创建的，它们各自有着特殊的用途，不能随意对其进行修改或将其删除。

3.3.1　master 数据库

master 数据库是主系统数据库，记录了 SQL Server 2012 中的所有系统级信息，包括实例范围的元数据（如登录账户）、端点、链接服务器和系统配置设备等，同时它还记录所有其他数据库的信息，如数据库文件的位置、初始化的信息等。因此，如果 master 数据库被破坏或出现故障不可用，则 SQL Server 无法启动。

注意：

（1）由于 master 数据库对于整个数据库系统来说非常重要，因此必须定期对该数据库进行备份。

（2）执行下列操作之一后，应尽快备份 master 数据库：①创建、修改或删除数据库；②更改服务器或数据配置值；③修改或添加登录账户。

3.3.2　model 数据库

model 数据库是模板数据库，向用户提供创建数据库时的各种模板。例如，当用户在 SQL Server 中创建新的数据库时，SQL Server 都会以 model 数据库为模板来创建新的数据库。

如果修改了 model 数据库中的信息，那么在以后创建的新数据库中都会继承 model 数据的修改。因此，可以通过 model 数据库修改的权限、数据库选项或为 model 数据库添加数据表、函数、存储过程等来设置以后新建数据库的属性。

如果用特定子用户的模板信息修改 model 数据库，建议备份 model 数据库。

3.3.3　msdb 数据库

msdb 数据库是 SQL Server 代理用来安排警报和作业、记录 SQL Server 代理程序服务项目和操作员信息等的数据库，有关数据库备份和还原的记录也会写在该数据库中。在进行任何更新 msdb 数据库的操作后，建议备份 msdb 数据库。

3.3.4　tempdb 数据库

tempdb 数据库为保存临时或中间结果提供工作空间。它是连接到 SQL Server 实例的所有用户都可以使用的全局资源，它保存所有临时表和临时存储过程，包含了所有的暂存数据表和暂存的预存程序。tempdb 数据库中可以保存的临时数据有临时表、临时存储过程、数据库表变量、游标、排序的中间结果工作表、索引操作和触发器操作而生成的数据等。

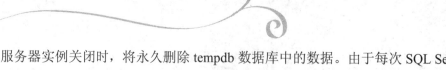

服务器实例关闭时，将永久删除 tempdb 数据库中的数据。由于每次 SQL Server 2012 启动时都会重建 tempdb 数据库，因此 tempdb 数据库也会继承 model 数据库的对象。

注意：

tempdb 数据库的大小可以影响系统性能。若 tempdb 数据库太小，则每次启动 SQL Server 时，系统处理可能忙于数据库的自动增长，而不能支持工作负荷要求。因此可以通过增加 tempdb 数据库的大小来避免此开销。

3.3.5 resource 数据库

resource 数据库是一个只读数据库，其中包含了 SQL Server 2012 中所有系统对象。resource 数据库与 master 数据库的区别在于 master 数据库存入的是系统级的信息而不是所有系统对象。SQL Server 中的系统对象在物理上存在于 resource 数据库中，但在逻辑上却显示在每个数据库的 sys 架构中，因此，resource 数据库在 Microsoft SQL Server Management Studio 的对象资源管理器中是看不到的。

resource 数据库的物理文件是 mssqlsystemresource.mdf 和 mssqlsystemresource.ndf，在默认情况下它位于 C:\Program Files\Microsoft SQL Server\MSSQL11.MSSQLSERVER\MSSQL\Binn 文件夹下。每个数据库实例都有且只有一个关联的 mssqlsystemresource.mdf 文件，各个实例间并不共享该文件。

注意：

resource 数据库与 master 数据库必须在同一个目录下，如果移动过 master 数据库的文件夹，那么也必须将 resource 文件夹移到相同的文件夹下。

3.4 SQL Server 2012 的启动方式

SQL Server 2012 提供了一套管理工具和实用程序，使用这些工具和程序可以设置和管理 SQL Server 数据库，保证数据库的安全性和一致性。

SQL Server Management Studio 称为 SQL Server 管理控制器，简称 SSMS。它是一个集成环境，将各种图形化工具和多功能脚本编辑器组合在一起，是 SQL Server 2012 数据库管理系统中最重要的管理工具，是数据库管理的核心。

1. 启动 SQL Server Management Studio

正确安装 SQL Server 2012 后，启动 SQL Server Management Studio 的具体操作如下。

步骤 1： 在 Windows 操作系统中，选择【开始】|【所有程序】|【Microsoft SQL Server 2012】|【SQL Server Management Studio】命令，弹出【连接到服务器】对话框，如图 3.19 所示。

步骤 2： 在【服务器类型】下拉列表框中选择【数据库引擎】选项；在【服务器名称】下拉列表框中选择本地服务器，如服务器名为 2013-20151218ZD；在【身份验证】下拉列表框中选择身份验证模式，这里选择【Windows 身份验证】选项。

步骤 3： 单击【连接】按钮，如果显示 SQL Server Management Studio 界面，则表示启动成功，如图 3.20 所示。

图 3.19 【连接到服务器】对话框

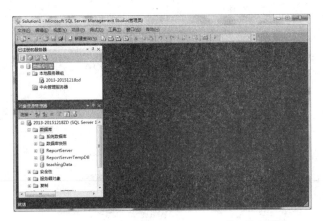

图 3.20 SQL Server Management Studio 界面

2. SQL Server 配置管理器

SQL Server 配置管理器是 SQL Server 2012 重要的系统管理工具之一，主要用于管理 SQL Server 服务、网络配置和配置等。

选择【开始】|【程序】|【Microsoft SQL Server 2012】|【配置工具】|【SQL Server 配置管理器】命令，打开【SQL Server Configuration Manager】窗口，如图 3.21 所示。

图 3.21 【SQL Server Configuration Manager】窗口

使用 SQL Server 配置管理器可以完成如下功能：

1）启动、停止 SQL Server 服务

在【SQL Server Configuration Manager】窗口中，首先单击左窗格中【SQL Server 服务】

选项，在右窗格的【名称】列表中找到【SQL Server(MSSQLSERVER)】选项后右击，在弹出的快捷菜单中选择相应的命令，可完成启动、停止、暂停、继续或重新启动等服务。

2）更改服务使用账号

SQL Server 2012 可以为不同的服务指定不同的账户，可通过 SQL Server 配置管理器对原来指定的账户进行修改。在【SQL Server Configuration Manager】窗口的右窗格中，右击【名称】列表中的【SQL Server(MSSQLSERVER)】选项，在弹出的快捷菜单中选择【属性】命令，弹出【SQL Server(MSSQLSERVER)属性】对话框，单击【登录】选项卡，如图 3.22 所示。在此可以修改【内置账户】和【本账户】的属性。

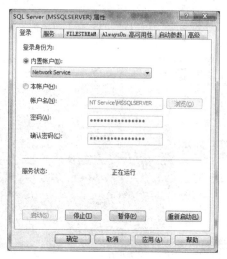

图 3.22 【SQL SERVER(MSSQLSERVER)属性】对话框-【登录】选项卡

3）修改服务的启动模式

在【SQL Server(MSSQLSERVER)属性】对话框中，单击【服务】选项卡，如图 3.23 所示。在【启动模式】下拉列表框中可以设置或修改 SQL Server 服务的启动模式，包括自动、手动和已禁用 3 种。在此设置为自动。

图 3.23 【SQL SERVER(MSSQLSERVER)属性】对话框-【服务】选项卡

3.5　SQL Server 2012 与旧版文件的兼容性操作

1. 低版本下创建的数据库移植到高版本中使用

通常情况下，软件具有向下的兼容性，即对于同一款软件，在低版本中操作的文件拿到高版本中使用，只要跨度不是太大，可以直接使用，一般不会报错。SQL Server 也不例外，除非使用了一些新版本不兼容的特性语句。

在现实中，可能会遇到原来使用 SQL Server 2008 进行数据库管理，随着时间的推移，现在需要使用 SQL Server 2012 进行数据库管理，此时可以直接从低版本的 SQL Server 2008 中将数据库分离，启动高版本 SQL Server 2012 后，通过附加操作即可完成，或者使用备份/还原功能操作数据库也可实现。

2. 高版本下创建的数据库移植到低版本中使用

如果将使用高版本下创建的数据库移植到低版本中使用，往往在附加或还原操作时会遇到版本不兼容的问题。例如，将 SQL Server 2012 下创建的一个数据库分离后，附加到 SQL Server 2008 上时会出现错误，单击【附加数据库】窗口中的【消息】超链接时，会显示错误原因提示框，如图 3.24 所示。

图 3.24　显示的错误原因提示框

下面以从 SQL Server 2012 降级到 SQL Server 2008 为例，介绍此类问题的一种处理方法。具体操作步骤如下。

步骤 1：启动 SQL Server 2012，登录高版本的数据库管理系统，如图 3.25 所示。

图 3.25　登录 SQL Server 2012 界面

步骤 2：在对象资源管理器中找到要移植的数据库如(teachingData 数据库)右击，从弹出的快捷菜单中选择【任务】|【生成脚本】命令。

步骤 3：打开【生成和发布脚本】窗口，如图 3.26 所示。在【简介】界面中单击【下一步】按钮。

步骤 4：在【选择对象】界面，选中【选择特定数据库对象】单选按钮，在下面的列表框中选中所有要编写脚本的数据库对象，如图 3.27 所示。然后单击【下一步】按钮。

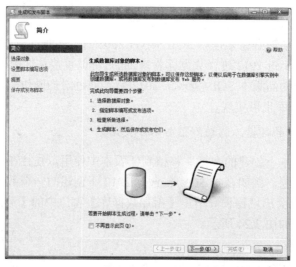

图 3.26 【简介】界面

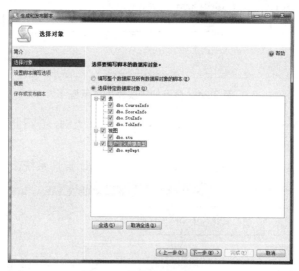

图 3.27 【选择对象】界面

步骤 5：在【设置脚本编写选项】界面，选中【将脚本保存到特定位置】单选按钮，在下面的列表框中设置生成脚本文件的存放路径和文件名，本例生成的文件名为 script.sql，如图 3.28 所示。最后单击【下一步】按钮。

步骤 6：在【摘要】界面，单击【下一步】按钮，进入【保存或发布脚本】界面，同时生成脚本文件，如图 3.29 所示。最后单击【完成】按钮退出。

　　步骤 7：在【对象资源管理器】窗口中右击数据库【teachingData】，从弹出的快捷菜单中选择【任务】|【导出数据】命令。在【SQL Server 导入和导出向导】窗口中，按照提示操作，依次指定导出数据存放的文件类型、文件名和导出的数据表，最后完成导出操作。

说明：

　　导出数据的具体操作详见 4.3.2 节的内容。

　　步骤 8：启动低版本的 SQL Server 2008，并创建名为 teachingData 的数据库。

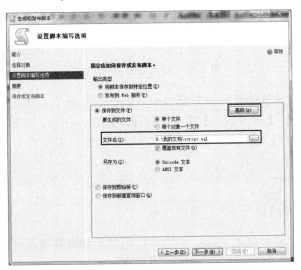

图 3.28　【设置脚本编写选项】界面

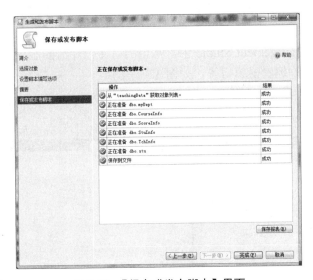

图 3.29　【保存或发布脚本】界面

　　步骤 9：单击工具栏中的【打开】按钮，选择上面生成的脚本文件 script.sql 并打开，再单击【执行】按钮，显示命令已成功完成，表示数据库 teachingData 中应有的数据对象创建成功，如图 3.30 所示。

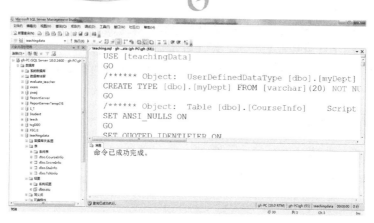

图 3.30　脚本代码执行界面

步骤 10： 在【对象资源管理器】窗口中，右击数据库【teachingData】，在弹出的快捷菜单中选择【任务】|【导入数据】命令。在【SQL Server 导入和导出向导】窗口中，按照提示操作，依次指定导入数据存放的文件类型、存放路径及文件名，选择导入的数据表，最后执行数据的导入操作。

说明：

导入数据的具体操作详见 4.3.1 节的内容。

这样，就可以将高版本 SQL Server 2012 中使用的数据库移植到低版本 SQL Server 2008 上使用了。

3.6　SQL Server 2012 管理控制器

在 SQL Server Management Studio 中，常用的有【已注册的服务器】窗口、【对象资源管理器】窗口、查询编辑器窗口等，如图 3.31 所示。

图 3.31　SQL Server 2012 管理控制器中的窗口

1.【已注册的服务器】窗口

选择【视图】|【已注册的服务器】命令，即可打开【已注册的服务器】窗口，它用于显示所有已注册的服务器名称。

在注册某个服务器后便存储服务器的连接信息，下次连接该服务器时不需要重新输入登录信息。已注册服务器类型主要有数据库引擎、分析服务、报表服务和集成服务等，图 3.31 中表示已注册的服务器为数据库引擎。

注册服务器就是为 SQL Server 客户机/服务器系统确定的一台数据库所在的计算机，该计算机作为服务器，可以响应客户的各种请求。

1）查看已注册的服务器

在【已注册的服务器】窗口中，逐级展开【数据库引擎】|【本地服务器组】节点，便可查看所有已连接的服务器名称。

2）注册的服务器

如果需要注册服务器，操作步骤如下。

步骤 1：在【已注册的服务器】窗口中展开【数据库引擎】节点，右击【本地服务器组】节点，从弹出的快捷菜单中选择【新建服务器注册】命令，弹出【新建服务器注册】对话框，如图 3.32 所示。

步骤 2：在该对话框中输入或选择要注册的服务器名称，在【身份验证】下拉列表框中选择【Windows 身份验证】选项。

步骤 3：选择【连接属性】选项卡，在【连接属性】界面可以设置连接到的数据库、网络和其他连接属性。

步骤 4：设置完成后，单击【测试】按钮可以验证注册服务器是否成功，若成功，返回后单击【保存】按钮。

2. 对象资源管理器

默认情况下，在 SQL Server 管理控制器的左侧显示【对象资源管理器】窗口。它是以树形结构来显示已连接的数据库服务器及其对象的视图，以层

图 3.32 【新建服务器注册】对话框

次化的方式管理资源对象，如图 3.31 所示。如果没有显示【对象资源管理器】窗口，可通过选择【视图】|【对象资源管理器】命令打开。

在【对象资源管理器】窗口的工具栏中，从左到右各按钮的功能依次如下。

（1）连接：单击此按钮，在下拉列表框中选择要连接的服务器类型后，将弹出【连接到服务器】对话框，用户可以连接到所选择的服务器。

（2）连接对象资源管理器：单击此按钮，用户可以直接连接到【对象资源管理器】窗口。

（3）断开连接：单击此按钮，则断开当前连接。

（4）停止：单击此按钮，则停止当前【对象资源管理器】窗口的动作。

(5) 筛选器：单击此按钮，则弹出【筛选】对话框，根据用户输入的筛选条件，SQL Server 仅列出满足条件的对象。

(6) 刷新：单击此按钮，刷新【对象资源管理器】窗口中的各节点。

【对象资源管理器】窗口中主要节点所代表的对象如下。

(1) 数据库：显示连接到 SQL Server 服务器的系统数据库和用户数据库。

(2) 安全性：显示能连接到 SQL Server 服务器的登录名、服务器角色、凭据和审核。

(3) 服务器对象：显示连接到 SQL Server 服务器的备份设备、端点、链接服务器和触发器，用来实现远程数据库的连接、数据库镜像等。

(4) 复制：显示数据库复制的策略。可以从当前服务器的数据库复制到本地或远程的数据库。

(5) 管理：用来实现系统策略管理、数据收集、维护计划和 SQL Server 日志管理，控制是否启用策略管理，显示各类信息或错误，维护日志文件等。

(6) SQL Server 代理：通过作业、警报、操作员、错误日志对象的管理，实现在系统自动管理和运行 SQL Server 的任务，以提高数据库的管理效率。

3. 查询编辑器

查询编辑器是一个文本编辑器，主要用来编辑、调试与运行 T-SQL 命令。可以通过选择【文件】|【新建】|【数据库引擎查询】命令，或单击标准工具栏上的【新建查询】按钮，均可打开查询编辑器窗口(参见图 3.31)。SQL Server 管理控制器提供了选项卡式的查询编辑器，能够同时打开并使用多个查询编辑器。

在打开查询编辑器的情况下，基本操作如下。

步骤 1：选择当前数据库。在 SQL 编辑器工具栏中，单击【可用数据库】右侧的下拉按钮，选择一个数据库(如 teachingData)作为当前数据库。如果不设置，系统默认的当前数据库为 master 数据库。

步骤 2：在查询编辑器窗口输入 SQL 语句，如 "SELECT * FROM CourseInfo"。

步骤 3：单击 SQL 编辑器工具栏上的【执行】按钮，在窗口右下方窗格中显示执行该 SQL 语句后的结果集。

步骤 4：若要保存编辑的 SQL 语句，选择【文件】|【保存】命令或【另存为】命令，将其保存为 T-SQL 脚本文件(.sql)。

3.7 疑 难 分 析

3.7.1 身份验证模式的选择

"SQL Server 身份验证模式"是大家比较容易混淆的知识点，简单说明一下。其实 SQL Server 2012 有两种身份验证模式，即"Windows 身份验证模式"和"Windows 与 SQL Server 的混合验证模式"。

如果在安装时采用默认设置，即选择"Windows 身份验证模式"的方式，在数据库引擎中只有 Windows 验证模式，而没有 SQL Server 验证模式。当启动 SQL Server 2012 进行登录时，只能选用"Windows 身份验证模式"进行登录，如图 3.33 所示。

图 3.33　以"Windows 身份验证"登录

如果安装时选择"SQL Server 和 Windows 身份验证模式"，则两种验证模式均有。当启动 SQL Server 2012 进行登录时，可以使用 Windows 身份验证或 SQL Server 身份验证，如图 3.34 所示。

图 3.34　以"SQL Server 身份验证"登录

如果需要变更登录时的身份验证模式，可以在启动 SQL Server 2012 后，在【对象资源管理器】窗口中右击数据库实例，从弹出的快捷菜单中选择【属性】命令，在打开的服务器属性窗口的左窗格中选择【安全性】选项，在【服务器身份验证】区域进行选择即可，如图 3.35 所示。

那么，这两种身份模式的验证到底哪一种更好呢？

通常来讲，在局域网环境，"Windows 身份验证模式"是默认的、最常用的推荐安全模式。因为所有的身份验证由 Windows 操作系统来完成，客户机的应用系统不需要封装账户口令，从而更安全。在 Internet 环境下一般需要使用"SQL Server 验证"模式，因此要求在安装时要选择"混合模式"。

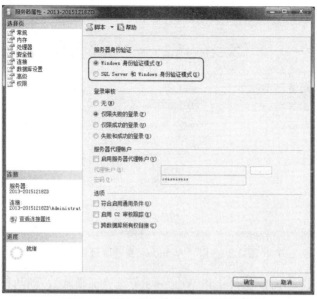

图 3.35　服务器身份验证模式的设置

　　当然，更为安全的做法是先选择混合模式且为 sa 账号提供一个密码，在安装完成和处理完一些其他的安全项目后，再把验证模式改为"Windows 身份验证模式"。如果在安装过程中选择"Windows 身份验证模式"，这样一旦 Windows 系统出问题，将导致 SQL Server 数据库也无法登录。尽管这样的问题可以通过更改注册表来弥补，但对于初学者来说是比较复杂的。

3.7.2　将低版本的 SQL Server 升级到 SQL Server 2012

　　虽然 SQL Server 2012 的升级过程已经有了很大的改进，可以保证升级工作的顺利进行，但在升级之前还是要做好灾难处理。因为在升级过程中有可能出现不可预知的事件，如突然掉电、数据库被破坏，或者应用程序不能适应 SQL Server 2012 等，从而导致无法访问数据库。因此在做升级之前一定要做好数据备份，万一出现意外状况，可以迅速恢复到升级前的状态。

　　SQL Server 2012 支持从 SQL Server 2005 SP4 或更高版本、SQL Server 2008 SP3 或更高版本、SQL Server 2008 R2 SP2 或更高版本的升级，但并不是各种版本都可以升级到 SQL Server 2012 的任何版本，如 SQL Server 2005 SP4 可以直接升级到 SQL Server 2012 的最低版本。如果目前的 SQL Server 早于此版本，则必须先升级到中间版本(如 SQL Server 2005 SP4)，然后完成向 SQL Server 2012 的升级。SQL Server 2012 版本支持的升级方案内容较多，这里不再赘述，具体内容可参见"SQL Server 2012 联机丛书"。

　　为能使升级工作顺利升级，在此列出一些初学者升级前的准备与检查工作，以便参考。

　　(1) 确保当前版本是受支持的升级许可版本。

　　(2) 对数据库做全库的备份，包括系统数据库。

　　(3) 运行【安装升级顾问】，以便分析并确定在升级到 SQL Server 2012 之前或之后要解决的问题。

　　(4) 确保软件、硬件环境能满足 SQL Server 2012 相应版本的最低要求。

（5）估计该升级的组件所需的磁盘空间，确保有足够的可用磁盘空间。

准备工作完成后，升级操作与安装 SQL Server 2012 的步骤大致相同。先检测之前安装的 SQL Server 版本是否是受支持的升级版本，然后按照提示要求逐步完成即可。

本 章 小 结

SQL Server 2012 共有 6 个版本，即企业版、商业智能版、标准版、Web 版、开发版和简易版。它们的功能和对软件、硬件的需求各不相同。与以往的版本相比，SQL Server 2012 具有更多的组件和更强的商业智能等特点，它与开发语言结合更为紧密，并支持 XML 技术与 Web Services 技术，提供丰富的联机处理和数据挖掘算法。SQL Server 2012 安装与配置更为简便。

SQL Server 2012 提供了 5 个系统数据库，即 master、model、msdb、tempdb 及 resource 数据库。其中，master 数据库是主系统数据库，记录了 SQL Server 2012 中的所有系统级信息；model 数据库是模板数据库，向用户提供创建数据库时的各种模板；msdb 数据库是 SQL Server 代理用来安排警报和作业、记录 SQL Server 代理程序服务项目和操作员等信息；tempdb 数据库为保存临时或中间结果提供工作空间；resource 数据库包含了 SQL Server 2012 中所有系统对象。resource 数据库与前 4 个系统数据库不同的是，它在【对象资源管理器】窗口中看不到。

在安装 SQL Server 2012 后，如果要想使用 SQL Server 2012，必须先在 Windows 操作系统中，选择【开始】|【所有程序】|【Microsoft SQL Server 2012】|【SQL Server Management Studio】命令；在弹出的【连接到服务器】对话框中，正确选择【服务器类型】、【服务器名称】和【身份验证】方式，进行【连接】操作，显示 SQL Server Management Studio 界面即表示启动成功，在该界面下就可以进行 SQL Server 2012 数据库的管理操作。如果启动不成功，则需要选择【开始】|【程序】|【Microsoft SQL Server 2012】|【配置工具】|【SQL Server 配置管理器】命令，在【SQL Server Configuration Manager】窗口中查看 SQL Sercer 服务并启动。

在实际应用中，经常遇到在一个 SQL Server 版本下建立的数据库需要移植到另一个 SQL Server 版本下运行。如果在低版本下创建的数据库移植到高版本中运行，而且版本跨度不大的情况下，可以采用数据库分离和附加操作，或者使用备份和还原操作均可实现数据库的移植。如果将高版本下创建的数据库移植到低版本中使用，需要先登录高版本的 SQL Server 将移植的数据库生成脚本，并导出该数据库中的数据，然后启动低版本的 SQL Server，创建一个与移植数据库同名的数据库，打开前面生成的脚本文件并执行，然后导入数据即可。

SQL Server Management Studio 是 SQL Server 2012 操作的主界面，主要包括【已注册服务器】窗口、【对象资源管理器】窗口和查询编辑器窗口。

习 题 3

一、思考题

1. 简述 SQL Server 2012 的特点。

2．试述 SQL Server 2012 Enterprise Edition 版本的功能特点和安装运行的软件、硬件环境。

3．SQL Server 2012 的系统数据库有哪些？每个数据库的作用是什么？

4．SQL Server 2012 为用户提供的程序主要有哪些？它们各有什么功能？

5．简述 SQL Server 2012 管理控制器的作用。

6．简述 SQL Server 2012 的"身份验证模式"。

二、操作题

练习安装任一版本的 SQL Server 2012 软件。

第 4 章

数据库的管理

教学目标

1. 了解 SQL Server 2012 数据库的结构和功能。
2. 理解数据库的相关概念。
3. 熟练掌握数据库的创建和管理。
4. 掌握数据的导入与导出、数据库的分离与附加等基本操作。

SQL Server 2012 的初学者通常会碰到这样一些问题：

- 如何创建自己需要的数据库？
- 对一个已经存在的数据库，如何进行修改？
- 可不可以把在 Excel、Access 中建的表或记事本中保存的数据导入 SQL Server 2012 数据库中？
- 在自己计算机中创建的数据库如何提交给老师？

通过学习本章知识，相信读者可以顺利地解决这些问题。

【微课视频】

4.1　用户数据库的创建与管理

本节介绍的数据库的创建与修改操作是 SQL Server 2012 最基本的操作，在介绍具体的操作方法之前，先介绍一些预备知识，这样才能在以后建库过程中理解相关参数设置的含义。

4.1.1　预备知识

在学习如何创建数据库之前，首先要了解如下与数据库相关的基本概念和基础知识。

1. 数据库的命名

数据库的命名规则取决于数据库兼容的级别。一般来说，SQL Server 2000 使用的是 80 级别，SQL Server 2005 使用的是 90 级别，SQL Server 2008 和 SQL Server 2008 R2 使用的是 100 级别，SQL Server 2012 使用的是 110 级别，SQL Server 2014 使用的是 120 级别。数据库级别可以用 ALTER DATABASE 语句来修改，其语法格式如下。

```
ALTER DATABASE database_name
SET COMPATIBILITY_LEVEL = { 80 | 90 | 100 | 110 | 120 }
```

当兼容级别为 110 时，对于数据库命名有以下规定：

(1) 名称长度不能超过 128 个字符，本地临时表的名称不能超过 116 个字符。

(2) 名称的第一个字符必须是英文字母、汉字(或其他语言的字母)、下划线、符号"@"或"＃"。

(3) 除第一个字符之外的其他字符，还可以包括数字和"$"符号。

(4) 名称中间不允许有空格或其他特殊字符。

(5) 名称不能是 SQL Server 2012 中的保留字。

注意：

(1) 由于在 T-SQL 中，规定对象名称的首字符为"@"表示局部变量，"@@"表示全局变量，若"＃＃"则表示全局临时对象。因此，建议数据库的名称不要以这些字符开头。

(2) 在 SQL Server 2012 中不区分大小写。

2. 权限

要想创建数据库，必须至少拥有 CREATE DATABASE、CREATE ANY DATABASE 或 ALTER ANY DATABASE 的权限。

3. 数据库的所有者

数据库的所有者是指对该数据库具有完全操作的用户，默认该数据库的所有者为创建该数据库的用户。任何可以访问到 SQL Server 的连接的用户(可以是 SQL Server 登录账户或 Windows 用户)都可以成为数据库的所有者。

4. 数据库的上限

SQL Server 2012 支持在同一个数据库实例中创建多个数据库，最多可以达到32767个。一旦超过这个数量，将不能再创建新的数据库。

5. 数据库文件

SQL Server 2012 中的每个数据库至少包含两个文件，即一个数据文件和一个日志文件。

1）数据文件

数据文件中包含数据库的数据和对象（如表、视图、索引等），又分为主要数据文件和次要数据文件两种。

每个数据库有且仅有一个主要数据文件，其文件扩展名为.mdf。它主要包含数据库的启动信息，并指向数据库中的其他文件，同时存放用户数据和对象。

次要数据文件可选，由用户定义，用于存储用户数据和对象，其文件扩展名一般为.ndf。如果主要数据文件超过了单个 Windows 规定的最大文件限量，通过使用次要数据文件，可以使数据库继续增长。使用次要数据文件可以将数据分散在多个磁盘上以提高读取速度。

例如，用户可以创建一个简单的数据库 Sales，其中包括一个包含所有数据和对象的主要数据文件和一个包含事务日志信息的日志文件；也可以创建一个更复杂的数据库 Orders，其中包括一个主要数据文件、5 个次要数据文件及 1 个日志文件，数据库中的数据和对象分散在这 6 个数据文件中。

2）日志文件

数据库的日志文件用于存储数据库的事务日志信息，事务日志是数据库的黑匣子，它记录了数据库的操作轨迹，包含了可用于恢复数据库的日志信息。每个数据库至少有一个日志文件，日志文件也分主要日志文件和次要日志文件，但所有日志文件的扩展名均为.ldf。

6. 文件组

文件组主要用于对数据库文件的集中管理，通常可以将数据库文件集中起来放在文件组中，每个文件组有一个组名。文件组有 3 种类型：主文件组、用户定义文件组和默认文件组。

每个数据库都有一个主要文件组，该文件组包含主要数据文件和未放入其他文件组的所有次要数据文件。在创建数据库时，如果我们没有定义文件组，SQL Server 2012 会建立主文件组，所有的系统表都分配在主文件组中，如果主文件组没有空间了，就不能向系统表添加新目录信息。

用户定义文件组是指在创建或修改数据库时用户创建的文件组。创建了用户定义文件组后，可以任意分配数据文件。如果用户定义的文件组被填满，那么只有该文件组的用户表会受影响。

注意：

（1）文件或文件组仅能由一个数据库使用。

（2）日志文件不属于任何文件组。

默认文件组可以是主文件组，也可以是用户定义的文件组，在初始情况下，主文件组是默认文件组。在任何时候，有且仅有一个文件组被指定为默认文件组，在 SQL Server 2012 中创建数据库对象时，如果没有指定它所属的文件组，那么就将这些对象指派到默认文件组中。一般来说，默认文件组必须足够大，以便容纳未分配到用户定义文件组中的所有对象。

说明：

可以将文件组中的文件存放在不同位置，当对数据库进行操作时，SQL Server 2012 会同时修改这些文件，因而可以提高数据库的性能。例如，某个数据库有 3 个次要数据文件，其文件名分别为 datafile1.ndf、datafile2.ndf、datafile3.ndf，它们位于 3 个磁盘上，将这 3 个文件指派到同一个文件组 filegroup1 中，这样，可以在文件组 filegroup1 创建一个表，对表中数据的查询将分散在 3 个磁盘，从而可以加快数据读取速度，提高系统性能。

有了上述基础知识后，就可以着手创建数据库了。创建数据库的方法有两种，即在【对象资源管理器】窗口中创建数据库和利用 SQL 语句创建数据库。

4.1.2 在【对象资源管理器】窗口中创建与管理数据库

1. 创建数据库

在【对象资源管理器】窗口中对图形界面进行操作，并根据系统提示的对话框创建数据库。其操作步骤如下。

步骤 1：启动 Microsoft SQL Server Management Studio，在【对象资源管理器】窗口中右击【数据库】节点，从弹出的快捷菜单中选择【新建数据库】命令。

步骤 2：在打开的【新建数据库】窗口中选择【常规】选项，设置新创建数据库的名称、所有者、数据库文件、初始大小、自动增长方式和文件的存放路径等，如图 4.1 所示。

图 4.1 【新建数据库】窗口-"常规"界面

说明：

（1）输入数据库名称后，在【数据库文件】列表框中就自动输入了两个文件的逻辑名称，如输入的数据库名为 test，则数据文件和日志文件的逻辑名称自动设置为 test 和 test_log，两个文件的物理文件名分别为 test.mdf 和 test_log.ldf，如果不想使用默认的名称，则可以修改对应的逻辑名称。

（2）【文件类型】用于区别文件是数据文件还是日志文件。当用户单击【添加】按钮向当前数据库添加文件时，可以在【文件类型】列表框中选择新添加的文件类型。第一个"行数据"文件为主要数据文件，扩展名为.mdf；新添加的行数据文件均为次要数据文件，扩展名为.ndf。日志文件也可以是多个，扩展名一样，均为.ldf。

(3)【文件组】显示和设置数据库文件所属的文件组。每个数据文件只能属于一个文件组，日志文件不属于任何文件组。

(4) 默认情况下，数据文件的初始大小为 5MB，日志文件的初始大小为 1MB，可以在【初始大小】中修改文件的初始大小。

(5)【自动增长/最大大小】的属性有 3 种：启动或禁止自动增长、设置增长的方式、限制最大文件大小。如果禁止自动增长，数据库文件则为固定大小；若启用自动增长，在文件的容量不够时，可以设置一次要增长多少 MB，或者一次要增长百分之多少。限制最大文件大小是用于设置文件增长的上限，也可以不限文件增长的上限。让数据库文件大小自动增长虽然很方便，但由于数据库文件不定时地增长，会让增长后的文件在磁盘中不连续存放，从而会降低数据库的效率。另外，如果数据库所需要的空间比较多，而增长属性设置得太小，会造成数据库频繁增长，这样也会影响数据库的效率。但也不宜将数据库文件设置过大，造成空间浪费。

(6) 在设置文件存放【路径】时，可以将数据文件和日志文件放在同一文件夹下，如图 4.1 所示的 E:\gh，也可以将数据文件和日志文件分别存放在不同的文件夹中。

(7)【文件名】用于指定数据库文件的物理名称，包括文件名和扩展名，不过要在创建完整数据库后，查看数据库属性时才能看到。如果不进行设置，系统默认文件的物理名与逻辑名相同。

步骤 3：在【新建数据库】窗口的【选项页】窗格中，选择【选项】选项，在【选项】界面中可设置排序规则、恢复模式、兼容级别、页验证、游标、ANSI 等属性，如图 4.2 所示。

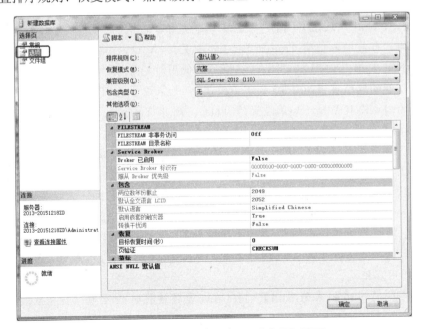

图 4.2　【新建数据库】窗口-【选项】界面

75

说明：

(1)【恢复模式】有 3 种选项，即【完整】、【大容量日志】和【简单】。在"完整"恢复模式下，将整个数据库恢复到一个特定的时间点，这个时间点可以是最近一次可用的备份、一个特定的日期时间或标记的事务；在"大容量日志"模式下，它只对大容量操作进行最小记录，在保护大容量操作不受故障危害下，提供最佳性能并占用最小日志空间，但由于日志不完整，一旦出现问题，数据将有可能无法恢复；在"简单"模式下，每个数据备份后事务日志将自动截断，即把不活动的日志删除，因此简化了备份的还原，但因为没有事务日志备份，所以在恢复时不能恢复到失败的时间点。

(2)在【兼容级别】中默认选择为【SQL Server 2012 (110)】选项，如果希望创建的数据库能在 SQL Server 2008 的环境下使用，则可在该下拉列表框中选择【SQL Server 2008 (100)】选项即可。

(3)【页验证】有 3 种选项，即【Checksum】、【Torn_Page_Detection】和【None】。Checksum 是让 SQL Server 在将数据写入磁盘时，计算整个页的内容，产生一个检验和，并写入页的头部，在该页的数据更新时，SQL Server 将重新计算该页的检验和，并与页头部的检验信息比较，以确保数据没有出错；Torn_Page_Detection 是进行分页检验，SQL Server 的存储页的大小为 8KB，如果一条记录的容量大于 8KB 的话，SQL Server 将重新再分配新页，直到完全写入数据为止，通常把它称为分割页，选用该项，也就是让 SQL Server 验证是否有分割页存在；None 是指定 SQL Server 不进行验证。

(4)【默认游标】用于指定默认的游标行为，有两种选项，即【LOCAL】和【GLOBAL】。

(5)【提交时关闭游标功能已启用】：指定在提交了打开游标的事务之后是否关闭游标。可能的取值有 True 和 False。如果设置为 True，则会关闭在提交或回滚事务时打开的游标。如果设置为 False，则这些游标会在提交事务时保持打开状态，在回滚事务时关闭所有游标（那些定义为 INSENSITIVE 或 STATIC 的游标除外）。

(6)【ANSI Null 默认值】：指定与空值一起使用时的等于(=)和不等于(< >)比较运算符的默认行为，可能的取值有 True(开)和 False(关)。

(7)【ANSI Null 已启用】：指定与空值一起使用时的等于(=)和不等于(< >)比较运算符的行为。可能的取值有 True(开)和 False(关)。如果设置为 True，则所有与空值的比较求得的值均为 UNKNOWN；如果设置为 False，则非 Unicode 值与空值比较求得的值为 True(如果这两个值均为 NULL)。

(8)【ANSI 警告已启用】：对于几种错误条件指定 SQL 标准行为。如果设置为 True，则会在聚合函数(如 SUM、AVG、MAX、MIN、STDEV、STDEVP、VAR、VARP 或 COUNT)中出现空值时生成一条警告消息；如果设置为 False，则不会发出任何警告。

(9)【ANSI 填充已启用】：指定 ANSI 填充状态。可能的取值有 True(开)和 False(关)。例如，一个字段的类型为 char(8)，当这个字段的某一个实际值只有两个字符时，则自动在这个字符的后面补上 6 个空格，这种行为就是 ANSI 填充。进行填充时，char 列用空格填充，binary 列用零填充。

(10)【串联的 Null 结果为 Null】：指定在与空值连接时的行为。当属性值为 True 时，string+NULL 会返回 NULL；若为 False，则结果为 string。

(11)【递归触发器已启用】：指定触发器是否可以由其他触发器激发。可能的取值有

True 和 False。如果设置为 True，则会启用对触发器的递归激发；如果设置为 False，则只禁用直接递归。若要禁用间接递归，请使用 sp_configure 将 nested triggers 服务器选项设置为 0。

(12)【数值舍入中止】：指定数据库处理舍入错误的方式。可能的取值有 True 和 False。如果设置为 True，则当表达式出现精度降低的情况时生成错误。如果设置为 False，则在精度降低时不生成错误消息，并按存储结果的列或变量的精度对结果进行四舍五入。

(13)【算术中止已启用】：指定是否启用数据库的算术中止选项，可能的取值有 True 和 False。如果设置为 True，则溢出错误或被零除错误会导致查询或批处理终止。如果错误发生在事务内，则回滚事务；如果设置为 False，则会显示一条警告消息，但是会继续执行查询、批处理或事务，就像没有出错一样。

(14)【允许带引号的标识符】：指定在用引号引起来时，是否可以将 SQL Server 关键字用作标识符(对象名称或变量名称)，可能的取值有 True 和 False。

(15)【数据库只读】：指定数据库是否为只读。可能的取值有 True 和 False。如果设置为 True，则用户只能读取数据库中的数据，不能修改数据或数据库对象；不过，数据库本身可以通过使用 DROP DATABASE 语句进行删除。在为 Database Read Only 选项指定新值时，数据库不能处于使用状态。master 数据库是个例外，在设置该选项时，只有系统管理员才能使用 master 数据库。

(16)【数据库状态】：查看数据库的当前状态。该项是只读的。

(17)【限制访问】有 3 个选项，即【Multiple】、【Single】和【Restricted】。设置为 Multiple 时允许多个用户同时访问；设置为 Single 时，一次只能有一个用户访问数据库，一般用作维护操作；设置为 Restricted 时，只有 db_owner、dbcreator 和 sysadmin 角色的成员才能访问数据库。

(18)【自动创建统计信息】：指定数据库是否自动创建缺少的优化统计信息，可能的取值有 True 和 False。如果设置为 True，则将在优化过程中自动生成优化查询需要但缺少的所有统计信息；如果设置为 False，则不生成这些统计信息。

(19)【自动更新统计信息】：指定数据库是否自动更新过期的优化统计信息，可能的取值有 True 和 False。如果设置为 True，则将在优化过程中自动生成优化查询需要但已过期的所有统计信息；如果设置为 False，则不更新统计信息。

(20)【自动关闭】：指定在最后一个用户退出后，数据库是否完全关闭并释放资源。可能的取值有 True 和 False。如果设置为 True，则在最后一个用户注销之后，数据库会完全关闭并释放其资源。

(21)【自动收缩】：指定数据库文件是否可定期收缩，可能的取值有 True 和 False。

步骤 4：如果需要添加文件组，可选择【选择页】窗格中的【文件组】选项，在【文件组】界面中单击【添加】按钮，即可添加文件组。添加新文件组后，在【常规】界面添加新文件时，就可以选择该文件组作为其所属组。

步骤 5：完成所有设置后，单击【确定】按钮，即可完成数据库的创建。

虽然在创建数据库时，可以设置的参数有很多，但如果没有特殊要求，只需在【新建数据库】窗口的【常规】界面中输入数据库名称，设置数据库文件的存放路径等，单击【确定】按钮即可。其他参数可以直接使用 SQL Server 2012 提供的默认设置。

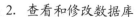

2. 查看和修改数据库

创建新数据库后，利用【对象资源管理器】窗口可以查看数据库的配置，如果某个参数设置不合适还可以对其修改。具体操作如下：

启动 SQL Server Management Studio，在【对象资源管理器】窗口中展开【数据库】节点，右击需要查看的数据库名称(如 test)，从弹出的快捷菜单中选择【属性】命令，打开对应的数据库属性窗口，如图 4.3 所示。

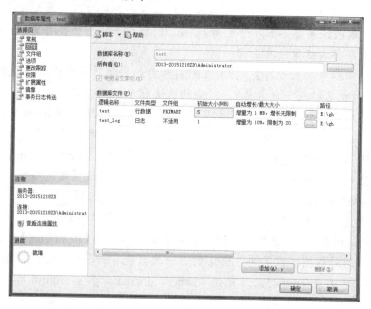

图 4.3 【数据库属性-test】窗口

在当前窗口的【选项页】窗格中，可以选择【常规】、【文件】、【文件组】及【选项】等选项，进行相关信息的查看，并可进行相关设置的修改。其具体操作与创建数据库类似，这里不再赘述。

3. 删除数据库

这里以删除数据库 sales 为例介绍删除数据库的基本步骤。

步骤 1： 连接服务器，在 Microsoft SQL Server Management Studio 的【对象资源管理器】窗口中，展开【数据库】节点，右击要删除的数据库 sales，从弹出的快捷菜单中选择【删除】命令，打开【删除对象】窗口，如图 4.4 所示。

步骤 2： 在【删除对象】窗口中，通常直接单击【确定】按钮即可删除。

此时，被删除的数据库不再出现在【对象资源管理器】窗口的数据库列表中，相应的数据库磁盘文件也从物理位置消失。

在【删除对象】窗口下方，如果选中【删除数据库备份和还原历史记录信息】复选框，表示在删除数据的同时，将从系统数据库 msdb 中删除该数据库的备份和还原历史记录；如果选中【关闭现有连接】复选框，表示在删除数据库之前，SQL Server 2012 会自动将所有与该数据库相连的连接全部关闭，再删除数据库，否则，在删除数据库时如果还有其他活动的连接，则会弹出出错提示信息，致使删除数据库操作失败。

图 4.4　【删除对象】窗口

4.1.3　用命令语句创建与管理数据库

1. 创建数据库

使用标准 SQL 中的 CREATE DATABASE 语句创建数据库,最简单也是最常用的形式如下:

```
CREATE DATABASE database_name
```

【例 4-1】　创建一个 sales 数据库。

在 SQL Server Management Studio 窗口,单击标准工具栏中的【新建查询】按钮,在查询编辑器中输入创建数据库的命令,具体代码如下:

```
CREATE DATABASE sales
```

单击 SQL 编辑器工具栏中的【执行】按钮,执行结果如图 4.5 所示。

由于【对象资源管理器】窗口不会对用命令语句方式完成的操作进行自动刷新,因此需要手动刷新。在【对象资源管理器】窗口中选中【数据库】节点,再单击该窗口中的【刷新】按钮 ,或右击【数据库】节点,从弹出的快捷菜单中选择【刷新】命令,这时才能在【对象资源管理器】窗口中看到新创建的数据库 sales,如图 4.6 所示。

上述语句执行后,创建了 sales 数据库,即产生一个数据文件 sales.mdf 和一个日志文件 sales_log.ndf,这两个文件默认存放在 SQL Server 2012 的安装路径下,如 C:\Program Files\Microsoft SQL Server \MSSQL11.MSSQLSERVER\MSSQL\DATA,并把 SQL Server 的 model 数据库定义复制到新数据库中,也就是 model 数据库中的每一个表、视图、存储过程等都复制到新数据库中去。

图 4.5　执行建库命令

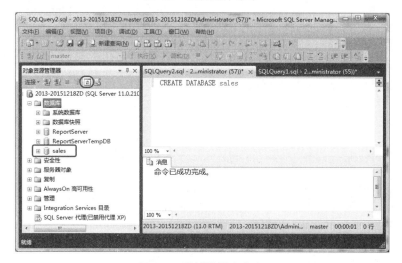

图 4.6　刷新数据库节点

在描述命令语句的语法之前，先对命令语句的书写格式进行如下约定。

(1) 文字大写：表示语句中的关键字，如上述语句中的 CREATE DATABASE。

(2) 文字小写或斜体：表示文字是由用户提供的语法参数，如上述命令中的 filename，在实际命令中由用户根据需要给定的文件名 sales 取代。

(3) 竖线(|)：表示在多个选项中只能选取其中的一个选项。

(4) 方括号([ ])：表示方括号中的内容为可选项，使用时不要输入方括号。

(5) 大括号({ })：表示大括号中的内容为必选项，使用时不要输入大括号。

(6) [, …*n*]：表示前面的项可以重复 *n* 次，每一项由逗号分隔。

(7) […*n*]：表示前面的项可以重复 *n* 次，每一项由空格分隔。

(8) [;]：表示可选项的 Transact-SQL 语句终止符，使用时不要输入方括号。

(9) <label>::=：表示语法块名称，此约定用于对可在语句中的多个位置使用的过长语法段或语法单元进行分组和标记。可使用的语法块的每个位置由括在尖括号内的标签指示，格式为：<label>。

在上述约定的基础上，来看 CREATE DATABASE 语句的语法格式。

```
1    CREATE DATABASE database_name          --指定待创建数据库的名称
2    [ON                                    --显式定义用来存储数据库数据文件
3    [PRIMARY] [<filespec> [,…n]            --指定关联的<filespec>列表定义为主数据文件
4    [,<filegroup>[,…n]                     --指定该文件所属的文件组
5    [LOG ON {<filespec> [,…n]}]            --显式定义用来存储数据库的日志文件
6    ]
7    [COLLATE collation_name]               --指定数据库默认排序规则
8    [FOR LOAD| FOR ATTACH]
9    ]
10   [;]
11
12   <filespec>::=                          --文件标志
13   {
14   (
15       [NAME=logical_file_name,]          --指定数据库的逻辑文件名
16       FILENAME='os_file_name'            --指定数据库的物理文件名
17       [,SIZE=size [KB|MB|GB|TB]]         --指定数据库文件的初始大小
18       [,MAXSIZE={max_size [KB|MB|GB|TB| UNLIMITED }]
                                            --指定文件的最大容量
19       [,FILEGROWTH=growth_increment [KB|MB|GB|TB|%]]
                                            --指定文件的增长方式
20   ) [,…]
21   }
22
23   <filegroup>::=                         --文件组标志
24   {
25       FILEGROUP filegroup_name<filespec>[,…n]--指定创建文件组的组名
26       <filespec>[,…n]                    --指定组内的文件
27   }
28   <external_access_option>::=            --控制外部与数据库之间的双向访问
29   {
30       DB_CHAINING{ON|OFF}}|TRUSTWORTHY {ON|OFF}
31   }
```

说明：

（1）数据库名称在 SQL Server 2012 的实例中必须唯一，且符合数据库命名规则。

（2）第 3 行的 PRIMARY 用于指定关联的<filespec>列表定义为主要数据文件。如果没有指定 PRIMARY，在主文件组的<filespec>项中默认第一个文件为主要数据文件。

（3）如果第 5 行省略，即没有指定 LOG ON，系统将自动创建一个日志文件，该文件使用系统生成的名称。

（4）第 8 行中的 FOR LOAD 是为了与 SQL Server 以前的版本兼容而设定的。FOR

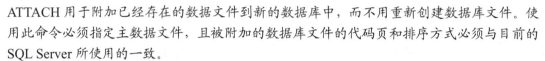

ATTACH 用于附加已经存在的数据文件到新的数据库中，而不用重新创建数据库文件。使用此命令必须指定主数据文件，且被附加的数据库文件的代码页和排序方式必须与目前的 SQL Server 所使用的一致。

（5）如果主数据文件的<filespec>中没有指定文件的 SIZE 参数，那么 SQL Server 2012 将使用 model 数据库中的主数据文件大小；如果次数据库文件或日志文件的<filespec>中没有指定文件的 SIZE 参数，那么 SQL Server 2012 将次要数据文件设置为 5MB，日志文件设置为 1MB。

（6）第 19 行中的 FILEGROWTH 用来指定文件每次增容时增加的容量大小，增加量可以用确定的以 KB、MB 作扩展名的字节数，也可以是以 "%" 作扩展名的被增容文件的百分比来表示，但设置的文件增长不能超过 MAXSIZE 指定的大小。

【例 4-2】 使用 T-SQL 语句创建 Student 数据库，将数据库文件存放在 E:\gh。其中的主要参数分别如下：主数据文件的逻辑名为 Student_data，物理名为 Student_data.mdf，初始容量为 10MB，最大容量为 500MB，且数据库每次以 5MB 的容量自动增长；日志文件的逻辑名为 Student_log，物理名为 Student_log.ldf，初始容量为 2MB，最大容量为 100MB，且每次以 10%的比例自动增长。

在查询编辑器中输入的如下代码。

```
CREATE DATABASE Student
ON PRIMARY
(
  NAME='Student_data',
  FILENAME='E:\gh\Student_data.mdf',
  SIZE=10MB,
  MAXSIZE=500MB,
  FILEGROWTH=5MB
)
LOG ON
(
  NAME= ' Student_log',
  FILENAME='E:\gh\Student_log.ldf',
  SIZE=2MB ,
  MAXSIZE=100MB,
  FILEGROWTH=10%
)
```

2．修改数据库

如果需要对已创建的数据库进行修改，则可使用标准 SQL 中的 ALTER DATABASE 语句进行修改，其基本语法格式如下。

```
ALTER DATABASE databasename
{
  ADD FILE <filespec>[,…n] [to filegroup filegroupname]  --添加数据文件
```

```
    | ADD LOG FILE <filespec>[,…n]                 --添加日志文件
    | REMOVE FILE logical_file_name [WITH DELETE]   --移除或删除日志文件
    | MODIFY FILE <filespec>                        --修改文件属性
    | MODIFY NAME=new_databasename                  --修改文件名
    | ADD FILEGROUP filegroup name                  --添加文件组
    | REMOVE FILEGROUP filegroup_name               --移除文件组
    | MODIFY FILEGROUP filegroup_name               --修改文件组名
    {
    FILEGROUP_PROPERTY | NAME=new_filegroup_name
    }
}
```

虽然 ALTER DATABASE 命令语句看上去很多，但是在实际操作中，ALTER DATABASE 一次只能修改一项内容。

【例4-3】先为数据库 Student 添加一个次要数据文件 Student_data2，将其存放在 E:\gh 文件夹下，磁盘文件名为 Student_data2.ndf，初始大小为 5MB，最大容量为 100MB，增长量为 1MB；然后删除该数据文件。

在查询分析器中输入如下代码。

```
ALTER DATABASE Student                  --修改目标数据库
ADD FILE                                --添加次要数据文件
(
  NAME='Student_data2',
  FILENAME='E:\gh\Student_data2.ndf' ,
  SIZE=5MB, MAXSIZE=100MB , FILEGROWTH=1MB
)
```

通过查看数据库 Student 的属性来观察该数据库是否增加了数据文件 Student_data2。

删除数据文件 Student_data2 的代码如下。

```
ALTER DATABASE Student                  --修改目标数据库
REMOVE FILE Student_data2               --删除数据文件
```

注意：

只有数据库管理员或具有 CREATE DATABASE 权限的数据库所有者才有权执行 ALTER DATABASE 命令语句。

ALTER DATABASE 命令语句不能用来修改数据库的名称，如果要修改数据库名称可以使用系统提供的存储过程 sp_rename。

【例4-4】 将数据库 sales 的名称修改为 mysales。

```
sp_rename 'sales','mysales','DATABASE'
```

3. 删除用户数据库

使用标准 SQL 中的 DROP DATABASE 语句可以删除数据库，其基本语法格式如下。

```
DROP DATABASE { database_name | database_snapshot_name } [,…n]
```

其中，database_name 为要删除的数据库名，database_snapshot_name 是指要删除的数据库快照名。

【例 4-5】 用 DROP DATABASE 语句删除 sales 数据库。

在查询编辑器中输入如下命令，然后单击【执行】按钮即可。

```
USE master
DROP DATABASE sales
```

4.1.4 应用实例

【例 4-6】 小黄等同学想开发一个教学管理系统，在开发之前，需要为开发小组创建一个数据库，以便开发人员创建相关的数据表和其他数据对象，数据库名设定为 teachingData，要求将数据文件和日志文件均存放在服务器的 E:\teaching management 文件夹下。

方法一：在【对象资源管理器】窗口创建数据库 teachingData。

步骤 1： 在资源管理器中的 E 盘根目录下，创建文件夹 teaching management。

步骤 2： 在 Windows 的【开始】菜单中，逐级选择【所有程序】|【Microsoft SQL Server2012】|【SQL Server Management Studio】命令，弹出【连接到服务器】对话框，如图 4.7 所示。

图 4.7 【连接到服务器】对话框

步骤 3： 在该对话框中，选择要连接的服务器名称和身份验证方式，单击【连接】按钮，即可启动并显示 Microsoft SQL Server Management Studio 窗口。在本例中，服务器名称选择本机名 2013-20151218ZD 或 local，身份验证方式选择【Windows 身份验证】选项。

步骤 4： 在 Microsoft SQL Server Management Studio 左侧的【对象资源管理器】窗口中，右击【数据库】节点，从弹出的快捷菜单中选择【新建数据库】命令，如图 4.8 所示。

步骤 5： 在打开的【新建数据库】窗口中输入数据库名 teachingData，将文件的存放路径设置为 E:\teaching management，如图 4.9 所示。

步骤 6： 设置完成后，单击【确定】按钮即可。

图 4.8　选择【新建数据库】命令

图 4.9　设置文件名及路径

方法二：使用标准 SQL 中的 CREATE DATABASE 语句创建数据库 teachingData。

步骤 1：在资源管理器中的 E 盘根目录下，新建文件夹 teaching management。

步骤 2：打开 Microsoft SQL Server Management Studio，单击标准工具栏中的【新建查询】按钮，打开查询分析器窗口。

步骤 3：在查询编辑器中输入图 4.10 所示的代码。

步骤 4：单击工具栏中的【执行】按钮，在下方的【消息】窗格中显示命令已成功完成，如图 4.10 所示，则表明已完成建库。

如果希望在【对象资源管理器】窗口中查看新建的数据库，可以单击该窗口中的【刷新】按钮，再展开数据库节点，即可看到新建的数据库 teachingData。

此时再打开 Windows 资源管理器，可以在 E:\teaching management 文件夹中看到两个文件，即数据文件 teachingData.mdf 和日志文件 teachingData_log.ldf。

如果在例 4-6 中希望将数据库的数据文件和日志文件的逻辑名分别指定为 teaching_Data1 和 teaching_Data2，而数据文件和日志文件的磁盘文件名分别指定为 Mycollege_Data.mdf，Mycollege_log.ldf，该如何创建数据库？

解决方案：使用 CREATE DATABASE 命令创建数据库，可以在查询编辑器中修改创建数据库的语句，如图 4.11 所示，然后单击【执行】按钮。

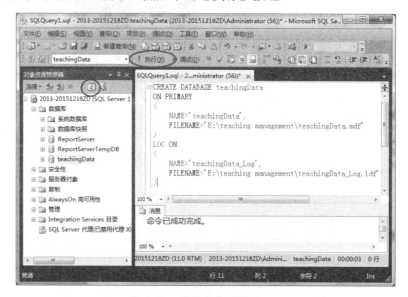

图 4.10 执行命令后的窗口

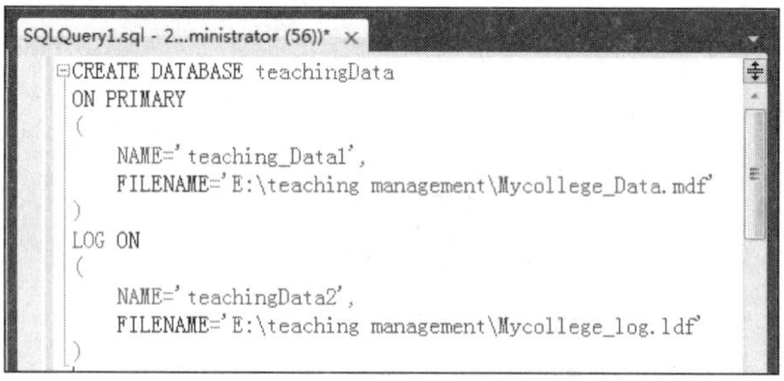

图 4.11 修改数据库的命令语句

刷新【对象资源管理器】窗口中的【数据库】节点后，就可以看到新建的数据库 teachingData，右击数据库 teachingData，从弹出的快捷菜单中选择【属性】命令，打开数据库属性窗口，在【选择页】窗格中选择【文件】选项，可以看到数据文件和日志文件的逻辑文件名分别为 Teaching_Data1 和 Teaching_Data2，而磁盘文件名分别为 Mycollege_Data.mdf 和 Mycollege_log.ldf，如图 4.12 所示。

【例 4-7】 如果在完成数据库的创建之后，发现主数据库使用默认 1MB 的自动增长方式太小，希望修改自动增长方式为 2MB，且需要添加次要数据文件 Teaching_Data3.ndf，其初始大小为 5MB，应该如何修改？

解决方案：可以有两种方法进行修改。第一种方法，使用【对象资源管理器】窗口进行操作；第二种方法，使用 ALTER DATABASE 语句进行修改。下面分别进行介绍。

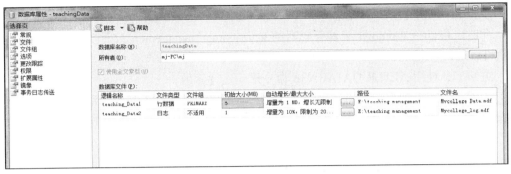

图 4.12 teachingData 数据库属性的【文件】界面

方法一：使用【对象资源管理器】窗口进行修改。

步骤 1：在【对象资源管理器】中，右击数据库 teachingData，从弹出的快捷菜单中选择【属性】命令，然后在打开的【数据库属性】窗口的【选择页】窗格中选择【文件】选项(参见图 4.12)。

步骤 2：在数据库属性窗口右侧窗格中单击主要数据文件行对应的自动增长按钮，弹出的【更改 Teaching_Data1 的自动增长设置】对话框，如图 4.13 所示。

步骤 3：在该对话框中，按要求将文件增长【按 MB】单选按钮后的文本框设置为 2，最后单击【确定】按钮返回上一级窗口。

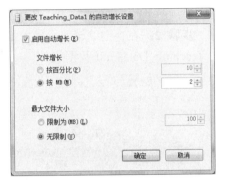

图 4.13 设置文件自动增长

步骤 4：在数据库属性窗口的【文件】界面中，单击【添加】按钮，输入逻辑名 Teaching_Data3，初始大小设置为 5MB，并设置文件的存放路径，如图 4.14 所示。

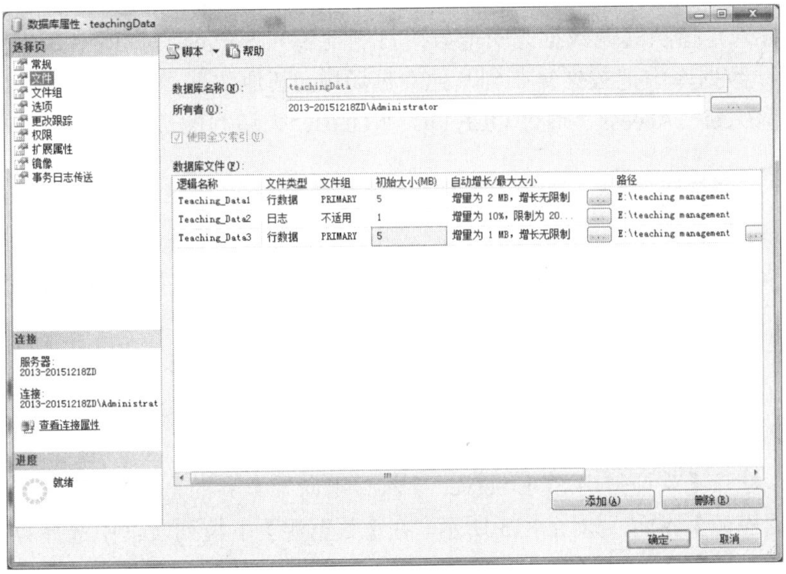

图 4.14 添加新数据文件

步骤 5：单击【确定】按钮。

此时，可以在 Windows 资源管理器的 E:\teaching management 文件夹中看到新添加的文件 Teaching_Data3.ndf。

方法二：使用 ALTER DATABASE 命令语句进行修改。

步骤 1：在查询编辑器中输入如下代码，然后单击【执行】按钮，即可将自动增长方式设置为 2MB。

```
ALTER DATABASE teachingData
MODIFY FILE
(
    NAME='Teaching_Data1',
  FILEGROWTH=2MB
)
GO
```

步骤 2：在查询编辑器中输入如下添加数据文件的代码，单击【执行】按钮，即可添加 Teaching_Data3.ndf 数据文件。

```
ALTER DATABASE teachingData
ADD FILE
(
    NAME='Teaching_Data3',
  FILENAME='E:\teaching management\Teaching_Data3.ndf',
  SIZE=5MB
)
GO
```

4.2　数据的导入与导出

数据的导入是指从其他数据源中把数据复制到 SQL Server 数据库中，数据的导出是指从 SQL Server 数据库中把数据复制到其他数据源中。其他数据源可以是同版本或旧版本的 SQL Server、Excel、Access、通过 OLE DB 或 ODBC 来访问的数据源、纯文本文件等。

4.2.1　数据的导入

用户可以在 Microsoft SQL Server Management Studio 的【对象资源管理器】窗口中导入其他文件中的数据。下面以将 Excel 文件的数据导入到 teachingData 数据库为例，介绍其具体操作步骤。

【微课视频】

步骤 1：启动 Microsoft SQL Server Management Studio，在【对象资源管理器】窗口中右击目标数据库名 teachingData，从弹出的快捷菜单中选择【任务】|【导入数据】命令。

步骤 2：打开【欢迎使用 SQL Server 导入导出向导】界面，单击【下一步】按钮，显示【选择数据库源】界面，如图 4.15 所示。在【数据源】下拉列表框中选择数据源的类型，在【Excel 文件路径】文本框选择导入数据的 Excel 文件的存放路径及文件名，本例为 E:\teaching management\teacher.xlsx。

图 4.15　选择要导入的数据源

　　步骤 3：单击【下一步】按钮，显示【选择目标】界面，如图 4.16 所示。在【目标】下拉列表框中选择数据库的类型，本例使用默认设置；在【数据库】下拉列表框中选择要导入的数据的目标数据库，它可以是已有的数据库，通过单击【新建】按钮将数据导入到一个新的数据库中，本例选择已有的数据库 teachingData。

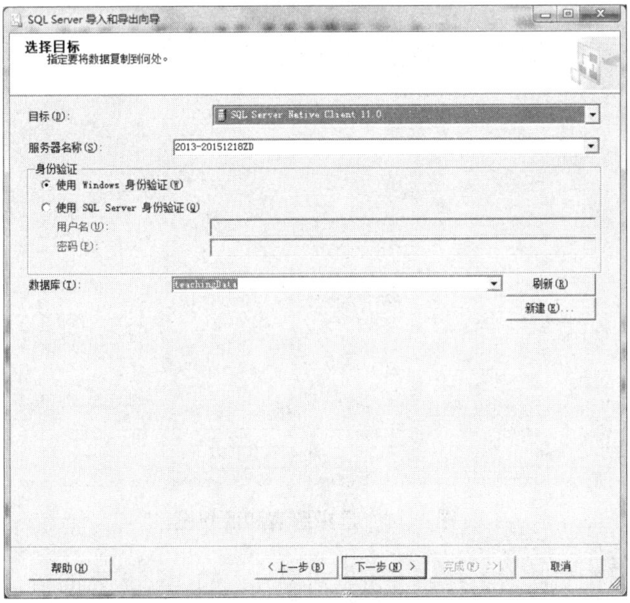

图 4.16　选择目标数据库

　　步骤 4：单击【下一步】按钮，显示【指定表复制或查询】界面，如图 4.17 所示，这里采用默认的选择。

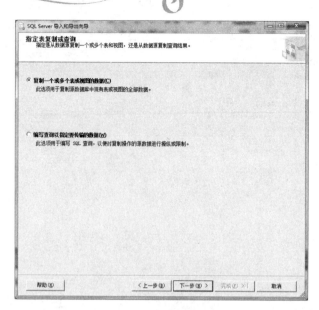

图 4.17　指定表复制或查询

步骤 5：单击【下一步】按钮，显示【选择源表和源视图】界面，选择 Excel 工作簿中的表单，这里如果只有一个表单 Sheet1，则选中第一个复选框，并修改目标名称为 teach_msg，如图 4.18 所示。

图 4.18　选择源表和源视图

步骤 6：单击【编辑映射】按钮，可以对要导入的 Excel 表的格式进行调整，在打开的【列映射】窗口中修改映射的字段名、字段类型和大小等，如图 4.19 所示，完成后单击【确定】按钮。

步骤 7：在返回到【选择源表和源视图】界面后，单击【预览】按钮即可预览到导入后的数据表，如图 4.20 所示，单击【确定】按钮关闭预览窗口。

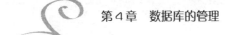

第4章 数据库的管理

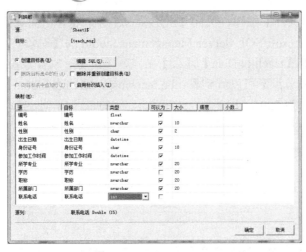

图 4.19 【列映射】窗口

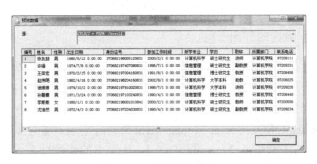

图 4.20 预览导入数据

步骤 8：单击【下一步】按钮，在显示的【保存并运行包】界面中选中【立即执行】选项后，单击【完成】按钮。稍候，系统弹出【执行成功】界面，如图 4.21 所示。

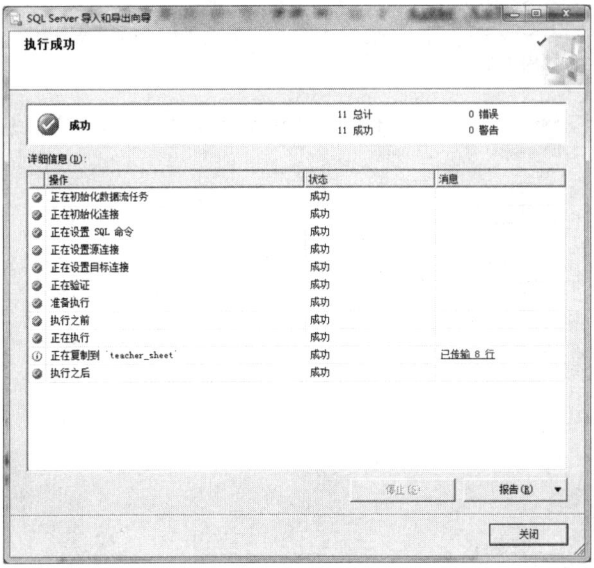

![图4.21 执行成功界面]

图 4.21 执行成功

步骤 9: 单击【关闭】按钮,关闭【SQL Server 导入和导出向导】窗口。

完成后,在 Microsoft SQL Server Management Studio 的【对象资源管理器】窗口中,逐级展开【数据库】|【teachingData】|【表】节点,单击【对象资源管理器】窗口中的【刷新】按钮,在【表】节点下可以看到表 dbo.teachmsg,右击表 dbo.teachmsg,从弹出的快捷菜单中选择【编辑前 200 行】命令,即可显示表中的数据信息,如图 4.22 所示。

图 4.22　打开表

【微课视频】

4.2.2　数据的导出

数据的导出操作是数据导入操作的逆操作,仍可以使用【SQL Server 导入和导出向导】窗口进行,这里以将数据表 teach_msg 中的数据导出到 Excel 文件为例,进行导出数据操作的介绍。

步骤 1: 在 Microsoft SQL Server Management Studio 中展开【对象资源管理器】窗口中的【数据库】节点,右击数据库【teachingData】,从弹出的快捷菜单中选择【任务】|【导出数据】命令。

步骤 2: 在打开的【欢迎使用 SQL Server 导入和导出向导】界面中,单击【下一步】按钮,显示【选择数据源】界面,在此选择服务器、身份验证方式和源数据库,本例均采用默认设置,如图 4.23 所示。

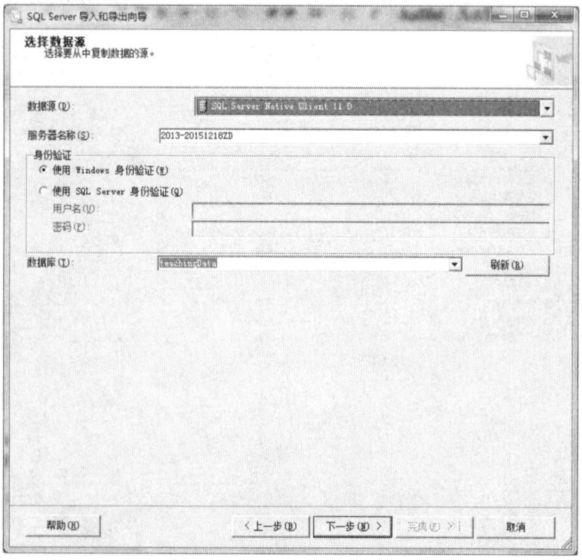

图 4.23　选择要导出的数据源

步骤 3：单击【下一步】按钮，在显示的【选择目标】界面的【目标】下拉列表框中选择导出数据的目标文件类型，在【Excel 文件路径】中输入文件的存放路径和文件名。本例选择的目标文件类型为 Microsoft Excel，文件的存放路径为 E:\teaching management\teacher_out.xls，并选择 Excel 版本为 Excel 2007（最高），如图 4.24 所示。

图 4.24 输入导出的目标文件属性

步骤 4：单击【下一步】按钮显示【指定表复制或查询】界面（参见图 4.17），本例采用默认选择。

步骤 5：单击【下一步】按钮显示【选择源表和源视图】界面，选中要导出的数据表或视图，本例选择导出数据的表为 teach_msg；选择或输入导出后的 EXCEL 文件的工作表的名称，本例为 teacher_sheet，如图 4.25 所示。

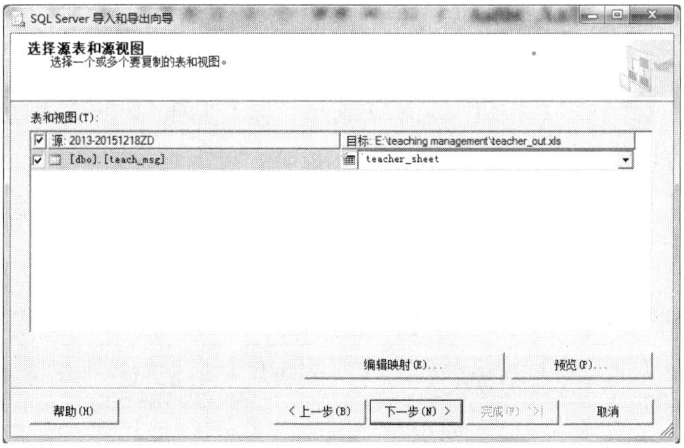

图 4.25 选择要导出的源和目标

步骤 6：单击【下一步】按钮显示【保存并运行包】界面，选择【立即执行】后，单击【完成】按钮。稍候，系统弹出【执行成功】界面(参见图 4.21)。

步骤 7：单击【关闭】按钮关闭【SQL Server 导入和导出向导】窗口。

完成后，在 E:\teaching management 文件夹中可以看到 teacher_out.xls 文件，打开该文件，可以看到工作簿中有一个名为 teacher_sheet 工作表与数据库中的表 teach_msg 中的数据相同，如图 4.26 所示。

图 4.26　导出后的 Excel 表

4.2.3　应用实例

【例 4-8】　小黄在开发"教学管理系统"的数据库过程中，在 SQL Server 2012 中创建了数据库 teachingData，他想利用同类学校的课程信息表中的课程代码和课程名称，该表是 Access 数据库文件 coursedata.mdb 中的表 course，问：他应如何操作才能在他的 teachingData 中使用该表？

解决方案：小黄应使用"SQL Server 导入和导出向导"功能将 Access 数据库文件 coursedata.mdb 中的表 course 导入到他的 teachingData 数据库中，具体操作步骤如下。

步骤 1：在 Microsoft SQL Server Management Studio 的【对象资源管理器】窗口中，右击数据库 teachingData 节点，从弹出的快捷菜单中选择【任务】|【导入数据】命令。

步骤 2：在打开的【欢迎使用 SQL Server 导入和导出向导】界面中单击【下一步】按钮，显示【选择数据源】界面，如图 4.27 所示。在该界面中选择数据源类型为 Microsoft Access、源文件为 coursedata.mdb。

步骤 3：单击【下一步】按钮，显示【选择目标】界面(参见图 4.16)，在该界面中选择要导入的数据的目标数据库 teachingData。

步骤 4：单击【下一步】按钮，显示【指定表复制或查询】界面(参见图 4.17)，这里采用默认的选择。

步骤 5：单击【下一步】按钮，在显示的【选择源表和源视图】界面中选择源表和目标表，如图 4.28 所示。这时如果单击【预览】按钮可以预览 course 数据表。

步骤 6：单击【下一步】按钮，选中【立即执行】选项后，再单击【完成】按钮，进行数据的导入操作。

步骤 7：导入完成后，单击【关闭】按钮，关闭【SQL Server 导入和导出向导】窗口。

此时，在 Microsoft SQL Server Management Studio 的【对象资源管理器】窗口中，逐

级展开【数据库】|【teachingData】|【表】节点，单击【对象资源管理器】窗口中的【刷新】按钮，即可显示表 dbo.course。这时小黄可以在自己创建的数据库 teachingData 中像使用其他表那样使用该表。

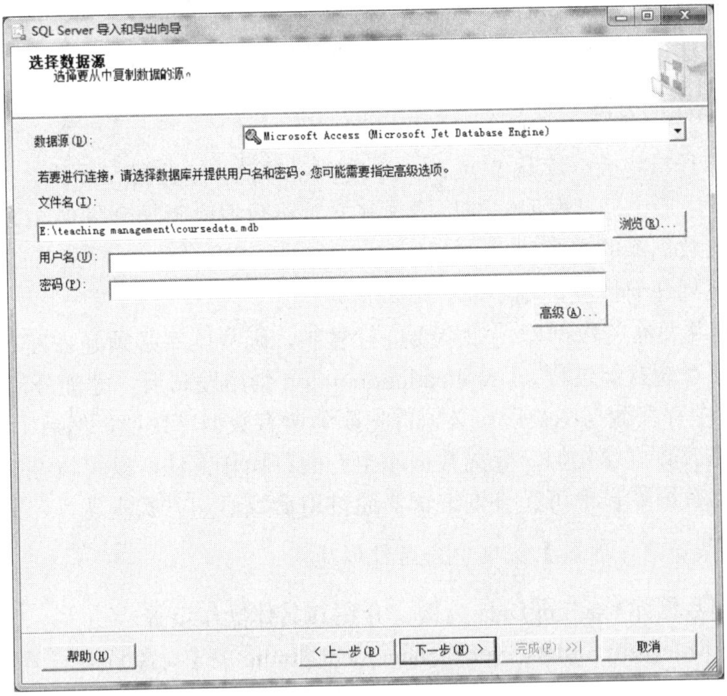

图 4.27　选择要导入的 Access 文件

图 4.28　选择源表 course

4.3 用户数据库的分离与附加

在开发项目时,数据库设计人员往往是在自己的计算机上设计数据库,设计完成后,可以用分离的方法,先从自己计算机上将数据库分离出来,然后附加到数据库服务器上。

4.3.1 用户数据库的分离

分离数据库是指将数据库从 SQL Server 实例中移除,但数据库在其数据文件和日志文件中保持不变。之后,可以根据需要使用这些文件将数据库附加到任何 SQL Server 实例中去,包括分离该数据库的服务器。

如果存在下列任何情况,则不能分离数据库:

(1) 已复制并发布的数据库。如果要进行复制,则数据库必须是未发布的。如果已经发布则必须使用系统存储过程 sp_replicationdboption 禁用发布后,才能分离该数据库。

(2) 数据库中存在数据库快照。必须首先删除所有数据库快照,然后才能分离数据库。

与创建和修改数据库相似,分离数据库也有两种操作方法,既可以在【对象资源管理器】窗口中分离数据库,也可在查询编辑器通过用命令语句方式实现。

1. 在【对象资源管理器】窗口中分离数据库

这里以分离数据库 teachingData 为例,介绍其具体操作步骤。

步骤 1:在 Microsoft SQL Server Management Studio 的【对象资源管理器】窗口中,展开【数据库】节点,右击数据库【teachingData】,从弹出的快捷菜单中选择【任务】|【分离】命令。

步骤 2:打开【分离数据库】窗口,在其左下方的【进度】区域中显示就绪,如图 4.29 所示,单击【确定】按钮。

图 4.29 分离数据库"就绪"

此时在【对象资源管理器】窗口中的数据库 teachingData 消失。上例是在没有任何用户与数据库连接的情况下完成的，如果有其他用户连接在 teachingData 数据库上，在图 4.29 的【进度】区域中显示未就绪，如果直接单击【确定】按钮，则会出现分离数据库失败的提示，此时应先断开分离数据库与其他用户连接的进程，也就是说需要检查一下当前打开的查询窗口中是不是正在使用 teachingData，如果是，必须关闭该窗口或是修改该查询窗口正在使用的当前数据库才能进行分离操作。

2．用命令语句分离数据库

在 SQL Server 2012 中，需要使用系统存储过程 sp_detach_db 来分离数据库，其语法格式如下。

```
sp_detach_db [ @dbname= ] 'dbname'
   [ , [ @skipchecks= ] 'skipchecks' ]
   [ , [ @KeepFulltextIndexFile= ] 'KeepFulltextIndexFile' ]
```

具体参数说明如下。

（1）[@dbname=]'dbname'：要分离的数据库的名称。

（2）[@skipchecks=] 'skipchecks'：指定跳过还是运行 UPDATE STATISTIC。skipchecks 的数据类型为 nvarchar(10)，默认值为 NULL。若要跳过 UPDATE STATISTICS，应指定 skipchecks 的值为 True。如果要显式运行 UPDATE STATISTICS，则指定该值为 False。默认情况下，执行 UPDATE STATISTICS 以更新有关 Microsoft SQL Server 2012 Database Engine 中的表数据和索引数据的信息。对于要移动到只读媒体的数据库，执行 UPDATE STATISTICS 非常有用。

（3）[@KeepFulltextIndexFile=] 'KeepFulltextIndexFile'：指定在数据库分离操作中不要删除与正在被分离的数据库关联的全文索引文件。KeepFulltextIndexFile 的数据类型为 nvarchar(10)，默认值为 True。如果 KeepFulltextIndexFile 为 NULL 或 False，则会删除与数据库关联的所有全文索引文件及全文索引的元数据。

【例 4-9】利用存储过程 sp_detach_db 分离 teachingData 数据库。

步骤 1：在 Microsoft SQL Server Management Studio 中，单击工具栏上的【新建查询】按钮，打开查询编辑器中并输入如下代码。

```
SP_DETACH_DB 'teachingData'
```

步骤 2：单击工具栏上的【执行】按钮，即可执行分离操作。

4.3.2　用户数据库的附加

分离数据库之后，可以将与数据库相关的数据文件和日志文件复制到需要该数据库的地方，再将其附加到数据库服务器中。同样，附加数据库的操作也可以分别利用【对象资源管理器】窗口和查询编辑器中的命令语句来完成。

1．在【对象资源管理器】窗口中附加数据库

下面以附加数据库 teachingData 为例，介绍其基本操作。

步骤 1：在 Microsoft SQL Server Management Studio 的【对象资源管理器】窗口中，右

击【数据库】节点，从弹出的快捷菜单中选择【附加】命令。

步骤 2：在打开的【附加数据库】窗口中单击【添加】按钮，在打开的定位数据库文件窗口中选择要附加数据库的主要数据文件，本例选 Mycollege_Data.mdf，如图 4.30 所示，单击【确定】按钮。

图 4.30　选择要附加的主数据文件

步骤 3：此时在窗口的【"teachingData"数据库详细信息】列表框中显示了该数据库包含的所有数据库文件，如图 4.31 所示。最后单击【确定】按钮。

图 4.31　【附加数据库】窗口

2. 用命令语句附加数据库

在 4.1.3 节中介绍创建数据库的命令时，提到的 FOR ATTACH 参数就是用来附加数据库的。

【例 4-10】　现将 teachingData 数据库附加到数据库服务器。

可以在查询编辑器中输入以下代码，并执行即可。

```
CREATE DATABASE teachingData
ON
(
  NAME='teachingData',
  FILENAME='E:\teaching management\mycollege_data.mdf'
)
FOR ATTACH
```

此时，刷新【对象资源管理器】窗口，即可看到所附加的数据库 teachingData。

试一试，如果将上述命令改为如下形式：

```
CREATE DATABASE myteachingData
on
(
  FILENAME='E:\teaching management\mycollege_data.mdf'
)
FOR ATTACH
```

系统是否能够执行？如果能执行，其结果有哪些变化？

4.3.3　应用实例

【例 4-11】小黄在家里的计算机上完成了老师规定的操作练习，建立了数据库 teachingData，他想将相关的文件复制到 U 盘，提交给老师，但在复制过程中系统弹出图 4.32 所示的出错提示，不允许小黄复制文件，小黄认为可能是因为 SQL Server 正在使用的缘故，因此将其关闭，但系统仍不允许小黄复制文件，小黄应如何操作才能复制文件并将文件提交给老师？

图 4.32　复制出错提示框

实例中的数据库文件是不能直接复制的，必须先进行分离操作后才能进行复制。

解决方案如下。

步骤 1: 小黄首先应按照 4.3.1 节所介绍的数据库分离操作将数据库 teachingData 与服务器分离。

步骤 2: 将 teachingData 数据库的相关文件(包括数据文件和日志文件)复制到 U 盘中,并将 U 盘中的文件提交给老师。

【例 4-12】 小黄到了学校机房,想先检查自己 U 盘中的数据库文件是否正确,他插上 U 盘,连接 SQL Server 2012 服务器后打开 Microsoft SQL Server Management Studio,刷新【对象资源管理器】窗口,但在【对象资源管理器】窗口中始终找不到数据库 teachingData,因此无法打开数据库进行查看,小黄该如何进行操作才能打开他的数据库并进行查看?

解决方案如下。

步骤 1: 首先小黄应将他 U 盘中的数据库文件复制到机房的计算机中去。

步骤 2: 按 4.3.2 节中介绍的操作方法,将 teachingData 数据库附加到机房计算机的数据库服务器中。

步骤 3: 刷新【对象资源管理器】窗口,即可看到数据库 teachingData。

如果要查看数据库 teachingData 的相关属性,可以在【对象资源管理器】窗口中右击 teachingData,从弹出的快捷菜单中选择【属性】命令进行查看。

4.4 实 验 指 导

实验 1 数据库的管理

1. 实验目的

(1)熟练掌握数据库创建与修改的基本方法。
(2)掌握数据导入与导出的操作方法。
(3)掌握数据库分离与附加的操作方法。

2. 实验环境

Windows 7 操作系统、Microsoft SQL Server 2012。

3. 实验内容

(1)数据库创建与修改。
(2)数据的导入和导出。
(3)数据库的分离。

4. 实验步骤

1)数据库的创建
(1)使用 Microsoft SQL Server Management Studio 创建数据库 teachingDataA,要求将数据库存放在 D 盘的 teaching management 目录下。

操作步骤如下:

① 在资源管理器中选择 D 盘根目录，新建一目录 teaching management。

② 打开 Microsoft SQL Server Management Studio。在 Windows 的【开始】菜单中选择【程序】|【Microsoft SQL Server 2012】命令，在【连接到服务器】窗口中选择相应的服务器和身份验证方式（这里选择【Windows 身份验证】），如图 4.33 所示，单击【连接】按钮。

图 4.33　连接到服务器

③ 在【对象资源管理器】窗口中右击【数据库】节点，在弹出的快捷菜单中选择【新建数据库】命令，如图 4.34 所示。

图 4.34　选择【新建数据库】命令

④ 在【新建数据库】窗口中输入数据库名 teachingDataA，将数据库文件 teachingData 和日志文件 teachingData_log 的路径均设置为 D:\teaching management，如图 4.35 所示。

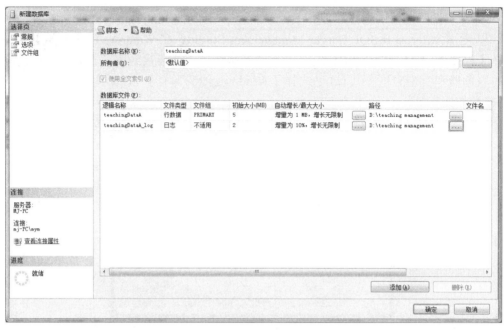

图 4.35　设置数据库文件名及路径

⑤ 完成后单击【确定】按钮。此时展开数据库即可看到新建数据库 teachingDataA，如图 4.36 所示。

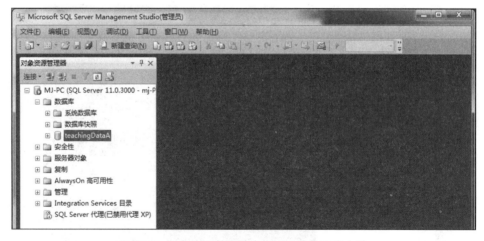

图 4.36　对象资源管理器中显示已建数据库文件

（2）使用 CREATE DATABASE 命令创建数据库 teachingDataB，要求将数据文件和日志文件均存放在 D 盘的 teaching management 中。

操作步骤如下。

① 单击工具栏中的【新建查询】按钮，如图 4.37 所示。

② 在查询编辑器中输入建库命令，如图 4.38 所示。

③ 单击查询编辑器上方的【执行】按钮，可以看到【消息】窗格中显示"命令已成功完成"，表明已完成建库。

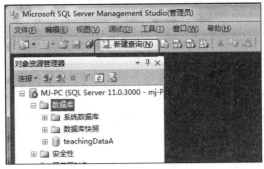

图 4.37　新建查询

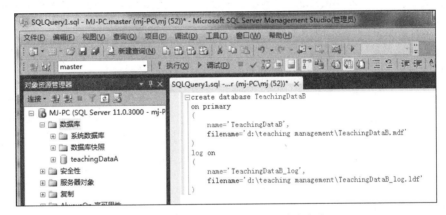

图 4.38　在查询编辑器中输入建库命令

如果希望在【对象资源管理器】窗口中查看新建的数据库，可以单击【对象资源管理器】窗口中的【刷新】按钮，展开【数据库】节点即可看到新建的数据库 teachingDataA 和 teachingDataB。

如果在 Windows 中打开资源管理器，可以在 D 盘的 teaching management 文件夹中看到 2 个文件，即 teachingDataA.mdf、teachingDataA_log.ldf 和 teachingDataB.mdf、teachingDataB_log.ldf。

问题：如果出于对数据库安全的考虑，在上题中希望将数据库的数据文件名和日志文件的逻辑文件名分别指定为 teaching_Data1 和 teaching_Data2，而数据文件和日志文件名分别指定为 Mycollege_Data.mdf 和 Mycollege_log.ldf，如何创建数据库文件 teaching_DataB？

2）数据库的修改

（1）使用 Microsoft SQL Server Management Studio 修改数据库 teachingDataA，将自动增长方式修改为 2MB，并添加次要数据文件 teachingDataA3.ndf，其数据增长也设置为 2MB。

操作步骤如下：

① 在【对象资源管理器】窗口中右击 teachingDataA 数据库，选择【属性】命令，在数据库属性窗口的【选择页】窗格中选择【文件】选项，单击主文件行中的【自动增长/最大大小】按钮，在弹出的【更改 teachingDataA 的自动增长设置】对话框中按要求将文件增长【按 MB】单选按钮后的文本框设置为 2，如图 4.39 所示，单击【确定】按钮。

② 在数据库属性窗口中单击【添加】按钮，输入逻辑文件名 teachingDataA3，将其路径设置为 D:\teaching management，然后采用与步骤①类似的方法设置文件增长为 2MB。完成后如图 4.40 所示。

③ 单击【确定】按钮。

此时，可以在 Windows 资源管理器中看到 D 盘下的新文件 teachingDataA3.ndf。

（2）使用 ALTER DATABASE 命令进行修改数据库 teachingDataB，将自动增长方式修改为 2MB，并添加次要数据文件 teachingDataB3.ndf，其数据增长也设置为 2MB。

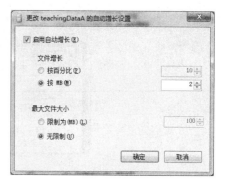

图 4.39　设置文件增长为 2MB

图 4.40　设置文件增长

操作步骤如下：

① 在查询编辑器中输入图 4.41 所示的命令，单击【执行】按钮，即可将自动增长方式修改为 2MB。

② 在查询编辑器中输入图 4.42 所示的命令，单击查询编辑器上方的【执行】按钮。

图 4.41　修改自动增长方式语句

图 4.42　添加次要文件

3）数据的导入

在 Microsoft SQL Server Management Studio 中将 Access 数据库文件 coursedata.mdb 中的表 course 导入到数据库 teachingDataA 中。

① 在 Microsoft SQL Server Management Studio 的【对象资源管理器】窗口中右击数据库 teachingDataA，在弹出的快捷菜单中选择【任务】|【导入数据】命令。

② 在打开的"欢迎使用 SQL Server 导入导出向导"界面中单击【下一步】按钮，在图 4.43 所示的【选择数据源】界面中选择数据源类型为 Microsoft Access，文件名为 coursedata.mdb 等。

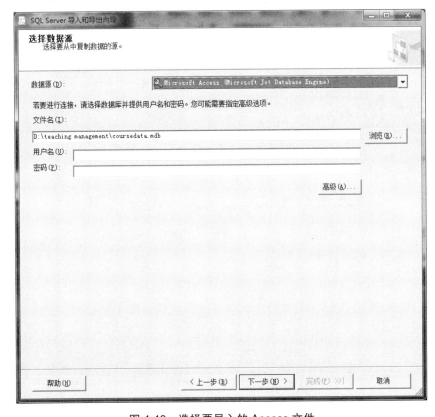

图 4.43　选择要导入的 Access 文件

③ 单击【下一步】按钮，打开【选择目标】界面，在该界面中选择要导入的数据的目标数据库 teachingDataA，如图 4.44 所示。

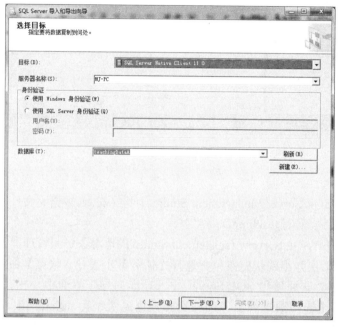

图 4.44　选择目标

④ 单击【下一步】按钮，打开【指定表复制或查询】界面，这里采用默认设置如图 4.45 所示。

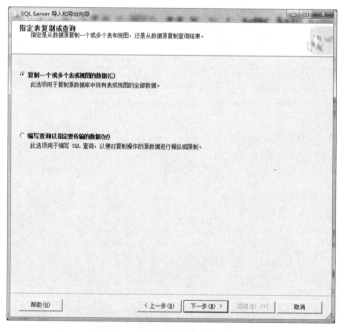

图 4.45　指定表格复制或查询

⑤ 单击【下一步】按钮，选择源表和目标，如图 4.46 所示，这时如果单击【预览】按钮可以预览 course 数据表。

图 4.46　选择源表 course

⑥ 单击【下一步】按钮，选择【立即执行】选择后，单击【完成】按钮。执行后显示窗口如图 4.47 所示。

图 4.47　执行成功

⑦ 关闭 SQL Server 导入和导出向导。

完成后，在 Microsoft SQL Server Management Studio 中展开【对象资源管理器】窗口中的【数据库】|【teachingData】节点，选中【表】选项，单击【对象资源管理器】窗口中的【刷新】按钮，可以看到表 dbo.course。右击 dbo.course，在弹出的快捷菜单中选择【打开表】命令，即可打开该表。

4）数据的导出

将 teachingDataA 数据库中的表 course 导出到 Excel 表中，要求将表存在 D 盘 teaching management 文件夹中，保存为 course.xls。

操作步骤如下：

① 在 Microsoft SQL Server Management Studio 的【对象资源管理器】窗口中右击数据库 teachingDataA，在弹出的快捷菜单中选择【任务】|【导出数据】命令。

② 在打开的"欢迎使用 SQL Server 导入和导出向导"界面中单击【下一步】按钮，在图 4.48 所示的界面中选择数据库为 teachingDataA 等。

图 4.48　选择导出数据源

③ 单击【下一步】按钮，在图 4.49 所示的界面中选择目标为 Microsoft Excel，文件路径为 D:\teaching management\course.xls。

④ 单击【下一步】按钮，打开【指定表复制或查询】界面，这里采用默认设置。

⑤ 单击【下一步】按钮，选择源表和目标视图，如图 4.50 所示(这时如果单击【预览】按钮可以预览 course 数据表。单击【编辑】按钮可以进行列映射编辑)。

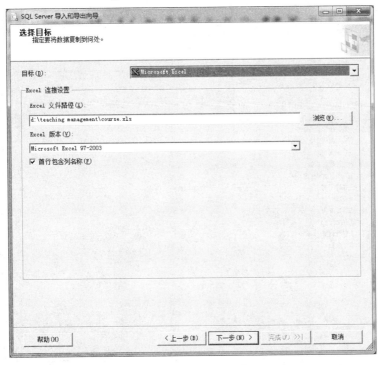

图 4.49　选择导出目标

图 4.50　选择导出目标

⑥ 单击【下一步】按钮，选择【立即执行】选项后，单击【完成】按钮，显示图 4.51 如示界面框。

图 4.51　导出成功窗口

⑦ 关闭 SQL Server 导入和导出向导。

完成后，可以在 Windows 的资源管理器中看到 D 盘的 teaching management 文件夹中有一个 course.xls 文件。

5）数据库的分离

（1）使用 Microsoft SQL Server Management Studio 将数据库 teachingDataA 分离。

操作步骤如下：

① 打开 Microsoft SQL Server Management Studio 中，右击【对象资源管理器】窗口中【数据库】节点下的数据库 teachingDataA，在弹出的快捷菜单中选择【任务】|【分离】命令。

② 单击【确定】按钮。

（2）使用 T-SQL 命令语句将数据库 teachingDataB 分离。

操作步骤如下：

① 在查询编辑器中输入命令 SP_DETACH_DB 'teachingDataB'。

② 单击【执行】按钮。

本 章 小 结

本章介绍了 SQL Server 2012 数据库的基础知识，介绍了用户数据库的创建、修改和删除操作、数据库的分离与附加，以及数据的导入与导出等基本操作方法。

用户数据库的创建可以在 Microsoft SQL Server Management Studio 的【对象资源管理器】窗口中右击【数据库】节点，从弹出的快捷菜单中选择【创建】命令来完成创建操作，也可以在查询编辑器中输入 CREATE DATABASE 命令来创建新数据库；如果要对已创建的数据库进行修改，可以右击【对象资源管理器】窗口中要修改的数据库，从弹出的快捷菜单中选择【属性】命令，在打开的数据库属性窗口中对数据库进行修改，或者在查询编辑器中输入 ALTER DATABASE 命令来修改数据库。

数据库文件不能直接复制，需要先分离操作后才能复制，分离数据库可以在 Microsoft SQL Server Management Studio 的【对象资源管理器】窗口中右击要分离的数据库，从弹出的快捷菜单中选择【任务】|【分离】命令来实现，也可以利用系统过程 sp_detach_db 来实现；如果要把分离后的数据库重新在服务上打开，则需进行附加操作，可以在【对象资源管理器】窗口中右击【数据库】节点，在弹出的快捷菜单中选择【附加】命令来完成附加数据库操作，也可以在查询编辑器中利用 CREATE DATABASE 命令语句，并在该命令中添加 FOR ATTACH 参数来实现数据库的附加。

在与其他系统进行数据交换时，可以利用 SQL Server 2012 系统提供的数据导入和导出向导来实现数据在数据库中的导入/导出操作，在 Microsoft SQL Server Management Studio 的【对象资源管理器】窗口中右击要分离的数据库，从弹出的快捷菜单中逐级选择【任务】|【数据导入】或【任务】|【数据导出】命令，打开【SQL Server 导入和导出向导】窗口，按照提示逐步完成数据导入或导出操作。

习　题　4

一、思考题

1．一个数据库至少应该有哪些文件？它们的扩展名是什么？能否只包括数据文件？
2．在 SQL Server 2012 中文件组有什么用途？通常有哪些类型？
3．日志文件的作用是什么？
4．数据库的附加与分离和数据的导入/导出操作有什么不同？
5．在什么情况下会导致数据库分离失败？

二、操作题

1．用命令语句创建一个学生管理数据库 stuManagement，将该数据库的数据文件和日志文件存入到 D:\Excise 中。
2．在 Excel 中新建一个表格 student 输入班级学生的学号、姓名、专业和入学时间，并将该表导入到数据库 stuManagement 中。
3．将数据库文件 stuManagement 分离后复制到 U 盘中。

第 5 章

数据表的管理

1. 了解 SQL Server 2012 的数据类型。
2. 熟练掌握表结构的创建和修改、数据的插入、修改和删除等操作。
3. 熟练掌握不同数据完整性的创建方法。
4. 了解索引的概念、作用和分类，掌握索引的创建和删除方法。

刚刚学会建立 SQL Server 2012 数据库的初学者，一定会考虑下面这些问题：

- 如何在数据库中建立自己设计的表？
- 如何在已有的数据表中根据自己的需要添加或修改数据？
- 如何在已有的数据表中删除那些不需要的数据？
- 在操作数据表中的数据时，能否自动确保数据的正确有效？
- 如何能快速地在已有的数据表中找到所需要的数据？

通过对本章的学习，可以顺利地解决这些问题。

在学习建立数据表结构之前，先要确定表结构中的各个字段的数据类型。那么什么是数据类型？SQL Server 2012 提供了哪些数据类型？

5.1　SQL Server 2012 的数据类型

数据类型是数据的一种属性，表示数据所代表信息的类型。任何一种计算机语言都必须定义自己的数据类型。只是不同的程序语言所定义的数据类型的种类和名称或多或少存在一些差异，SQL Server 2012 中存放的每种数据同样也需要定义数据类型。通常情况下，用户直接使用 SQL Server 2012 提供的系统数据类型，同时用户也可以根据需要定义数据类型。

5.1.1　SQL Server 2012 的系统数据类型

SQL Server 2012 的系统数据类型主要有数值类型、字符类型、日期时间类型和一些特殊的数据类型等。

1．数值类型

1）整数型

整数型是常用的数据类型之一，主要用来存储整数，可以直接参加数学运算，而不必使用函数转换。整数型包括 bigint、int、smallint、tinyint，从标识符的含义可以看出，它们表示数值的范围逐渐缩小。

(1) bigint：长整型，占用 8 字节，存储范围是 $-2^{63} \sim 2^{63}-1$。

(2) int(integer)：整型，占用 4 字节，存储范围是 $-2^{31} \sim 2^{31}-1$。

(3) smallint：短整型，占用 2 字节，存储范围是 $-2^{15} \sim 2^{15}-1$。

(4) tinyint：微整型，占用 1 字节，存储范围是 $-2^7 \sim 2^7-1$，即 $0 \sim 255$。

2）精确数值型

精确数值型包括 decimal 和 numeric 两种。该数据由整数部分和小数部分组成，用以存储十进制数。decimal 和 numeric 在小数位数与长度上有细微的差别，就本质而言，两者在功能上是等价的。它们均可存储 $-10^{38}+1$ 到 $10^{38}-1$ 之间的固定长度和小数位的数值。其具体使用格式如下。

```
decimal(m [,n])
```

或

```
numeric(m [,n])
```

其中，m 表示储存数值的总位数，默认为 18 位；n 表示小数点后的位数，默认为 0。

例如，decimal(8,3)，表示共有 8 位有效数，其中整数 5 位，小数 3 位。

3）浮点型

浮点型包括 real 和 float 两种。该类数据均使用科学计数法表示数据，不能提供准确表示数据的长度，某些数据存储时可能会损失一些长度，所以这种数据类型比较适合存储取值范围非常大而对长度要求不太高的数据。

real：每个数据占用 4 字节，可以存储正负十进制数值，最多可表示 7 个有效位。存储范围从 $-3.40E+38 \sim 3.40E+38$。

float[(n)]：存储范围为-1.79E+308～-2.23E-308、0 及 2.23E-308 至 1.79E + 308 之间的数值。其中 n 表示科学记数法中 float 数值尾数的位数，同时指定其长度和存储大小，n 的取值范围是 1～53。当 n 的取值在 1～24 时，占用 4 字节，长度位数为 7 位，相当于定义了一个 real 类型的数据；当 n 的取值在 25～53 时，占用 8 字节，长度位数达到 15 位；当省略 n 时默认取值为 53。

3）货币型

在 SQL Server 中，提供了专门用于处理货币数据的数据类型 money 和 smallmoney，它们分别用十进制数表示货币值。

(1) money：占用 8 字节，存储范围为 -2^{63}～$2^{63}-1$，长度为 19 位，小数位为 4 位。money 数据类型的值实际上是将整数部分和小数部分别用 4 字节进行存储。

(2) smallmoney：占用 4 字节，存储范围为 -2^{31}～$2^{31}-1$，长度为 10 位，小数位为 4 位。与 money 数据类型类似，但存数范围比 money 数据类型小。

当向表中的 money 或 smallmoney 类型的字段输入数据时，必须在数据的有效位置前面加一个货币单位符号，如"$"等。若货币值为负数，则需要在货币符号后面加上负号"-"，但在数据中间不能加入千分号","。

4）位型

位(bit)型数据的取值只能为"0"和"1"，相当于其他语言中的布尔类型。若表中仅一个 bit 型的字段，则占用 1 个字节；若表中有多个 bit 型的字段，会使用同一个字节的 1～8 位；当超过 8 个 bit 型字段时，再使用下一个字节。

当为 bit 型数据赋 0 时，其值为 0,；而赋非 0 值时，系统均把它们当 1 看待，其值为 1。

2. 字符型

字符型数据主要用于存储字符串，字符串中可以包括字母、数字、汉子和其他符号(如 #、@等)。输入字符串时，需要用英文单引号" ' "将串中的字符括起来。SQL Server 2012 根据对字符编码方式的不同，将字符型数据分为 3 种，即字符型、Unicode 字符型和二进制型。其中每种类型又分为固定长度、可变长度以及在新版本中不推荐使用的超长字符型 3 类。

1）字符型

字符型是 SQL Server 2012 中最常用的数据类型之一，它又分为，char、varchar 和 text 3 种类型。在字符型数据中每个字符或符号占用 1 个字节的存储空间。

(1) char[(n)]：定长字符型，其中 n 表示字符型数据的长度，其取值范围为 1～8000，缺省时默认为 1。若实际输入的字符串长度小于 n，则系统会自动在其后添加空格来填满给定的空间；若实际输入的字符串长度超过 n，则将会从尾部截掉该字符串超出的部分。

(2) varchar[(n)]：变长字符型，对 n 规定与 char 相同，其取值也为 1～8000。与 char 类型不同的是，varchar 型数据占用的存储空间与实际输入的字符串长度有关，这里的 n 仅表示字符串可达到的最大长度。若输入的字符串长度小于 n，则按实际输入的字符串存储，不会在其尾部添加空格来填满设定好的空间；若实际输入的字符串长度超过 n，则会从尾部截掉该字符串超出的部分。因此使用 varchar 类型可以节省空间。

通常，当字符型字段中的数据长度接近一致时(如学号)，通常使用 char 型；当字符型字段中的数据长度明显不同时(如家庭地址)，使用 varchar 型较为恰当，这样可以节省存储空间。

(3) text：用于存储长文本数据，其容量为 $1\sim2^{31}-1$ 个字符，但实际使用时要根据硬盘的存储空间而定。Text 型在新版的 SQL Server 中将逐渐被 varchar(Max)取代，因此不推荐使用。

2) Unicode 字符型

Unicode 是"统一字符编码标准"，用于支持非英语语种国家字符数据的存储和处理。它与字符型相似，但 Unicode 是采用双字节的字符编码标准，所以在 Unicode 字符型数据中，一个字符占用两个字节。Unicode 字符型也分为 nchar、nvarchar 和 ntext 3 种类型。

(1) nchar [(n)]：定长 Unicode 字符型，n 的取值为 1~4000，最多可存储 4000 个字符，其他性质同 char 字符型。

(2) nvarchar[(n)]：变长 Unicode 字符型，n 的取值为 1~4000，最多可存储 4000 个字符，其他性质同 varchar 字符型。

(3) ntext：用于存储文本数据，其容量为 $1\sim2^{30}-1$ 个字符，ntext 型在新版的 SQL Server 中将逐渐被 nvarchar(Max)取代，因此不推荐使用。

3) 二进制型

该类型用来存储二进制数据，如"0xAB"、图像文件等。二进制型也分为 binary、varbinary 和 image 3 种类型。

(1) binary[(n)]：n 字节固定长度的二进制数据，n 的取值为 1~8000，默认为 1，该数据实际占用的存储空间为 n+4 字节。当输入的二进字符串长度小于 n 时，不足的部分填充 0，若输入的数据长度大于 n，则超过的部分从尾部截断。

(2) varbinary[(n)]：变长二进制型，n 的取值为 1~8000，默认为 1。若输入数据的长度小于 n 时，该数据占用的存储空间为实际输入数据长度+4 字节，其他同 binary。

(3) image：用于存储图形、图像等长二进制数据，该类型在新版的 SQL Server 中将逐渐被 varbinary(Max)取代，因此不推荐使用。

3. 日期和时间类型

日期和时间数据类型包括 datetime、smalldatetime、date、time、datetime2 和 datetimeoffset 等类型。下面介绍其中几种常用类型。

(1) datetime 类型：可表示日期和时间。存储长度为 8 字节，存储范围是从 1753 年 1 月 1 日到 9999 年 12 月 31 日，数据精确到 0.00333s(3.33ms)。

例如，4/01/98 12:15:00:00:00 PM 和 1:28:29:15:01 AM 8/17/98 均为有效的日期和时间数据。前一种形式是日期在前，时间在后，后一种形式是时间在前，日期在后。

(2) smalldatetime 类型：可表示日期和时间。存储长度为 4 字节，存储范围是从 1900 年 1 月 1 日到 2079 年 12 月 31 日，数据精确到分。

(3) date 类型：只表示日期数据。存储长度为 3 字节，存储范围是从公元元年 1 月 1 日到 9999 年 12 月 31 日的日期，不存储时间数据。表示形式与 datetime 数据类型的日期部分相同。

（4）time 类型：只表示时间数据。存储长度为 5 字节，存储范围是 00:00:00.000 000 0～23:59:59.999 999 9。用户可以自定义 time 类型的微秒数的小数位数，如 time(1)表示小数位数为 1，若不指定小数位数默认为 7。

另外，用户可以自定义日期数据的显示形式，具体设置如下：

```
Set DateFormat {format | @format _var}
```

其中，format | @format_var 是日期的顺序。有效的参数包括 MDY、DMY、YMD、YDM、MYD 和 DYM。在默认情况下，日期格式为 MDY。

例如，当执行 Set DateFormat YMD 语句后，日期的格式设置为"年 月 日"的形式；当执行 Set DateFormat DMY 之后，日期的格式设置为"日 月 年"的形式。

4．其他数据类型

除了上述提到的几种数据类型，SQL Server 还提供了其他数据类型，主要包括 timestamp、uniqueidentifier、cursor、sql_variant、table、xml 等。

（1）timestamp：时间戳类型。在创建表时如果定义某一个字段为时间戳类型，那么每当该表插入新行或修改记录时，都由系统自动将一个计数器值加到该列，即将原来的时间戳值增加一个增量。记录中 timestamp 列的值实际上反映了系统对该记录修改的相对顺序。一个表只能有一个 timestamp 列。

（2）uniqueidentifier：唯一标识符类型，系统将为这种类型的数据产生一个唯一标志值。它是一个 16 字节长的二进制数据。

（3）cursor：游标数据类型，用于创建游标变量或定义存储过程的输出参数。使用 cursor 数据类型创建的变量可以为空。

（4）sql_variant：可以存储 SQL Server 支持的各种数据类型值(ntext、timestamp 和 sql_variant 除外)。sql_variant 类型的最大长度可达 8016 字节。

（5）table：用于存储结果集的数据类型，结果集可以供后续处理。table 主要用于临时存储一组记录，这些记录是作为表值函数的结果集返回的。

（6）xml：存储 XML 数据的数据类型。可以在列中或者 xml 类型的变量中存储 xml 实例。

5.1.2 用户定义数据类型

用户定义数据类型是基于 Microsoft SQL Server 提供的数据类型基础之上用户自己创建的数据类型。当几个表中必须存储同一种数据类型时，并且为保证这些列有相同的长度和可否空值性时，可以使用用户自定义数据类型。

1．创建用户定义数据类型

1）使用【对象资源管理器】窗口创建

以在数据库 teachingData 中创建要用户定义数据类型 myID 为例，说明在【对象资源管理器】窗口中创建用户定义数据类型的基本步骤。设该数据类型为 char(8)，且不允许为空。具体操作步骤如下。

步骤 1： 在 Microsoft SQL Server Management Studio 的【对象资料管理器】窗口中，逐级展开【数据库】|【teachingData】|【可编程性】|【类型】节点，右击【用户定义

数据类型】节点，从弹出的快捷菜单中选择【新建用户定义数据类型】命令，如图 5.1
所示。

图 5.1　选择【新建用户定义数据类型】命令

步骤 2：在打开的【新建用户定义数据类型】窗口中，输入自定义数据类型名 myID，选
择数据类型 char，长度设定为 8，取消【允许 NULL 值】复选框的选中状态，如图 5.2 所示。

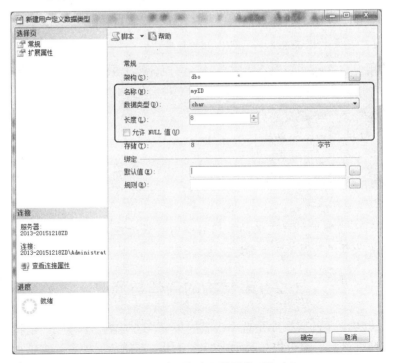

图 5.2　【新建用户定义数据类型】窗口

步骤 3：完成后单击【确定】按钮即可。

注意：

如果用户定义数据类型是在用户数据库中创建，则该数据类型只作用于本数据库；若在 model 数据库中创建，它将作用于所有用户定义的新数据库中。

2）使用 T-SQL 语句来创建

在 SQL-Server 2012 中，可以使用 CREATE TYPE 语句用来创建用户定义数据类型。其语法格式如下。

```
CREATE TYPE type_name
{
    FROM base_type [ ( precision [, scale ] ) ]
    [ NULL | NOT NULL ]
}
```

具体参数说明如下。

（1）type_name：表示新创建的用户定义数据类型的名称。

（2）base_type：表示自定义数据类型所基于的数据类型。当建立 decimal 或 numeric 类型时，precision 表示总位数，scale 表示小数位数。

（3）NULL | NOT NULL：指定此类型是否允许为空值。如果省略，默认为 NULL。

【例 5-1】在 teachingData 数据库中，创建一个工作部门 myDept 的用户定义数据类型，其数据类型为 varchar，最大长度为 20 个字符，且不允许为空。

```
USE teachingData
CREATE TYPE myDept FROM varchar(20) NOT NULL
```

2. 删除用户定义数据类型

当创建的用户定义数据类型不再需要时，可以使用 DROP TYPE 语句将其删除。其语法格式如下。

```
DROP TYPE type_name
```

【例 5-2】 删除用户定义数据类型 myDept。

```
USE teachingData
DROP TYPE myDept
```

注意：

当表中的列已经使用用户定义的数据类型时，或者在其上面还绑定有默认或者规则时，这种用户定义数据类型不能删除。

5.2 表结构的创建与修改

SQL Server 2012 中的数据库是若干张表的集合，这些表用于存储一组特定的结构化数据。当数据库建好之后，就可以在数据库中建立用于存储数据的表。表结构的创建和修改是数据库操作中最基本的操作，务必要熟练掌握。

5.2.1　表结构的创建

SQL Server 2012 中提供了两种方法创建数据表，一种方法是利用【对象资源管理器】窗口创建表，另一种是利用标准 SQL 中的 CREATE TABLE 语句来创建表，下面分别介绍这两种方法。

1. 在【对象资源管理器】窗口中创建表结构

这里以在 teachingData 数据库中建立教师信息表 TchInfo 为例，说明在【对象资源管理器】窗口中建立表结构的基本步骤。

步骤 1：启动 Microsoft SQL Server Management Studio，在【对象资源管理器】窗口中逐级展开【数据库】|【teachingData】|【表】节点，然后右击【表】节点，从弹出的快捷菜单中选择【新建表】命令，打开表设计器窗口。

步骤 2：在【列名】中依次输入该表的字段名，在对应的【数据类型】中选择每个字段的数据类型、长度等属性。

步骤 3：输入完各字段的信息后，右击 TID 字段，从弹出的快捷菜单中选择【设置主键】命令。输入完成后的教师信息表 TchInfo 结构如图 5.3 所示。

图 5.3　TchInfo 表结构

说明：

（1）【列名】用于输入字段的名称。

（2）【数据类型】用来设置字段的数据类型。用户可单击该栏，然后单击其右侧的下拉按钮，进行数据类型的选择，并指定该数据类型的长度。

（3）【允许 Null 值】用来设置字段是否允许取空值。

当选定数据类型后，在表设计器窗口的下方显示相关属性，不同的数据类型会有不同的列属性，常用的列属性如下。

（1）【名称】表示当前字段的名称。

（2）【默认值或绑定】表示在表中输入新的记录时，如果没有给该字段赋值系统的默认取值。

（3）【长度】用来设置该字段数据类型的宽度，即位数。

(4)【小数位数】用来设置该字段数据类型的小数位数。

(5)【是标识】表示该字段是表中的一个标识列，即新增的字段值为等差数列，其类型必须为数值型数据，有此属性的字段会自动产生一个值，无须用户输入。

(6)【标识种子】等差数列的第一个数字。

(7)【标识增量】等差数列的公差。

(8)【RowGuid】是用来生成一个全局唯一的字段值，字段的类型必须是 uniqueidentifier。有此属性的字段会自动产生一个值，无须用户输入。

步骤 4：表中字段设置完成后，单击工具栏上的【保存】按钮，弹出【选择名称】对话框，在【输入表名称】文本框中输入表名 TchInfo，如图 5.4 所示。

图 5.4 【选择名称】对话框

步骤 5：单击【确定】按钮，完成教师信息表 TchInfo 的创建。

按照上述步骤，可以依次完成学生信息表 StuInfo、选课信息表 CourseInfo、学生成绩表 ScoreInfo 表的创建工作。表的结构设计分别如图 5.5～图 5.7 所示。

列名	数据类型	允许 Null 值
🔑 SID	char(8)	☐
Sname	char(10)	☐
Sex	char(2)	☑
BrithDay	date	☑
Dept	char(20)	☑
Major	char(20)	☑
Class	char(10)	☑
Grade	char(10)	☑
		☐

图 5.5　StuInfo 表结构

列名	数据类型	允许 Null 值
🔑 CID	char(8)	☐
CName	char(20)	☐
CCredit	tinyint	☑
CProperty	char(10)	☑
		☐

图 5.6　CourseInfo 表结构

列名	数据类型	允许 Null 值
🔑 CID	char(8)	☐
🔑 SID	char(8)	☐
🔑 TID	char(8)	☐
Score	numeric(3, 0)	☑
Schyear	char(9)	☑
Term	char(1)	☑
		☐

图 5.7　ScoreInfo 表结构

2. 用命令语句创建表结构

使用 CREATE TABLE 语句创建表结构，其语法格式如下：

```
CREATE TABLE
 [ database_name . [owner_name ] . | owner_name . ] table_name
   ( { column_name data_type | column_name AS computed_column_expression }
     [ table_constraint ]
     [ ,...n ]
   )
   [ ON { filegroup | "DEFAULT" } ]
   [ { TEXTIMAGE_ON { filegroup | "DEFAULT" } ]
 [ ; ]
```

主要参数说明如下。

（1）database_name：用于指定新建表所属的数据库名称。database_name 必须是现有数据库的名称。如果省略，默认为当前数据库。

（2）owner：用于指定新建表的所有者的用户名，owner 必须是 database_name 指定数据库中的现有用户名。如果省略，默认为指定数据库中的当前用户名。

（3）table_name：表示创建的新表名称。表名必须符合标识符规则，对于数据库来说，database_name.owner_name.object_name 必须是唯一的。表名最多不能超过 128 个字符。

（4）column_name <data_type>：指定构成新建表中每一列的定义，包括列名称和相应的数据类型。其中列名必须符合标识符规则，数据类型可以是系统提供的基本数据类型或是已经存在的用户定义数据类型。

（5）computed_column_expression：定义计算列的表达式。

（6）table_constraint：表示完整性约束，将在 5.3 节中做详细的介绍。

（7）[ON { filegroup |"DEFAULT"}]：用于指定存储表的文件组。如果指定了 filegroup，则该表将存储在指定的文件组中，前提是数据库中必须存在该文件组。如果使用了 DEFAULT 选项，或者省略了 ON 子句，则新建表会存储在默认的文件组中。

（7）TEXTIMAGE ON：用于指定 text、ntext 和 image 列数据存储的文件组。如果表内没有 text、ntext 或 image 数据类型的列，则不能使用 TEXTIMAGE_ON 子句；如果没有指定 TEXTIMAGE ON 子句，则 text、ntext 和 image 列数据将与表存储在相同的文件组中。

【例 5-3】　建立教师信息表 TchInfo，表结构的信息参见图 5.3。

```
CREATE TABLE TchInfo
(    TID char(8),
     TName char(10),
     Sex char(2),
     BirthDay date,
     Title nchar(10),
     Dept char(10)
)
```

【例 5-4】　建立学生信息表 StuInfo，表结构的信息参见图 5.5。

```
USE teachingData
CREATE TABLE StuInfo
(    SID char(8),
     Sname char(10),
```

```
        Sex char(2),
        BirthDay date,
        Dept char(20),
        Major char(20),
        Class char(10),
        Grade char(10)
)
```

5.2.2 表结构的修改

修改表结构也有两种方法,即利用【对象资源管理器】窗口修改表结构和利用标准 SQL 中的 ALTER TABLE 语句修改表结构。

1. 利用【对象资源管理器】窗口修改表结构

利用【对象资源管理器】窗口修改和查看表结构非常简单,修改表结构与创建表结构的过程相同。这里以学生信息表 StuInfo 表为例,介绍修改表结构的基本步骤。

步骤 1: 在 Microsoft SQL Server Management Studio 的【对象资源管理器】窗口中,逐级展开【数据库】|【teachingData】|【表】|StuInfo 表节点,右击需要修改的数据表 StuInfo,从弹出的快捷菜单中选择【设计】命令,打开表设计器窗口。

步骤 2: 在表设计器窗口中,可以直接对已有的字段进行修改,即修改列名和相应的数据类型、是否允许为空等;也可以右击某个字段(如 Sex),从弹出的快捷菜单中选择相应命令进行插入列或删除列的操作,如图 5.8 所示。

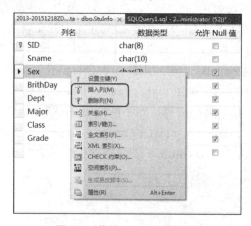

图 5.8 修改 StuInfo 表结构

步骤 3: 完成修改后,单击工具栏上的【保存】按钮,保存对表结构的修改。

2. 用命令语句修改表结构

使用 ALTER TABLE 语句修改表结构,其语法格式如下。

```
ALTER TABLE table_name
{ADD {column_name data_type [NULL | NOT NULL ] }
  | ADD {table_constraint}
  | DROP COLUMN {column_name }
```

```
| DROP {[CONSTRAINT] constraint_name}
| ALTER COLUMN{ column_name type_name}
}
```

其中，各个参数的意义与创建数据表时基本一致。虽然从语法格式上来看比较复杂，但实际上该命令语句通常一次只能修改一个参数。

【例 5-5】　向学生信息表 StuInfo 中增加家庭住址(Saddr)列，其数据类型为 varchar，长度为 20 个字符。

```
USE teachingData
ALTER TABLE StuInfo
ADD Saddr char(20)
```

不论基本表中原来是否已有数据，新增加的列一律为空值。

【例 5-6】　将表 StuInfo 中的字段 Dept 的数据类型由 char(20)改为 varchar(20)。

```
ALTER TABLE StuInfo
ALTER COLUMN Dept varchar(20)
```

【例 5-7】　删除学生信息表 StuInfo 中的家庭住址(Saddr)列。

```
ALTER TABLE StuInfo
DROP column Saddr
```

在 ALTER TABLE 语句中没有直接修改数据表名或列名的功能，如果要修改数据表表名或列名，可以利用系统提供的 sp_rename 存储过程来完成。

【例 5-8】　将 StuInfo 表的表名改为 SInfo。

```
sp_rename 'StuInfo','SInfo'
```

【例 5-9】　将 SInfo 表的中的字段 StuID 更改为 SID。

```
sp_rename 'SInfo.StuID','SID','COLUMN'
```

5.2.3　表的删除

1. 利用【对象资源管理器】窗口删除表

在 Microsoft SQL Server Management Studio 的【对象资源管理器】窗口，展开相应的数据库和表节点，找到需要删除的数据表后，右击该表，从弹出的快捷菜单中选择【删除】命令，再单击【确定】按钮即可。

2. 利用命令语句删除表

使用标准 SQL 中的 DROP TABLE 语句删除表，其语法格式如下。

```
DROP TABLE [ database_name . [ schema_name ] . | schema_name . ] table_name [ ,...n ]
```

其中，table_name 是要删除的表名。

【例 5-10】　删除 ScoreInfo 表。

```
DROP TABLE ScoreInfo;
```

5.2.4　应用实例

【例 5-11】　小黄在修改表结构后保存时出现"不允许保存更改"的信息提示，如图 5.9 所示。他想知道如何操作才能保存对表结构的修改。

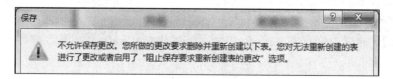

图 5.9　保存异常提示框

解决方案如下。

步骤 1：选择菜单栏中的【工具】|【选项】命令，弹出【选项】对话框，如图 5.10 所示。

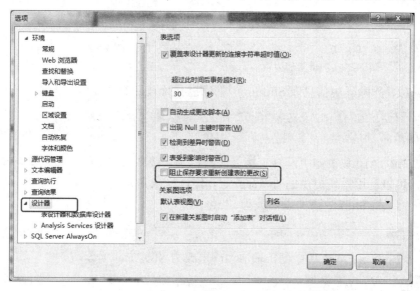

图 5.10　"选项"对话框

步骤 2：在该对话框中，单击左窗格中【设计器】选项，在右窗格显示的页面中，取消【阻止保存要求重新创建表的更改】复选框的选中状态。

步骤 3：单击【确定】按钮，保存设置修改。

步骤 4：对表结构进行修改，这时就可以保存了。

【例 5-12】　小黄为了输入方便，希望在输入过程中教师编号 TID 的起始值为 10000001，以后每输入一个教师，其编号 TID 自动加 1。因此他在教师信息表 TchInfo 的表结构设计器窗口，选中 TID 属性后，在下面的列属性中列表中展开【标识规范】节点，试图将【(是标识)】选项的值改为是，但发现这一栏是灰色的，他无法进行设置，为什么？应该如何操作才能符合他的要求？

解决方案：【标识规范】只对整型数据和小数位为 0 的 decimal 和 numeric 类型数据有效，所以小黄应该先将教师编号 TID 的数据类型设置为整型，然后展开【标识规范】节点，修改【(是标识)】选项的值为是，将【标识种子】选项的值设为 10000001，【标识增量】设为 1，设置结果如图 5.11 所示。

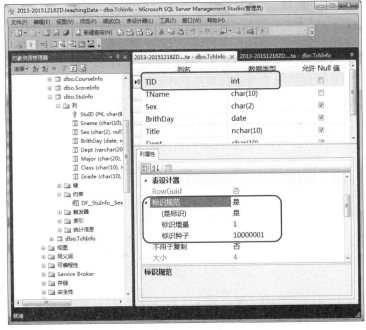

图 5.11　设置 TID 列属性的自增功能

5.3　表数据的约束

数据表中的数据都是从外界输入的，而数据的输入由于种种原因，可能会出现无效或错误的信息。为了防止数据库中存放不符合语义的数据，便可使用对表数据的约束。表数据的约束也称为数据完整性。

5.3.1　数据完整性概述

数据完整性是指数据库中的数据在逻辑上的正确性、一致性和有效性。SQL Server 提供了一套数据的约束机制，主要包括实体完整性约束、参照完整性约束和用户定义的完整性约束。其中，实体完整性约束和参照完整性约束是关系模型必须满足的完整性约束条件，因此被称作是关系的两个不变性，用户定义的完整性是具体数据库应用领域需要遵循的约束条件，体现了语义约束。

1．实体完整性

实体完整性是指表中记录的完整性，即表中的每行记录都是可以相互区分的，不存在两个完全相同的记录。实体完整性要求每个表有一个主码，其值不能为空且能唯一地标示一条记录。通过 PRIMARY KEY 约束、UNIQUE 约束、索引或 IDENTITY 字段可实现实体数据的完整性。

例如，在 teachingData 数据库的学生信息表 StuInfo 中，要求每一名学生的学号能唯一地标示该生对应的行记录信息，那么在输入数据时，就不能出现相同学号的行记录。这时可以通过对 SID 字段建立主码约束可实现表 StuInfo 的实体完整性。

2. 参照完整性

参照完整性又称为引用完整性，反映表与表之间的联系，是在对数据表中的数据进行操纵时，维护表之间数据一致性的手段。参照完整性是建立在候选码和外码之间的表间约束，即确保输入的外码值必须在对应的候选码中存在。

例如，在 teachingData 数据库的成绩表 ScoreInfo 表中的学号列是外码，对应于 StuInfo 表的学号主码，外码约束是保证在成绩表 ScoreInfo 中出现的学号值，必须在学生信息表 StuInfo 的学号字段已存在。这样当修改学生信息表 StuInfo 中某个学生的学号，在成绩表 ScoreInfo 中相应学生的学号也应该进行一致性的更改。可以通过 Foreign Key 约束和触发器来实现数据的参照完整性。

3. 用户定义的完整性

不同的数据库应用系统根据其应用需求的不同，往往还需要一些特殊的约束条件。用户定义完整性指的是由用户针对某一具体应用领域定义的数据约束条件。它反映了具体应用中数据必须满足的语义要求。

例如，学生信息表中的性别字段只能取"男"或"女"的值，成绩表中的成绩列只能在 0～100 取值等。可以通过 Check、Unique、Not Null 等约束来实现数据的用户定义完整性。

表数据约束的定义一般可以通过 CREATE TABLE 语句和 ALTER TABLE 语句来实现，其中常用的约束包括以下几种。

（1）Primary Key 约束。
（2）Unique 约束。
（3）Foreign Key 约束。
（4）CHECK 约束。
（5）Default 约束。

5.3.2 PRIMARY KEY 约束

PRIMARY KEY 约束也称为主码约束，是通过定义表的主码来实现的。为了能唯一地标识表中的行记录，通常将某一字段或多个字段的组合定义为主码。一个表只能有一个主码，而且主码中的各字段的取值均不能为空，且主码值能唯一地标识表中的一行记录。

1. 利用【对象资源管理器】窗口管理 PRIMARY KEY 约束

1）创建 PRIMARY KEY 约束

下面以为学生信息表 StuInfo 的 SID 字段设置主码为例，介绍创建主码约束的基本步骤。

步骤 1：在 SQL Server Management Studio 的【对象资源管理器】窗口中，逐级展开【数据库】|【teachingData】|【表】|StuInfo 表节点。

步骤 2：右击 StuInfo 表，从弹出的快捷菜单中选择【设计】命令，显示 StuInfo 表的表设计界面。

步骤 3：在表设计器窗口，右击字段 SID，从弹出的快捷菜单中选择【设置主键】命令，如图 5.12 所示；或先单击字段 SID 左侧的行选择器使其选中，再单击表设计器工具栏上的【设置主键】按钮。此时，在 SID 字段左侧的行选择器上出现 标志，表明该字段已经设置为主码，如图 5.13 所示。

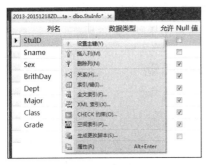

图 5.12　设置主键约束　　　　　　图 5.13　设置后的主键标志

步骤 4： 最后单击工具栏上的【保存】按钮即可。

注意：

如果要创建由多个字段组成的复合主码，需先按下【Ctrl】键，再用鼠标依次单击选取主码中包含的字段，然后右击选中字段，从弹出的快捷菜单中选择【设置主键】命令即可。其中被定义为主码的所有字段前面均出现 标志。

2）删除 PRIMARY KEY 约束

如果要删除已经设置的主码，需要再次打开表设计器窗口，右击已设置为主码的字段，从弹出的快捷菜单中选择【删除主键】命令，并进行保存即可。此时，原主码字段左侧的 标志随之消失。

2. 利用命令语句管理 PRIMARY KEY 约束

1）创建 PRIMARY KEY 约束

使用命令语句创建 PRIMARY KEY 约束的语法格式如下。

```
[CONSTRAINT constraint_name ]
PRIMARY KEY [CLUSTERED | NONCLUSTERED] ( column_name[,…n])
```

参数说明如下。

（1）constraint_name：指定创建约束的名称。约束名在数据库中应唯一，若省略，则系统会自动生成一个约束名。

（2）CLUSTERED | NONCLUSTERED：指定 SQL Server 按主码自动创建索引的类型。CLUSTERED 表示创建聚集索引，NONCLUSTERED 表示创建非聚集索引。若省略，则PRIMARY KEY 约束默认创建 CLUSTERED 索引。

（3）column_name[,…n]：指定创建主码的列名。如果指定多列时列名之间用逗号（,）分隔，复合主码最多为 16 列。

上述创建 PRIMARY KEY 约束的语句不能独立使用，通常放在 CREATE TABLE 语句或 ALTER TABLE 语句中使用。如果在 CREATE TABLE 语句中使用上述 SQL 语句，表示在定义表结构的同时指定主码；在 ALTER TABLE 语句中使用上述 SQL 语句，表示为已存在的表添加主码。

【例 5-13】 用 SQL 语句创建课程表 CourseInfo，并指定 CID 字段为主码。

创建 CourseInfo 时，如果将主码设置用列级完整性约束表示，其代码如下。

```
CREATE TABLE CourseInfo
  ( CID char(8) PRIMARY KEY,        --由系统为主码约束命名
    CName char(20),
    CCredit tinyint,
    CProperty char(10)
)
```

创建 CourseInfo 时，如果将主码设置用表级完整性约束表示，其代码如下。

```
CREATE TABLE CourseInfo
  ( CID char(8),
    CName char(20),
    CCredit tinyint,
    CProperty char(10) ,
    PRIMARY KEY(CID)
)
```

【例 5-14】 用 SQL 语句创建学生成绩表 ScoreInfo，并指定课号 CID 和学号 SID 为主键。

```
CREATE TABLE ScoreInfo
(   CID char(8),
    SID char(8),
    TID char(8),
    Score numeric(3, 0),
    Schyear char(9),
    Term char(1),
    CONSTRAINT PK_SC PRIMARY KEY(CID,SID)   --用户指定约束命名
)
```

注意：

主码若由两个或两个以上的属性构成，则只能用表级完整性约束进行定义。

【例 5-15】 用 SQL 语句为教师信息表 TchInfo 添加主码约束，要求将 TID 字段设置为主码，要求系统为该主码创建聚集索引，并将该约束命名为 PK_TID。

```
ALTER TABLE TchInfo
ADD CONSTRAINT PK_TID PRIMARY KEY CLUSTERED(TID)
```

2）删除约束

使用 SQL 语句删除约束的语法格式如下。

```
DROP [CONSTRAINT] constraint_name
```

其中，constraint_name 表示要删除的约束名称。该语句不能独立使用，需要在 ALTER TABLE 语句中才能使用。

【例 5-16】 用 SQL 语句删除成绩表 ScoreInfo 中的 PK_SC 主码约束。

```
ALTER TABLE ScoreInfo
DROP CONSTRAINT PK_SC
```

注意:

(1) 删除各种约束的 T-SQL 语句的语法格式都是一样的,即

```
ALTER TABLE <表名> DROP <约束名>
```

(2) 如果在建立约束时没有为约束命名,则需要使用系统自动为该约束的命名。

5.3.3 UNIQUE 约束

UNIQUE 约束确保表中一列或多列的组合值具有唯一性,防止输入重复值,主要用于保证非主码列的实体完整性。例如,在学生信息表 StuInfo 中如果存在身份证号字段,因为身份证号不可能重复,因此应该为该列设置 UNIQUE 约束,以防止输入重复的身份证号码。

1. 利用【对象资源管理器】窗口管理 UNIQUE 约束

下面以为课程信息表 CourseInfo 中 Cname 字段设置 UNIQUE 约束为例,介绍添加唯一约束的基本操作。

步骤 1: 在 SQL Server Management Studio 的【对象资源管理器】窗口中,逐级展开【数据库】|【teachingData】|【表】| CourseInfo 表节点。

步骤 2: 右击 CourseInfo 表,从弹出的快捷菜单中选择【设计】命令,进入 CourseInfo 表设计器界面。

步骤 3: 在表设计器中,右击列名 Cname,从弹出的快捷菜单中选择【索引/键】命令,或单击选取 Cname 列后,在表设计器工具栏上单击【管理索引和键】按钮,均可弹出【索引/键】对话框,如图 5.14 所示。

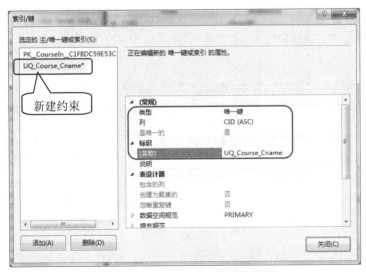

图 5.14 UNIQUE 约束的设置界面

步骤 4: 在【索引 / 键】对话框中,单击【添加】按钮,则在左侧【选定的主 / 唯一键或索引】列表框中出现新的约束名,进入编辑状态。

步骤 5: 在右侧的【常规】分类列表中进行如下设置。

(1) 在【类型】属性框,将其值选择设置为唯一键;

(2) 在【列】属性框,可以设置 UNIQUE 约束的字段名和排序方式;

(3) 在【是唯一的】属性框，选择是；

(4) 在【名称】属性框，输入 UQ_Course_Cname 作为该约束的名称。

步骤 6：再次单击【添加】按钮可以建立其他 UNIQUE 约束。设置完成后单击【关闭】按钮返回表设计器。

步骤 7：单击工具栏上的【保存】按钮，即可保存创建的 UNIQUE 约束。

2. 利用命令语句管理 UNIQUE 约束

使用 T-SQL 语句创建 UNIQUE 约束的语法格式如下。

```
[CONSTRAINT constraint_name ]
UNIQUE [CLUSTERED | NONCLUSTERED] ( column_name[…,n] )
```

参数说明：与 PRIMARY KEY 约束的参数说明相同，具体参见 5.3.2 节。

【例 5-17】 创建选课信息表 CourseInfo 时，要求将课程号 CID 字段设置为主码，课程名 CName 字段的取值必须唯一。

```
CREATE TABLE CourseInfo
(    CID char(8) primary key,        --设置为主码
     CName char(20) UNIQUE,          --设置为唯一性
     CCredit tinyint,
     CProperty char(10)
)
```

【例 5-18】 用 SQL 语句为学生信息表(StuInfo)添加身份证号码 IDCode 字段，并指定该列具有 UNIQUE 约束。

```
ALTER TABLE StuInfo
ADD IDCode CHAR(19) UNIQUE
```

说明：

例 5-18 的代码在执行时，要求 StuInfo 表中无记录行存在，否则新添加的 IDCode 字段值在已有记录行中均为 NULL，即 IDCode 字段值不唯一，致使执行失败。

UNIQUE 约束与 PRIMARY KEY 约束的相比，相同之处： SQL Server 均会为主码属性和每个 UNIQUE 约束的属性分别创建一个唯一索引，强制唯一性。不同之处：一个表只允许创建一个 PRIMARY KEY 约束，但允许创建多个 UNIQUE 约束；PRIMARY KEY 约束要求主码列不允许为空，但 UNIQUE 约束允许 UNIQUE 列为空值。

5.3.4 CHECK 约束

CHECK 约束用于限制输入到一个列或多列的取值范围。通常使用一个逻辑表达式来检查要输入数据的有效性，如果输入内容满足 CHECK 约束的条件，将数据写入到表中，否则数据无法输入，从而保证 SQL Server 数据库中数据的域完整性。一个数据表可以定义多个 CHECK 约束。

1. 利用【对象资源管理器】窗口管理 CHECK 约束

下面以为学生成绩表 ScoreInfo 设置 Score 属性的取值为 0～100 为例，说明添加 CHECK 约束的基本操作。

步骤 1：在 SQL Server Management Studio 的【对象资源管理器】窗口中，逐级展开【数据库】|【teachingData】|【表】|ScoreInfo 表节点。

步骤 2：在表 ScoreInfo 下，右击【约束】节点，从弹出的快捷菜单中选择【新建约束】命令，如图 5.15 所示。

图 5.15　弹出【CHECK 约束】对话框的操作

步骤 3：弹出【CHECK 约束】对话框，同时系统自动添加一个新建约束并显示在左侧【选定的 CHECK 约束】列表框中，进入编辑状态，如图 5.16 所示。

步骤 4：在【表达式】属性框中，直接输入 CHECK 约束的逻辑表达式；或单击【表达式】属性框右侧的【…】按钮，在弹出的【CHECK 约束表达式】对话框中输入 CHECK 约束表达式，如图 5.17 所示。CHECK 约束逻辑表达式如下。

```
Score>=0 and Score<=100
```

或

```
Score BETWEEN 0 AND 100
```

步骤 5：根据需要可在【名称】属性框中更改 CHECK 约束的名称，如本例更改为 CK_ScoreInfo_Score。

步骤 6：单击【关闭】按钮，返回表设计器，再单击工具栏上的【保存】按钮，即可完成 CHECK 约束的创建。

以后用户再向 Score 列输入数据时，若字段值不在 0～100，系统将报告输入错误的提示信息。

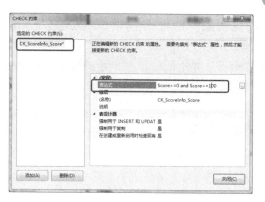

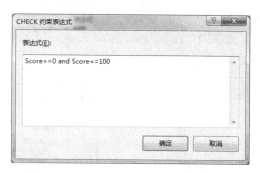

图 5.16 【CHECK 约束】对话框　　　图 5.17 【CHECK 约束表达式】对话框

2．利用命令语句管理 CHECK 约束

使用 T-SQL 语句建立 CHECK 约束的语法格式如下。

```
[ CONSTRAINT constraint_name ]
CHECK [NOT FOR REPLICATION] ( logical_expression )
```

参数说明如下。

（1）NOT FOR REPLICATION：表示当从其他表中复制的数据插入到表中时，CHECK 约束的检查对其不发生作用。

（2）logical_expression：指定创建 CHECK 约束的逻辑表达式。

【例 5-19】 用 T-SQL 语句为学生信息表 StuInfo 添加性别 Sex 字段的 CHECK 约束，要求该属性的取值只能是"男"或"女"，并将该约束命名为 CK_Sex。

```
ALTER TABLE StuInfo
ADD CONSTRAINT CK_Sex CHECK (Sex='男' or Sex='女')
```

【例 5-20】 用 T-SQL 语句为学生信息表 StuInfo 添加学号 SID 属性的 CHECK 约束，要求 SID 属性的 8 位全部由数字构成，且第一位必须为 0。

```
ALTER TABLE StuInfo
ADD  CONSTRAINT CK_SID
CHECK (SID LiKE '0[0-9][0-9][0-9][0-9][0-9][0-9][0-9]')
```

5.3.5　FOREIGN KEY 约束

FOREIGN KEY 约束也称为外码约束，是为表中一列或多列的组合定义为外码。其主要目的是建立表与表之间的数据联系，确保数据的参照完整性。在创建和修改表时可通过定义 FOREIGN KEY 约束来建立外码。FOREIGN KEY 约束只能参照本身所在数据库中的某个表的候选码，包括参照自身表，但不能参照其他数据库中的表。

1．利用【对象资源管理器】窗口管理 FOREIGN KEY 约束

1）创建 FOREIGN KEY 约束

下面为在数据库 teachingData 中建立学生信息表 StuInfo 和成绩表 ScoreInfo 之间的联系，设置 ScoreInfo 表中的 SID 为外码，参照 StuInfo 表中的 SID 属性值。具体操作步骤如下。

步骤 1： 在 SQL Server Management Studio 的【对象资源管理器】窗口中，逐级展开 teachingData 数据库至 ScoreInfo 表下面的【键】节点。

步骤 2： 右击【键】节点，在弹出的快捷菜单中选择【新建外键】命令，在打开表设计器的同时，弹出【外键关系】对话框，如图 5.18 所示。

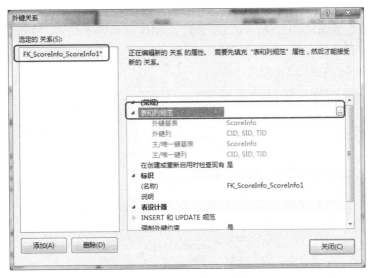

图 5.18　【外键关系】对话框

步骤 3： 在该对话框左侧的【选定的关系】列表框中，选中带*号的关系名(表示未定义)；在右侧的属性列表中展开【表和列规范】节点，并单击【表和列规范】属性框右侧的【...】按钮，弹出【表和列】对话框，如图 5.19 所示。

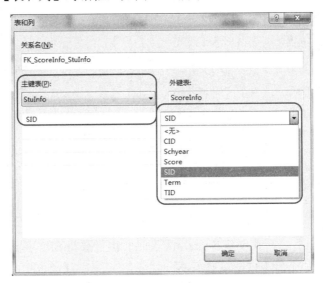

图 5.19　【表与列】对话框

步骤 4： 在【表和列】对话框中，若需要修改外码约束名，可以在【关系名】属性框中输入新的约束名。

步骤 5：在【主键表】下拉列表框中，选择 StuInfo 为主码表，单击主码表下方的下拉按钮，选择被参照属性 SID；单击【外键表】ScoreInfo 表下方的下拉按钮，选择参照属性 SID。

步骤 6：单击【确定】按钮，返回【外键关系】对话框，单击【关闭】按钮，返回表设计器窗口；最后单击工具栏上的【保存】按钮，保存学生成绩表 ScoreInfo，从而保存创建的 FOREIGN KEY 约束。

这样设置后，ScoreInfo 表和 StuInfo 表通过 SID 属性连接起来。在插入、修改和删除表中的数据时，建立的 FOREIGN KEY 约束就会检查数据的一致性。

2) 修改或删除 FOREIGN KEY 约束

FOREIGN KEY 约束是存储在参照表中，若要修改或删除已经建立的 FOREIGN KEY 约束，需要在【对象资源管理器】窗口中展开参照表中的【键】节点，右击要删除或修改的码名称，从弹出的快捷菜单中选择【删除】命令，即可删除当前选定的码；选择【修改】命令，弹出【外键关系】对话框，即可编辑已建立的外码。

2. 利用命令语句管理 FOREIGN KEY 约束

使用 T-SQL 语句创建 FOREIGN KEY 约束，其语法格式如下。

```
[CONSTRAINT constraint_name ]
FOREIGN KEY ( column_name[,...n])
REFERENCES ref_table(ref_column[,...n])
```

参数说明如下。

（1）ref_table：指定 FOREIGN KEY 约束被参照表的名称。

（2）ref_column：指定 FOREIGN KEY 约束被参照表中被参照的字段名。

【例 5-21】 建立学生成绩表 ScoreInfo 表并为其指定外码约束，使该表中 SID 字段值参照学生信息表 StuInfo 中的 SID 字段。

```
CREATE TABLE ScoreInfo
(   CID char(8),
SID char(8),
TID char(8),
Score numeric(3, 0),
Schyear char(9),
Term char(1),
PRIMARY KEY(CID,SID),
/* 表级完整性约束条件，SID 是外码，被参照表是 StuInfo */
FOREIGN KEY(SID) REFERENCES StuInfo(SID),
)
```

由上述代码可以看出，在创建 ScoreInfo 表时，由于要将 SID 字段与 StuInfo 表关联，因此 StuInfo 表必须存在才行，这就要求在建表时先要创建 StuInfo 表，然后才能创建 ScoreInfo 表。也就是说，在数据库中创建表时，要先创建被参照表，然后再创建参照表，否则创建失败。

【例 5-22】 用 T-SQL 语句为 ScoreInfo 表中 CID 属性添加 FK_S 外码约束，使其参照课程信息表 CourseInfo 中的 CID 字段。假设 CID 字段在 CourseInfo 表中已经设置为主码。

添加 FOREIGN KEY 约束的语句如下。

```
ALTER TABLE ScoreInfo
ADD CONSTRAINT FK_S FOREIGN KEY (CID) REFERENCES CourseInfo(CID)
```

删除 FOREIGN KEY 约束的语句与输出其他约束的语句相同，具体代码如下。

```
ALTER TABLE ScoreInfo
DROP CONSTRAINT FK_S
```

注意：

（1）被参照字段列必须是主码或具有 UNIQUE 约束。

（2）外码不仅可以对输入自身表的数据进行限制，也可以对被参照表中的数据操作进行限制。

5.3.6　NOT NULL 约束

非空（NOT NULL）约束是定义表中的数据列不接受 Null 值，如要求教师信息表 TchInfo 中的姓名不能为空。Null 值不同于零（0）或长度为零的字符串（''）。在一般情况下，如果在插入数据时不输入该属性的值，则表示为 Null 值。因此，出现 Null 通常表示为未知或未定义。指定某一属性不允许为 Null 值有助于维护数据的完整性。

在 SQL Server 2012 中，设置 NOT NULL 约束有两种方法，一种是在表设计器中设计字段时，选择该列是否允许为空，默认允许为空；另一种是在用 T-SQL 语句创建表的时候，在对字段的描述时附加 NULL、NOT NULL 来实现。

【例 5-23】 用 T-SQL 语句在创建教师信息表 TchInfo 时，指定教师姓名 Tname 字段不允许为空。

```
CREATE TABLE TchInfo
  ( TID CHAR(8) PRIMARY KEY,
    Tname CHAR(10) NOT NULL,
    Sex CHAR(2) NOT NULL,
    Birthday DATE NULL,
    ……
  )
```

5.3.7　DEFAULT 约束

DEFAULT 约束即默认值约束，为字段指定默认值。若表中的某字段定义了 DEFAULT 约束，在插入新记录时，如果未指定该字段的值，则系统将默认值设置为该字段的内容。默认值可以包括常量、函数或者 Null 值等。

对于一个不允许接受 Null 值的指定，DEFAULT 约束更能显示出其重要性。最常见的情况是，当用户在添加数据记录时，在某字段上无法确定应该输入什么数据，而该字段又存在 NOT NULL 约束，这时与其让用户随便输入一个数据值，还不如由系统以默认值的方式指定一个值置于该字段。例如，在教师信息表 TchInfo 中，不允许教师所在部门 Dept 字段为 Null 值，可以为该字段定义一个默认值“尚未确定”，如此一来，在添加新进教师的数据时，如果还未确定其所在部门时，操作人员先不输入该字段值，系统自动将字符串“尚未确定”存入该字段中。

1. 利用【对象资源管理器】窗口管理 DEFAULT 约束

下面以在 teachingData 数据库的 TchInfo 表中，将 Dept 字段的默认值设置为"尚未确定"为例，介绍创建 DEFAULT 约束的基本操作。

具体操作步骤：

步骤1：打开 SQL Server Management Studio 的【对象资源管理器】窗口中，逐级展开 TeachingData 数据库至 TchInfo 表节点。

步骤2：右击 TchInfo 表，从弹出的快捷菜单中选择【设计】命令，打开表设计器窗口。

步骤3：在 TchInfo 表设计器窗口中，选中 Dept 字段，在下方【列属性】选项卡中单击【默认值或绑定】属性框，将其设置为"尚未确定"，如图 5.20 所示。

2013-20151218ZD....ta - dbo.TchInfo* ×		
列名	数据类型	允许 Null 值
⑨ TID	int	☐
TName	char(10)	☐
Sex	char(2)	☑
BirthDay	date	☑
Title	nchar(10)	☑
▶ Dept	char(10)	☐
		☐

列属性	
▲ (常规)	
(名称)	Dept
默认值或绑定	'尚未确定'
数据类型	char
允许 Null 值	否
长度	10

图 5.20　设置 DEFAULT 约束的界面

步骤4：单击工具栏上的【保存】按钮，即完成 Dept 属性 DEFAULT 约束的创建。

以后再向 TchInfo 表中输入记录时，若 Dept 属性的值省略，系统自动将"尚未确定"存入该属性。

2. 使用命令语句管理 DEFAULT 约束

使用 T-SQL 语句创建 DEFAULT 约束的语法格式如下。

```
[CONSTRAINT constraint_name ]
DEFAULT  constraint_expression [FOR column_name]
```

参数说明：constraint_expression 是表示该字段的默认值或默认表达式。

在设置默认值时，要注意默认值或默认表达式的数据类型必须与字段的数据类型相一致，且不能与该列上的 CHECK 约束相违背。同时 DEFAULT 约束只在插入数据记录时起作用。

【例 5-24】用 T-SQL 语句将 TchInfo 表中 Sex 字段的默认值设置为"男"，并将该约束命名为 DF_Sex。

```
ALTER TABLE TchInfo
ADD CONSTRAINT DF_Sex DEFAULT ('男') FOR Sex
```

5.3.8　应用实例

【例 5-25】　阅读下列代码，理解各类约束在 CREATE TABLE 语句中的应用。

```
USE TeachingData
GO
--创建 StuInfo 表
CREATE TABLE StuInfo
(SID CHAR(8) PRIMARY KEY,
 Sname CHAR(10) NOT NULL,
 Sex CHAR(2) CHECK(Sex in('男','女')),
 BrithDay DATE NULL,
 IDCode CHAR(18) UNIQUE                    /*身份证号*/
……
)
--创建 ScoreInfo 表
CREATE TABLE ScoreInfo
(CID CHAR(8) NOT NULL,
 SID CHAR(8) NOT NULL,
 TID CHAR(8) NOT NULL,
 Score NUMERIC(3,0) CHECK(Score>=0 AND Score<=100) ,
 Schyear CHAR(9) NULL,
 Term CHAR(1) DEFAULT('1'),
 PRIMARY KEY (CID,SID),
 FOREIGN KEY (SID) REFERENCES StuInfo(SID)
 FOREIGN KEY (CID) REFERENCES CourseInfo(CID)
)
```

【例 5-26】　小黄同学在创建学生成绩表 ScoreInfo 时，忘记给课程号 CID 属性设置参照课程信息表 CourseInfo 中 CID 字段的外码约束，因此他为添加外码执行了如下代码。但是系统给出错误提示，外码创建失败，但是检查代码没有问题。

```
ALTER TABLE ScoreInfo
ADD FOREIGN KEY (CID) REFERENCES CourseInfo(CID)
```

随后又改用在【对象资源管理器】窗口中创建，系统仍提示创建失败。问：他创建外键失败的可能原因有哪些？

解决方案：

首先根据外码的定义得知，在创建外码时要求参照字段和被参照字段的数据类型完全一致，包含字符类型的长度；同时还要求被参照字段在所在表中必须是主码或候选码(即具有唯一性约束)。其次根据对外键取值的要求得知，外码的字段取值必须是在被参照字段中已存在的值。综合以上考虑，分析可能的原因有如下几点。

(1) 检查参照表 ScoreInfo 中的预设外码的字段 CID 与被参照表 CourseInfo 中的 CID 字段的数据类型是否一致，如果是字符型，要求字符类型相同且长度相同。例如，两个表的 CID 字段均为 char(8)。

(2) 检查被参照表 CourseInfo 中的 CID 字段是否已经设置为主码或具有唯一性约束，

在小黄同学的操作中，应将 CourseInfo 表中的 CID 字段先设置为主码，保存后再执行设置外码的操作。

（3）如果前两个原因已经排除，在创建外码时 CourseInfo 表和 ScoreInfo 表中已存入部分数据，此时，还需进一步检查 ScoreInfo 表中 CID 字段的每个值在 CourseInfo 表的 CID 字段中是否存在。若发现 ScoreInfo 表有不存在于 CourseInfo 表中 CID 值，根据需要修改该 CID 字段值或删除该字段值所对应的行记录即可。

【例 5-27】课程信息表 CourseInfo 和成绩表 ScoreInfo 通过 CID 字段建立了 FOREIGN KEY 约束，如果 CourseInfo 表中某门课的课程编号 CID 需要改动，而这门课程已经被一部分学生选修，此时从 CoursInfo 表中直接修改课程编号，将会出现错误提示，如图 5.21 所示。问：如遇这种情况该如何操作？

图 5.21　违反 FOREIGN KEY 约束的更新操作提示

解决方案如下。

步骤 1：在 SQL Server Management Studio 的【对象资源管理器】窗口中，逐级展开数据库【TeachingData】|【表】|【ScoreInfo】|【键】节点。

步骤 2：右击要修改的外码项，从弹出的快捷菜单中选择【修改】命令，弹出【外键关系】对话框，如图 5.22 所示。

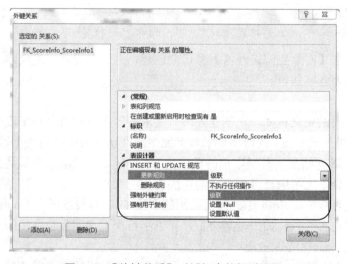

图 5.22　【外键关系】对话框中的级联设置

步骤 3：在该对话框左侧【选定的关系】列表框中选中要修改的外码约束名，在右侧列表中展开【INSERT 和 UPDATE 规范】属性框，分别对【更新规则】和下拉列表框【删除规则】下拉列表框进行设置，有如下 4 个选项。

(1)【不执行任何操作】：表示当参照表中引用了被参照表中的某个外码头值时，如果删除被参照表中该行记录将会出现错误提示，告知用户不允许执行该行的删除或键值的更新操作，该操作回滚。此项为默认选项。

(2)【级联】：删除或更新被参照表中的某行数据记录时，SQL Server 自动将参照表中所有与该记录相关的记录全部删除或更新。

(3)【设置 Null】：表示在删除被参照表中的某行数据记录时，如果参照表中外码字段允许取空值，SQL server 自动将参照表中与该记录相关的所有记录的外码值均置为空。

(4)【设置默认值】：与【设置 Null】选项类似，所不同的是这个设置将参照表中相关数据记录的外码值全部设置为该字段的默认值。若选择此选项，则必须在该外码字段创建了 DEFAULT 约束。

5.4　表数据的操作

表数据的操作主要有 3 种：插入数据、修改数据、删除数据。

5.4.1　插入数据

要想在表中添加数据，可以在 SQL Server Management Studio 的【对象资源管理器】窗口中完成，也可以用标准 SQL 中的 INSERT 语句来完成。

如果想通过操作【对象资源管理器】窗口插入数据，可在 SQL Server Management Studio 的【对象资源管理器】窗口中，右击需要添加数据的表名，从弹出的快捷菜单中选择【编辑前 200 行】命令，然后直接在打开的表中输入数据。

如果使用 INSERT 语句来插入数据，则有两种方式，即插入单条记录和插入子查询结果。

1. 插入单条记录

INSERT 语句插入单条记录的语法格式如下。

```
INSERT
    INTO  table_name  [(column_list)]
    VALUES  (data_values)
```

功能：将新记录插入到指定表中。对于 INTO 子句中没有出现的字段列，新记录在这些列上将取空值。

说明：

(1) 如果 INTO 子句中没有指明属性列，则表示新插入的记录必须在每个属性列上均有值，且 VALUES 子句中值的排列顺序要与表中各列的排列顺序一致。

(2) VALUES 子句提供的值必须与 INTO 子句中指定的属性相匹配，即个数相同，相应字段和值的类型相容。若是字符型、日期型常量需要用单引号括起来。

(3) 如果在 INTO 子句中指定字段列，其顺序可以与表定义中的顺序不一致，且未指定的属性列取值为空。

(4) 在表定义时说明为 NOT NULL 的属性列，在插入操作时不能取空值，否则会出错。

【例 5-28】 将一个课程信息记录插入到 CourseInfo 表中。具体课程信息：课程号为 00000001，课程名是高等数学，学分是 3，课程类别是基础课。

```
INSERT
    INTO CourseInfo (CID,CName,CCredit,CProperty)
    VALUES ('00000001', '高等数学', 3, '基础课')
```

如果新插入记录的每个字段具有提供有具体值，可以省略 INTO 子句中的属性列表，实现语句如下。

```
INSERT
    INTO CourseInfo
    VALUES ('00000001', '高等数学', 3, '基础课')
```

【例 5-29】 在表 CourseInfo 中插入一条课程信息记录('00000002', '英语阅读')。

```
INSERT
    INTO CourseInfo (CID,CName)
    VALUES ('00000002', '英语阅读')
```

此时，系统将在新插入记录的 CCredit 和 CProperty 列上自动地赋空值，即等价于下面的执行语句。

```
INSERT
    INTO CourseInfo
    VALUES ('00000002', '英语阅读', NULL, NULL)
```

由于 SQL Server 2012 为以下类型的列自动生成字段值，因此，INSERT 语句不为这些类型的列指定值。

(1) 具有 IDENTITY 属性的列，此属性为该列生成值。

(2) 具有默认值的列，此默认值用 NEWID 函数生成唯一的 GUID 值。

(3) 计算列。

2. 插入子查询结果

如果想将子查询的结果插入到指定表中，用 INSERT- VALUES 来解决已经力不从心。此时需要用 INSERT- SELECT 语句来实现。它可以将一个或一组表中的数据插入到另外一个表中。

使用 INSERT 语句插入子查询结果的语法格式如下。

```
INSERT
    INTO table_name [(column_list)]
    SELECT sub-sentance
```

功能：将子查询的结果插入到指定表中的指定字段。

说明：

(1) INTO 子句与插入元组时的要求相同。

(2) 子查询中 SELECT 的目标列必须与 INTO 子句的属性列匹配，即值的个数和值的类型均要求一致。

【例 5-30】 查询每学年平均成绩，并把结果存到数据库中。

步骤 1：在 teachingData 数据库中建一个新表 Schyear_Score，其中包括学年信息和平均成绩。

```
USE teachingData;
CREATE TABLE Schyear_Score
    ( Schyear char(9),            --学年
      Avg_Score SMALLINT          --平均成绩
    )
```

步骤 2：对 ScoreInfo 表按 Schyear 分组，把学年和学年平均成绩插入到表 Schyear_Score 中。

```
INSERT
    INTO Schyear_Score (Schyear,Avg_score)
    SELECT Schyear,AVG(Score)
        FROM ScoreInfo
        GROUP BY Schyear;
```

有关 SELECT 语句的具体内容，详见第 6 章。

5.4.2 修改数据

利用 SQL 标准命令中的 UPDATE 语句，可以对表中已有的数据进行修改。其基本语法格式如下。

```
UPDATE <table_name>
    SET <column1_name>=<new_value1>[, <column2_name>=<new_value2>,…]…
    [WHERE <conditions>];
```

功能：修改指定表中满足 WHERE 子句条件的记录。

参数说明如下。

(1) table_name：指定要修改数据所在表的表名。

(2) SET 子句：用于指定要修改的字段、变量名及其新值。其中，column_name 用于指定要更改的字段名；new_value 表示修改后的新值，它可以是一个常量，也可以是一个表达式或其他表中的数据。

(3) WHERE 子句：conditions 表示只对满足该条件的记录行进行修改，若省略该子句，则对表中的所有记录行进行修改。

修改数据常用的有 3 种修改方式，即修改一个记录的值、修改多个记录的值和带子查询的修改语句。下面就这 3 种修改方式进行举例说明。

1）修改一个记录的值

【例 5-31】 将 CourseInfo 表中高等数学课程的学分改为 5。

```
UPDATE CourseInfo
    SET CCredit =5
    WHERE  CName ='高等数学';
```

2）修改多个记录的值

【例5-32】 将 CourseInfo 表中所有课程的学分加1。

```
UPDATE CourseInfo
    SET CCredit = CCredit+1
```

3）带子查询的修改语句

【例5-33】 把所有男生的成绩加5分。

```
UPDATE ScoreInfo
    SET Score = Score+5
    WHERE '男'= ( SELECT Sex
                    FROM StuInfo
                    WHERE StuInfo.SID = ScoreInfo.SID
                  )
```

因为是要对所有的男生数据进行处理，而性别字段在 StuInfo 表中，所以要先对 StuInfo 表中的 Sex 进行查询，然后将查询到的男生的学号与 ScoreInfo 表中的学号匹配，这样就可以实现在 ScoreInfo 表中修改男生的成绩。

5.4.3 删除数据

利用 SQL 标准命令中的 DELETE 语句，可以删除表中不再需要的数据。其基本语法格式如下。

```
DELETE FROM  <table_name>
    [WHERE <conditions>];
```

功能：删除指定表中满足 WHERE 子句条件的所有记录。如果省略 WHERE 子句，表示删除表中的全部记录，但表的结构仍然存在，即 DELETE 只能删除表中的数据。

删除表中的数据有3种方式，即删除一条记录、删除多条记录和带子查询的删除语句。下面就这3种删除方式进行举例说明。

1）删除一条记录

【例5-34】 删除表 TchInfo 中工号为 10040002 的教师的记录。

```
USE TeachingData;
DELETE FROM TchInfo
    WHERE TID='10040002';
```

2）删除多条记录

【例5-35】删除表 ScoreInfo 中所有学生成绩的记录。

```
USE TeachingData;
DELETE FROM ScoreInfo;
```

3）带子查询的删除语句

【例5-36】 删除表 ScoreInfo 中所有男生的成绩记录。

```
USE TeachingData;
DELETE FROM ScoreInfo
```

```
WHERE '男'= ( SELECT Sex FROM  StuInfo
               WHERE  StuInfo.SID = ScoreInfo.SID
             )
```

5.4.4　应用实例

【例 5-37】　小黄创建了 StuInfo、TchInfo、CourseInfo 和 ScoreInfo 4 个数据表，并且 ScoreInfo 中建立了 StuInfo 表和 CourseInfo 表的外码引用关系。现在小黄想先把成绩输入到表 ScoreInfo 中，但是系统总是报错，使得他无法输入数据，为什么？

分析：在创建数据表 ScoreInfo 时，该表中的字段 CID、SID 均为外码引用，小黄在向表 ScoreInfo 输入数据时，系统自动检查相应的字段值是否在被参照表 CourseInfo、StuInfo 中存在，由于这两个表的数据尚未输入，因此系统找不到相应的字段值，因而报错。

解决方案：小黄应该先在表 StuInfo、CourseInfo 中输入数据，将要引用的 SID 和 CID 的字段值输入相应表中，然后向 ScoreInfo 表输入数据。

【例5-38】　小黄现在需要向表 CourseInfo 中插入多行数据记录，如插入课程信息分别为('00000003', '大学语文', 2, '基础课')和('00000004', '数据结构', 4, '专业基础')等，问：必须使用多条 INSERT 语句逐条插入记录吗？

解决方案：仅使用一条 INSERT 语句即可，具体命令如下。

```
INSERT
    INTO CourseInfo
    VALUES ('00000003',  '大学语文',  2,  '基础课'),
           ('00000004',  '数据结构',  4,  '专业基础')
```

【例 5-39】　小黄为了在表 StuInfo 输入数据时为了减少出错，考虑学生的出生年份均在 1960—2000 年，所以希望增加对字段 Birthday 的约束，问：他该如何操作？

分析：本例要求在表 StuInfo 中增加对字段 Birthday 的约束，因此可以使用 ALTER TABLE 语句添加约束来实现。

输入如下命令。

```
USE TeachingData
ALTER TABLE StuInfo
    ADD CONSTRAINT CK_BthDay
    CHECK(Birthday>='1960-1-1' AND Birthday<'2001-1-1')
```

5.5　索 引 操 作

如何能使用户快速地在已有的数据表中找到所需要的数据？特别是当数据表中的数据量比较大时搜索记录的时间将会很长，这大大降低了服务器的使用效率。在日常生活中我们会借助索引来进行快速查找，如图书目录、词典索引等。索引也是数据库随机检索的常用手段，数据库的索引与书籍中的索引相类似，其作用是将数据表中的记录按照某个顺序进行排序，从而可以快速找到所需要的记录。

索引是依赖于数据表建立的，一个数据表的存储包括两个组成部分，一部分是用来存

放数据的数据页,另一部分是用来存放索引的索引页。通常索引页比数据页的数据量要小很多,当进行数据查询时,SQL Server 先去搜索索引页,从中找到所需的数据指针,再通过指针从数据页中读取数据。索引提供指针以指向存储在表中指定列的数据值,然后根据指定排序顺序排列这些指针。合理地利用索引,可以大大提高数据库的检索速度和数据库的性能。但是,享受索引带来的好处是有代价的,一是带索引的表在数据库中会占据更多的存储空间;二是为了维护索引,对数据进行插入、修改、删除等操作的命令所花费的时间会更长些。因此,在设计和创建索引时,要确保对性能的提高程度大于在存储空间和处理资源方面所付出的代价。

5.5.1 索引的分类

在 SQL Server 2012 中索引可以分为聚集索引、非聚集索引、唯一索引、包含性列索引、索引视图、全文索引和 XML 索引 7 种索引。

1. 聚集索引与非聚集索引

聚集(Clustered)索引对表在物理数据页中的数据按索引字段进行排序,再重新存储到磁盘上。由于聚集索引对表中数据完全重新排列,它所需要的空间也就特别大,大概相当于表中数据所占空间的 120%。表中的数据行只能以一种排序方式存储在磁盘上,所以一个表只能创建一个聚集索引。

非聚集(Nonclustered)索引是按照索引的字段排列记录,但是排列的结果并不会存储在表中,而是另外存储。非聚集索引具有完全独立于数据行的结构,使用非聚集索引不用将物理数据页中的数据按索引字段排序。非聚集索引的叶节点存储了组成非聚集索引的索引字段值和行定位器。

行定位器的结构和存储内容取决于数据的存储方式。如果数据是以聚集索引方式存储的,则行定位器中存储的是聚集索引的索引键;如果数据不是以聚集索引方式存储的,则行定位器存储是的指向数据行的指针。非聚集索引将行定位器按索引字段值以一定的方式进行排序,这个顺序与表在数据页中记录行的顺序不一致。由于非聚集索引使用索引页存储,因此与聚集索引它需要较大的存储空间,且检索效率较低。但一个表只能建一个聚集索引,用户需要建多个索引时就只能使用非聚集索引。

在下列几种情况下,可以考虑使用非聚集索引。

(1) 含有大量唯一值的字段。

(2) 返回很少的记录行或者单行结果的检索。

(3) 使用 ORDER BY 子句和 FASTFIRSTROW 优化器提示的查询。

2. 唯一索引

唯一索引(Unique Index)能确保索引无重复,即如果建立一个唯一索引,则这个字段的值就是唯一的,不同记录中的该字段的内容不能相同。无论是聚集索引还是非聚集索引都可以将其设为唯一索引。

唯一索引通常都建立在主码字段上,也可以建立在其他候选码字段上。设置了唯一索引的字段通常也会将其设置为不能为空(NOT NULL)。即使该字段允许为空,在表中,也仅允许有一条记录在该字段的取值为 NULL,因为 Null 值不能重复。

3. 包含性列索引

在创建索引时，并不是只能对其中的一个字段创建索引，就像可以将多个字段组合起来创建主码一样，也可以将多个字段组合起来创建索引，这种索引称为复合索引（Composite Index）。需要注意的是，只有用到复合索引的第一字段或整个复合索引字段作为条件进行查询时才会使用到该索引。

在创建复合索引时，对创建的索引有一定的限制，最多的字段数据不能超过 16 个，所有字段的长度之和不能超过 900 字节。例如，假设有一个文章表，文章标题字段类型为 varchar（20），文章摘要字段类型为 nvarchar（450）。由于 nvarchar 数据类型每个字符要占用 2 字节，因此如果要按文章标题和文章摘要这两个字段创建复合索引，这两个字段的长度将可能超过 900 字节的限制，从而导致创建索引失败。

此时可以用"包含性列索引"来解决这类问题。所谓包含性列索引是在创建索引时，将其他非索引字段包含到这个索引中，并起到索引的作用。例如，上例中可以先为文章标题创建一个索引，再将文章摘要包含到这个索引中，这种索引就是包含性列索引。包含性列索引只能是非聚集索引，在计算索引包含的字段数和索引字段的大小时，系统不考虑这些被包含的字段。

4. 视图索引

视图是一个虚拟的数据表，它可以像真实的数据表一样使用。视图的本身并不存储数据，数据都存储在视图所引用的数据表中。但是如果为视图创建索引，将实体化视图，并将结果集永久存储在视图中，其存储方法与其他带聚集索引的数据表的存储方法完全相同。在创建视图的聚集索引后还可以为视图添加非聚集索引。

5. 全文索引

全文索引是一种特殊类型的基于标记的功能性索引，由 SQL Server 中的全文引擎服务来创建和维护。全文索引主要是用于在大量文本中搜索字符串，此时使用全文索引的效果比使用 T-SQL 中 LIKE 语句效率要好很多。

6. XML 索引

XML 实例是作为二进制大型对象（BLOB）方式存储在 XML 字段中，这些 XML 实例最大数据量可以达到 2GB，如果在没有索引的 XML 字段里查询数据，将会是一个很耗时的操作。而在 XML 字段上创建的索引就是 XML 索引。

5.5.2　索引的创建

在 SQL Server 2012 中，并不是所有索引都需要手动创建的，在创建数据表时，只要设置主码或 UNIQUE 约束，SQL Server 就会自动创建索引。设置了主码字段，SQL Server 就会为这个主码字段创建一个聚集索引；如果为字段创建了 UNIQUE 约束，系统则为该字段创建一个唯一索引。

例如，在创建 StuInfo 表时已将 SID 字段设置为主码，则在 SQL Server Management Studio 的【对象资源管理器】窗口中逐级展开至表 StuInfo 节点下的【索引】节点，可以看到 PK_开头的聚集索引。双击这个索引名，可以在相应在索引属性对话框中看到它是一个聚集索引和唯一索引。

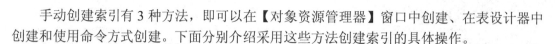

　　手动创建索引有 3 种方法，即可以在【对象资源管理器】窗口中创建、在表设计器中创建和使用命令方式创建。下面分别介绍采用这些方法创建索引的具体操作。

　　1. 在【对象资源管理器】窗口中创建索引

　　下面以在 teachingData 数据库的 TchInfo 表中为 TName 属性创建普通升序索引为例，介绍创建索引的基本步骤。

　　步骤 1：在【对象资源管理器】窗口中，逐级展开【数据库】|【teachingData】|【表】|TchInfo 表|【索引】节点，右击【索引】节点，从弹出的快捷菜单中选择【新建索引】|【非聚集索引】命令，如图 5.23 所示。

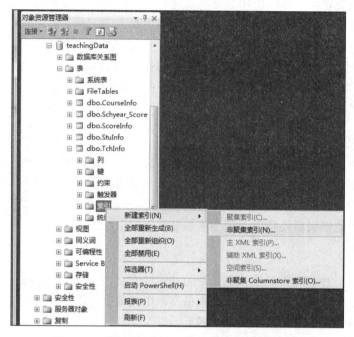

图 5.23　选择【新建索引】|【非聚集索引】命令

说明：

　　因为在创建该表时已经设置主码，系统据此为主码创建了聚集索引，而一个表只能有一个聚集索引，所以此时只能创建非聚集索引。

　　步骤 2：在打开的【新建索引】窗口中，单击【添加】按钮，弹出 TchInfo 表的字段选择对话框，选中创建索引的 TName 字段，单击【确定】按钮，返回【新建索引】窗口。

　　步骤 3：在窗口右侧的【索引键列】选项卡中就会显示该列，单击其中的【排列顺序】列表框，可以设置新建索引是升序方式或降序方式，默认为升序，如图 5.24 所示。

　　步骤 4：在【索引名称】文本框中直接输入索引名 NClu-Tname，此索引无须选中【唯一】复选框。最后单击【确定】按钮即可。

　　2. 在表设计器中创建索引

　　下面以在 teachingData 数据库的 StuInfo 表中为 SName 属性创建普通升序索引为例，介绍创建索引的基本步骤。

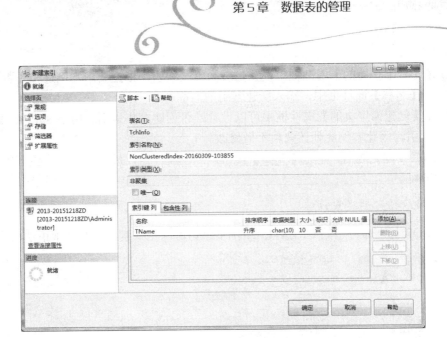

图 5.24　【新建索引】窗口

步骤 1：在【对象资源管理器】窗口中，逐级展开各级节点至 StuInfo 表，右击 StuInfo 表，从弹出的快捷菜单中选择【设计】命令，打开表设计器窗口。

步骤 2：在表设计器窗口中，选择任一列右击，从弹出的快捷菜单中选择【索引/键】命令，弹出【索引/键】对话框，如图 5.25 所示。

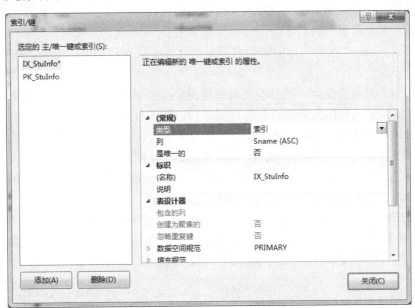

图 5.25　【索引/键】对话框

步骤 3：在该对话框左侧【选定的主/唯一键或索引】列表框中显示已经存在的索引，此时单击【添加】按钮，系统会自动创建一个默认索引，对该索引进行如下设置。

（1）在【列】属性框中，单击右侧的按钮，在弹出的【属性列】对话框中更改要创建索引的字段，并可选定排序方式，然后单击【确定】按钮返回。

（2）在【是唯一性的】属性框中设置是否为唯一索引，根据要求本例选择【否】选项。

（3）在【名称】属性框中，输入新建索引的名称。

（4）在【创建为聚集的】属性框中可以设置是否创建聚集索引。由于 StuInfo 表中已经存在聚集索引，因此本例此处该选项不做修改。

步骤 4： 设置完成后，单击【关闭】按钮返回表设计器，最后单击工具栏上的【保存】按钮保存即可。

3. 用命令语句创建索引

利用 SQL 标准命令中的 CREATE INDEX 语句可以建立索引，其基本语法格式如下。

```
CREATE [ UNIQUE ] [ CLUSTERED | NONCLUSTERED ]
    INDEX index_name
    ON <object> ( column [ ASC | DESC ] [ ,...n ] )
    [ INCLUDE ( column_name [ ,...n ] ) ]
    [ WHERE <filter_predicate> ]
    [ ; ]
```

参数说明如下。

（1）UNIQUE：指定创建唯一索引。对视图创建的聚集索引必须是 UNIQUE 索引。如果对已存在数据的表创建唯一索引，必须保证索引项对应的值无重复值。

（2）CLUSTERED | NONCLUSTERED：指定创建聚集索引还是非聚集索引，如果省略此项，默认为创建非聚集索引。一个表或视图只能创建一个聚集索引，并且必须先为表或视图创建唯一聚集索引，然后才能创建非聚集索引。

（3）index_name：指定创建的索引名，索引名在表或视图中必须唯一，但在整个数据库中不必唯一。

（5）object：表示要建索引的基本表名或视图名，索引可以建立在该表或视图的一列或多列上。指定表名或视图名时可以包含数据库和表的所有者。

（6）column：表示创建索引的字段，可以为索引指定多个字段，多个字段间用逗号分隔。注意创建索引的字段不能是 ntext、text 或 image 类型。

（7）ASC | DESC：指定索引值的排列次序，ASC 表示升序，DESC 表示降序。省略此项默认为 ASC。

（8）WHERE 子句：用于指定索引中满足条件的那些记录行来创建筛选索引。

【例 5-40】在 CourseInfo 表未指定主码并未建聚集索引的情况下，为该表的课程名 Cname 字段创建聚集索引，要求表中的记录能按 Cname 值的降序排序。

```
CREATE CLUSTERED INDEX Clu_Cname
    ON CourseInfo(Cname DESC);
```

建立聚集索引，可以提高相关字段的查询效率。建立聚集索引后，当更新该索引列的数据时，常常会导致表中记录的物理顺序的变更，维护代价较大，因此，对于经常需要更新的列不适合建立聚集索引。

【例 5-41】为数据库 teachingData 中的各表创建索引，要求为 TchInfo 表按编号（TID）建字段升序聚集索引（假定 TchInfo 表未设置主码），为 StuInfo 表按学号（SID）字段建升序唯一索引，为 CourseInfo 表课程号（CID）字段建升序非聚集索引，为 ScoreInfo 表按学号（SID）升序和课程号降序建简单复合索引。

其创建索引的语句如下。

```
CREATE CLUSTERED INDEX Clu_TID ON TchInfo(TID );
CREATE INDEX NClu_SName ON StuInfo(SID);
CREATE NONCLUSTERED INDEX NClu_CName ON CourseInfo(CID);
CREATE UNIQUE INDEX Unq_SCID ON ScoreInfo (SID,CID DESC) ;
```

注意：

创建索引所需要的空间来自用户数据库，所以要保证要有足够的空间创建索引。

如果要查看索引信息，可以利用系统存储过程 sp_helpindex。其语法格式如下。

```
EXEC sp_helpindex [@objname=]'name'
```

其中，name 参数用于指定当前数据库中需要查看其索引的表名称。

【例 5-42】 使用 sp_helpindex 存储过程查看 StuInfo 表上已创建的索引。

```
USE teachingData
EXEC sp_helpindex StuInfo
```

其执行结果如图 5.26 所示。

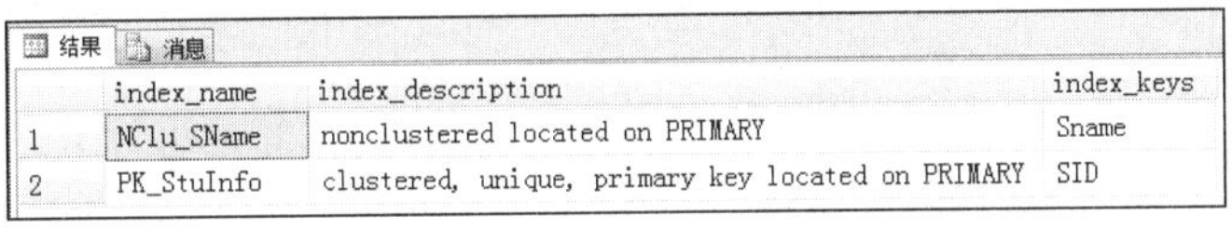

	index_name	index_description	index_keys
1	NClu_SName	nonclustered located on PRIMARY	Sname
2	PK_StuInfo	clustered, unique, primary key located on PRIMARY	SID

图 5.26　代码执行结果

5.5.3　索引的修改

在创建好索引后，有时需要修改索引，其方法主要有两种，即使用【对象资源管理器】窗口修改和使用命令语句修改。

1. 使用【对象资源管理器】窗口修改索引

使用【对象资源管理器】窗口修改索引非常简单。在创建索引后，如果要查看和修改索引的详细信息，可以在【对象资源管理器】窗口中逐级展开，直至要操作索引所在的表或视图，再展开该对象下方的【索引】节点，则会出现该对象已包含的索引列表。右击某一索引名称，从弹出的快捷菜单中选择【属性】命令，弹出索引属性对话框，用户可以在该对话框中查看和修改相应的索引属性。

2. 使用命令语句修改索引

利用 SQL 标准命令中的 ALTER INDEX 语句可以修改索引，其基本语法格式如下。

```
ALTER INDEX {index_name|ALL}
 ON [ database_name. [ schema_name ] . | schema_name. ] table_or_view_name
{ REBUILD                            --重新生成索引
 [ [ WITH
```

```
    (PAD_INDEX = { ON | OFF }                          --设置是否使用索引填充
     | FILLFACTOR = fillfactor                         --设置填充因子大小
     | SORT_IN_TEMPDB = { ON | OFF }  --是否在 tempdb 数据库中存储临时排序结果
     | IGNORE_DUP_KEY = { ON | OFF }                   --是否忽略重复的值
     | STATISTICS_NORECOMPUTE = { ON | OFF }           --设置是否自动计算统计信息
     | ALLOW_ROW_LOCKS = { ON | OFF }                  --在访问索引时使用行锁
     | ALLOW_PAGE_LOCKS = { ON | OFF }                 --在访问索引时使用列锁
     | MAXDOP = max_degree_of_parallelism              --设置最大并行数
    [,...n] )
    ]
  ]
  | DISABLE                                            --禁用索引
  | REORGANIZE                                         --重新组织的索引叶级
  [ PARTITION = partition_number ]                     --重新生成或重新组织索引的一个分区
  [ WITH ( LOB_COMPACTION = { ON | OFF } ) ]
                                                       --压缩包含大型对象数据的页
SET (ALLOW_ROW_LOCKS= { ON | OFF }                     --在访问索引时使用行锁
| ALLOW_PAGE_LOCKS = { ON | OFF }                      --在访问索引时使用页锁
| IGNORE_DUP_KEY = { ON | OFF }                        --设置是否忽略重复的值
| STATISTICS_NORECOMPUTE = { ON | OFF }                --设置是否自动计算统计信息
[ ,...n ] )
}[ ; ]
```

【例 5-43】 重新生成例 5-42 中表 TchInfo 的 Clu_TID 索引,并设置索引填充,填充因子为 70。

```
ALTER INDEX Clu_TID ON TchInfo
    REBUILD
    WITH ( PAD_INDEX=ON,
        FILLFACTOR=70
        )
```

说明:

ALTER INDEX 语句不能用于修改索引的定义,如添加或删除索引字段或更改索引字段的排列顺序;也不能对索引重新分区或将索引移至其他文件组。

【例 5-44】 将 TchInfo 表的 Clu_TID 索引设置为禁用。

方法一:使用【对象资源管理器】窗口设置禁用索引。

步骤 1:在【对象资源管理器】窗口中逐级展开,直至索引所在的表 TchInfo,再展开其下方的【索引】节点,则显示出该对象所有已建的索引。

步骤 2:右击要禁用的 Clu_TID 索引,从弹出的快捷菜单中选择【禁用】命令,在打开的【禁用索引】对话框中单击【确定】按钮即可。

方法二:使用 ALTER INDEX 命令设置禁用索引。

```
ALTER INDEX Clu_TID  ON TchInfo  DISABLE
```

说明:

禁用索引可以防止用户访问索引,而对于聚集索引,则可以防止用户访问表数据。

【例 5-45】 利用【对象资源管理器】中的操作，将 TchInfo 表中的 Clu_TID 索引设置为禁用，再用命令语句的方式将其重新启用。

1）使用【对象资源管理器设置】窗口禁用索引

步骤 1：在【对象资源管理器】窗口中逐级展开，直至索引所在的表 TchInfo，再展开其下方的【索引】节点，则显示出该对象所有已建的索引。

步骤 2：右击要禁用的 Clu_TID 索引，从弹出的快捷菜单中选择【禁用】命令，在弹出的【禁用索引】对话框中单击【确定】按钮即可。

2）使用 ALTER INDEX 命令设置启用索引

```
ALTER INDEX Clu_TID ON TchInfo REBUILD
```

如果启用 TchInfo 表的所有索引，可以使用以下语句。

```
ALTER INDEX ALL ON TchInfo REBUILD
```

5.5.4 索引的删除

索引建立后由系统使用和维护，无须用户干预。建立索引是为了减少查询操作的时间，但如果经常对表中的数据进行增加、删除和修改操作，系统就会花费许多时间来维护索引，从而也会降低系统的总效率。这时需要及时删除一些不必要的索引。

删除索引也有两种方法，即使用【对象管理器】删除和使用命令语句删除。

1. 使用【对象资源管理器】删除索引

如果删除 StuInfo 表中的 NClu_SName 索引，其具体操作步骤如下。

步骤 1：在【对象资源管理器】窗口中逐级展开，直至索引所在的表或视图及其下方的【索引】节点，则显示出该对象所有已建的索引。

步骤 2：右击要删除的 NClu_SName 索引，从弹出的快捷菜单中选择【删除】命令，弹出【删除对象】对话框，单击【确定】按钮，即删除 NClu_SName 索引。

2. 使用命令语句修改索引

利用 SQL 标准命令中的 DROP INDEX 语句可以删除索引，其基本语法格式如下。

```
DROP INDEX
    { index_name ON table_or_view_name [ ,...n]
    }
```

说明：

index_name 表示要删除的索引名，table_or_view_name 表示索引所在的表名或视图名。

【例 5-46】 删除 CourseInfo 表上的 NClu_CName 索引。

```
DROP INDEX NClu_CName ON CourseInfo;
```

删除索引的同时系统也将把该索引的描述从数据字典中删除。

5.5.5 应用实例

【例 5-47】 为了方便奖学金的评选，小黄希望为表 ScoreInfo 中的课程号 CID 字段和成绩 Score 字段做一个复合的简单索引，要求成绩按降序排列，问：他该如何操作？

方法一：在【对象资源管理器】窗口中进行操作。

步骤 1： 在 Microsoft SQL Server Management Studio 的【对象资源管理器】窗口中，逐级展开【数据库】|【teachingData】|【表】|ScoreInfo 表|【索引】节点，右击【索引】节点，从弹出的快捷菜单中选择【新建索引】命令(参见图 5.23)。

步骤 2： 在打开的【新建索引】窗口中，输入索引名 IX_CidScore(该索引名可以用户自行命名)。

步骤 3： 单击【添加】按钮，在弹出的【从 ScoreInfo 表选择列】对话框中选中索引列 CID 和 Score 字段。

步骤 4： 单击【确定】按钮，返回到【新建索引】窗口，然后根据题目要求修改 Score 字段的排列顺序为降序。最后单击【确定】按钮即可。

方法二：在查询编辑器中输入如下代码后，单击【执行】按钮。

```
CREATE INDEX IX_CScore
    ON ScoreInfo(CID, Score DESC)
```

5.6 实 验 指 导

实验 2 数据表的管理

1. 实验目的

(1) 理解 SQL Server 2012 提供的基本数据类型。
(2) 掌握用户定义数据类型的用途与操作方法。
(3) 掌握数据表结构的创建与修改方法。
(4) 掌握数据完整性的概念和约束的相关操作。
(5) 掌握数据添加与更新的操作方法。
(6) 熟悉索引的类型和用途，掌握索引的创建与修改方法。

2. 实验前的准备

1) 启动服务

从【开始】菜单中选择【所有程序】|【Microsoft SQL Server 2012】|【配置工具】|【SQL Server 配置管理器】命令，在打开的【Sql Server Configuration Manager】窗口中选择左窗格中的【SQL Server 服务】选项，然后在右窗格中启动【SQL Server(MSSQLSERVER)】服务。这里采用的是默认实例名，操作时需根据自己所用的实例名进行启动。

2) 附加数据库 teachingDataA

打开 Microsoft SQL Server Management Studio 后，右击【数据库】节点，从弹出的快捷菜单中选择【附加】命令，在打开的【附加数据库】窗口中单击【添加】按钮，并选择数据库 teachingDataA 的主数据文件，确定后即可完成该数据库的附加操作。

3. 实验内容

(1) 自定义数据类型。
(2) 创建表。

（3）添加完整性约束。

（4）修改表结构。

（5）添加与更新数据。

（6）创建索引。

4．实验步骤

1）自定义数据类型

（1）打开数据库 teachingDataA，要求使用 Microsoft SQL Server Management Studio 创建自定义数据类型 myID 为 char(8)，不允许为空；自定义数据类型 myName1 为 nvarchar(10)，不允许为空。

操作步骤如下。

① 建自定义数据类型 myID 为 char(8)，不允许为空。

在 Microsoft SQL Server Management Studio 的【对象资料管理器】窗口中展开【可编程性】|【类型】节点，右击【用户定义数据类型】节点，从弹出的快捷菜单中选择【新建用户定义数据类型】命令，然后在打开的【新建用户定义数据类型】窗口中输入定义的数据类型名 myID，选择数据类型为 char，长度为 8，选中【允许 NULL 值】复选框，如图 5.27 所示。

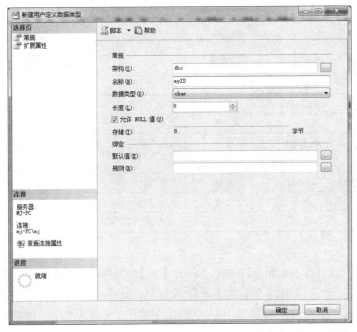

图 5.27　【新建用户定义数据类型】窗口

② 自定义数据类型 myName1 为 nvarchar(10)，不允许为空。

操作方法同上，但须取消【允许 NULL 值】的选中。

（2）打开数据库 teachingDataA，要求使用 T-SQL 语句来创建自定义数据类型 myName2 为 nvarchar(20)，不允许为空；自定义数据类型 myDept 为 char(50)，允许为空。

操作步骤如下。

① 单击工具栏中的【新建查询】按钮。
② 在查询窗口中输入图 5.28 所示命令。

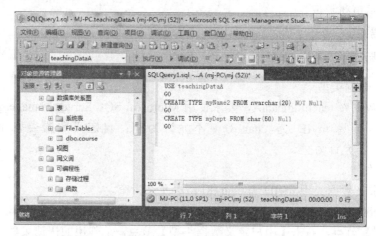

图 5.28　创建数据类型

2) 创建表

（1）使用 Microsoft SQL Server Management Studio 在 teachingDataA 数据库中建立 TInfo 表，该表的表结构见表 5-1。

表 5-1　TInfo 表结构

列名	数据类型	长度	备　　注
TID	myID		设为关键字
TName	myName1		不能为空
Sex	char	2	其值只能为"男"或"女"，默认值为"男"
Dept	myDept		允许为空
Birthday	smalldatetime		允许为空
Title	varchar	10	允许为空
homeTel	nchar	8	允许为空
MPhone	nchar	11	只允许为数字，允许为空

操作步骤如下。

① 创建表。展开库 teachingDataA，右击【表】，从弹出的快捷菜单中选择【新建表】命令，打开表设计器窗口按表 5-1 的要求输入列名，选择相应的数据类型和长度。

② 设置主码。在表设计器窗口中右击 TID 左侧的方框，从弹出的快捷菜单中选择【设置主键】命令，效果如图 5.29 所示。

③ 设置 Sex 值的默认值为"男"。选中表设计器窗口中的 Sex 字段，在【列属性】选项卡中设置【默认值或绑定】属性框为"男"(注意引号必须在西文状态下输入)。

④ 设置 Sex 值只能为"男"或"女"。右击字段 Sex，从弹出的快捷菜单中选择【CHECK 约束】命令，在弹出的【CHECK 约束】对话框中单击【添加】按钮，输入 CHECK 约束表达式：Sex='男' OR Sex='女'，如图 5.30 所示。

⑤ 完成后关闭【CHECK 约束】对话框，关闭创建数据表结构的窗口，并在弹出的确认框中单击【保存】按钮，再输入表名 TInfo。

图 5.29　创建数据表

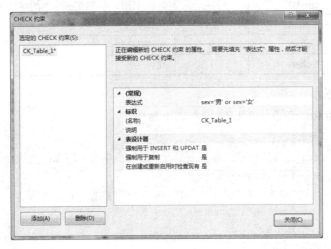

图 5.30　设置约束

（2）使用 T-SQL 命令在 teachingDataA 数据库中创建表 SInfo 表、CInfo 和 ScoreInfo，这些表的表结构分别见表 5-2～表 5-4。

表 5-2　SInfo 表结构

列名	数据类型	长度	备　注
SID	myID		设为关键字
SName	myName1		不能为空
Sex	char	2	其值只能为"男"或"女"，默认值为"男"

（续）

列名	数据类型	长度	备　注
Birthday	smalldatetime		允许为空
Dept	myDept		
Major	varchar	30	
Class	varchar	18	允许为空
IDCardNo	char	18	不允许为空

表 5-3　CInfo 表结构

列名	数据类型	长度	备　注
CID	myID		设为关键字
CName	myName2		不能为空
CCredit	tinyint		允许为空
CProperty	varchar	10	允许为空

表 5-4　ScoreInfo 表结构

列名	数据类型	长度	备　注
CID	myID		设为主码，外码引用，参照 CInfo 中的字段 CID
SID	myID		设为主码，外码引用，参照 SInfo 中的字段 SID
TID	myID		外码引用，参照 TInfo 中的字段 TID
Score	numeric	3,1	允许为空
Schyear	char	9	允许为空
Term	char	1	允许为空

操作步骤如下。

① 创建表 SInfo。在查询窗口中输入如下命令：

```
CREATE TABLE SInfo
  ( SID myID PRIMARY KEY,
        Sname myName1 NOT NULL,
    Sex char(2) DEFAULT '男' CHECK(Sex='男' OR Sex='女'),
    BirthDay smalldatetime NULL,
    Dept myDept NULL,
    Major varchar(30)  NULL,
    Class varchar(18)  NULL,
    IDCardNo char(18)  NULL,
  )
```

② 创建表 CInfo。在查询窗口中输入如下命令：

```
CREATE TABLE CInfo
(   CID myID PRIMARY KEY,
    CName myName2 NOT NULL,
    CCredit tinyint NULL,
    CProperty varchar(10) NULL )
```

③ 创建表 ScoreInfo。在查询窗口中输入如下命令：

```
CREATE TABLE ScoreInfo
(    CID myID NOT NULL, -- 不允许取空值
     SID myID NOT NULL, -- 不允许取空值
     TID myID NULL,
     Score numeric(3, 1) NULL,
     Schyear char(9) NULL,
     Term char(1) NULL,
     FOREIGN KEY(CID) REFERENCES CInfo(CID),
/* 表级完整性约束条件，CID 是外码，被参照表是 CInfo */
 FOREIGN KEY(SID)REFERENCES SInfo(SID),
 /* 表级完整性约束条件，SID 是外码，被参照表是 SInfo */
FOREIGN KEY(TID)REFERENCES  TInfo(TID),
 /* 表级完整性约束条件，TID 是外码，被参照表是 TInfo */
Constraint scoInfo_prim PRIMARY KEY(CID,SID))
 /* 表级完整性约束条件，设置 CID、SID 为组合主码 */
```

3）用 T-SQL 命令语句修改表结构

（1）修改表 SInfo 表的表结构，设置 IDCardNo 值为唯一的。

操作步骤如下。

在查询窗口中输入命令：

```
ALTER TABLE SInfo
ADD UNIQUE(IDCardNo)
```

（2）修改表 ScoreInfo 的表结构，设置 Term 值只能为 1 或 2，默认值为 1。

操作步骤如下。

在查询窗口中输入命令：

```
ALTER TABLE ScoreInfo
ADD CONSTRAINT Term_CK CHECK(Term='1' OR Term='2');
ALTER TABLE ScoreInfo
ADD CONSTRAINT Term_df DEFAULT '1' FOR Term;
```

（3）在表 SInfo 中添加一字段 EntroData（即入学日期），要求该输入范围在 1900-1-1～ 2099-1-1。

操作步骤如下。

在查询窗口中输入命令：

```
ALTER TABLE SInfo
ADD EntrDate datetime;
ALTER TABLE SInfo
ADD CONSTRAINT EntrDate_CK
CHECK(EntrDate>'1900-1-1' AND EntrDate<'2099-1-1');
```

（4）修改表 TInfo 的表结构，要求删除其中的 Birthday 字段。

操作步骤如下。

在查询窗口中输入命令：

```
ALTER TABLE TInfo
DROP COLUMN BirthDay
```

(5) 修改表 TInfo 表的表结构,其中,字段 homeTel 只允许为数字,且第 1 位数不能为 0。操作步骤如下。

在查询窗口中输入命令:

```
ALTER TABLE TInfo
ADD CONSTRAINT homeTel_CK
CHECK(homeTel>='10000000' AND homeTel>='19999999')
```

4) 添加与更新数据

(1) 在表 TInfo 中输入表 5-5 所示的数据。

表 5-5　TInfo 表记录

TID	TName	Sex	Dept	Title	homeTel
00101001	施华	男		教授	43562634
00101002	张小同	男		副教授	67109823
00101003	李可	女		讲师	79109999
00101004	王露	女		助教	78322222
00101005	周杰	男		讲师	54344112
00102001	张伟华	男		教授	87347654
00102002	李林	女		副教授	45261882
00102003	林森	男		教授	75767777
00102004	王明	男		教授	65747778
00102005	史有才	男		讲师	32112334

操作步骤如下。

在【对象资源管理器】窗口中展开数据库 teachingDataA,右击【TInfo】节点,从弹出的快捷菜单中选择【编辑前 200 行】命令,输入表 5-5 所示的数据。

(2) 利用 T-SQL 命令语句在表 TInfo 中输入数据,'00102006', '宁伟', '男'。

操作步骤如下。

在查询窗口中输入命令:

```
INSERT INTO TInfo (TID,TName,SEX)
VALUES ('00102006','宁伟','男');
```

(3) 利用 T-SQL 命令语句在表 TInfo 中输入数据,当 TID 大于'100999'且小于'101999'时,其所在部门 Dept 为'信息管理',当 TID 大于'101999'且小于'102999'时,其所在部门 Dept 为'电子商务'。

操作步骤如下。

在查询窗口中输入下述命令:

```
UPDATE TInfo
SET Dept='信息管理' WHERE tid>='100999' AND tid<='101999'
GO
```

```
UPDATE TInfo
SET Dept='电子商务' WHERE tid>='101999' AND tid<='102999'
GO
```

5. 实验要求

(1) 独立完成实验内容。

(2) 记录实验过程存在的问题，书写实验报告。

(3) 完成思考题。

6. 思考题

(1) 某学生在建立了 TInfo、SInfo、CInfo 和 ScoreInfo 数据表后开始添加数据，他首先在表 ScoreInfo 中添加数据，但系统总是出现报错提示，为什么？

(2) 小黄为了输入方便，希望在输入过程中教师编号 TID 的起始数据库为 10000001，以后每输入一个教师，其编号 TID 自动加 1，因此他根据所学知识，在 Microsoft SQL Server Management Studio 窗口中的列属性中展开【标识规范】试图修改【（是标识）】的值为是，但发现这一栏是灰色的，他无法进行设置，为什么？应该如何操作才能符合他的要求？

(3) 简述命令 DROP 与 DELETE 有什么不同？

本 章 小 结

本章引入了 SQL Server 2012 的数据类型、基本表、约束、数据更新、索引等基础知识，重点介绍了表结构的创建和修改、完整性约束的设置、数据的插入、修改和删除、索引的创建和删除等基本操作方法。

表结构的创建可以在【对象资源管理器】窗口中逐级展开【数据库】|用户数据库|【表】节点，右击【表】节点，从弹出的快捷菜单中选择【新建表】命令，打开表设计器窗口，就可以在其中输入表结构的相关信息了；也可以在查询编辑器中利用 CREATE TABLE 语句来创建新表；如果要对已创建的数据表进行修改，可以在【对象资源管理器】窗口中逐级展开【数据库】|用户数据库|【表】节点，在【表】节点下右击要修改的表名称，从弹出的快捷菜单中选择【设计】命令，在打开的表设计器窗口中对表结构进行修改，或者在查询编辑器中利用 ALTER TABLE 语句进行修改。

数据库完整性设计是数据库管理和开发人员需要学习和掌握的一个非常重要的内容，它是维护数据库中数据一致性的重要机制。本章先介绍了完整性的基础知识，完整性的用途、分类；然后具体介绍了实现各类完整性约束的设置方法及具体使用。

在数据完整性管理中，对于违反完整性约束的操作一般采用拒绝执行。对于违反 FORERGN KEY 约束的操作，可以有不同的处理策略。用户要根据实际的应用需要来定义合适的处理策略，以保证数据库的正确性和相容性。

通过本章的学习，我们应该对数据完整性的概念有了比较清楚的认识，应该能够对数据库完整性进行有效的设置，从而更好地维护数据库。

数据的更新操作包括插入、修改和删除。在插入和修改数据时，可以在 Microsoft SQL Server Management Studio 的【对象资源管理器】窗口中，逐级展开【数据库】|用户数据库

|【表】节点，在【表】节点下方右击相应的表名，从弹出的快捷菜单中选择【编辑前 200 行】命令，在打开的表单窗口中直接输入或修改数据即可；或者在查询编辑器中利用 INSERT 语句也可以实现插入操作，如果一次要插入多条记录就只能用 INSERT 语句来实现；在查询编辑器中利用 UPDATE 语句可以实现对表中已有数据的修改，同时它还可以一次修改多条数据。

数据的索引可以在 Microsoft SQL Server Management Studio 的【对象资源管理器】窗口中，逐级展开【数据库】|用户数据库|【表】节点，然后展开【表】节点下方相应的数据表，在【索引】节点上右击，从弹出的快捷菜单中选择【新建索引】命令，在【新建索引】窗口中设置索引名称、索引类型、唯一及索引键列，即可完成索引的创建，或者在查询编辑器中利用 CREATE INDEX 语句也可以实现给表创建索引。

习　题　5

一、思考题

1. 简述 SQL Server 2012 的数据类型。
2. 简述创建自定义数据类型的作用。
3. 如果数据库不实施完整性约束，会产生什么结果？
4. 完整性约束分哪几类？每一类分别如何实施？
5. 什么是主码约束？什么是唯一性约束？两者有什么区别？
6. 简述索引的概念及其分类。
7. 说明创建索引的优点和缺点。
8. 如何禁用和启用索引？
9. 命令 DROP 与 DELETE 有什么不同？

二、实验题

1. 完成实验指导中的所有实验。
2. 在 teachingData 数据库中，修改表 SInfor 的字段 Birthday 数据类型为 date。
3. 用命令语句创建数据库 Shopmanagement，在该数据库中创建自定义数据类型 myPhone 为 char(11)，不允许为空。
4. 在 Shopmanagement 数据库中创建表 Customer、Staff 和 Order 数据表，这些表的结构见表 5-6～表 5-8。

表 5-6　Customer 表结构

列名	数据类型	要　　求
CountID	int	初始值为 201600000，自动增长，步长为 1，设为主码
Nickname	varchar(15)	不能为空，须唯一
Realname	varchar(15)	
Gendar	nchar(1)	其值只能为"男"或"女"，默认值为"男"
Address	varchar(40)	不允许为空

(续)

列名	数据类型	要 求
Postcode	char(6)	允许为空
MPhone	myPhone	不允许为空
HPhone	char(11)	允许为空

表 5-7 Staff 表结构

列名	数据类型	备 注
StaffID	char(6)	设为关键字
Name	varchar(10)	不允许为空
Tel	myPhone	不允许为空
Dept	varchar(20)	允许为空

表 5-8 Order 表结构

列名	数据类型	备 注
OrderID	int	设为主码，自动增长，初始值为 1
CustomerID	int	外码引用，参照 Customer 表中的字段 CustomerID
StaffID	char(6)	外码引用，参照 Staff 表中的字段 StaffID
Orderdate	datetiime	不允许为空

5．在 Order 表中增加一个字段 note，类型为 text，允许为空。

第 6 章

数 据 查 询

教学目标

1. 熟练掌握基本的查询语句的使用方法。
2. 熟练掌握条件查询的基本操作。
3. 掌握分组查询和排序查询的正确用法。
4. 掌握简单的联结查询和嵌套查询。

建立数据库和数据表的主要目的是能够在需要的时候进行数据查询，那么：

● 如何查询数据表中的数据？

● 如何按自己设置的条件查询数据表中的数据？

● 如何将查询到的数据表中的数据按升序或者是降序排列？

● 如何查询多个关联表中的数据？

本章所要讲解的内容就是为了解决上述问题的。

【微课视频】

6.1 基本的 SELECT 查询

SQL Server 2012 是一种访问数据库的语言，用集合来描述并访问数据。用户可以使用数据查询技术随时从数据库中获取需要的数据对象的信息。对于用户而言，数据查询则是数据库中最为重要的功能。

SQL Server 2012 使用 T-SQL 语言中的 SELECT 语句来实现对数据库的查询。SELECT 语句的作用是让服务器从数据库中按用户要求检索数据，并将结果以表格的形式返回给用户。本小节主要介绍 SELECT 语句最基本的用法。

6.1.1 基本语法

SELECT 语句的一般格式如下。

```
SELECT [ALL | DISTINCT] [TOP n [PERCENT]]
    <SELECT_list >
[FROM { <table_name>|<view_name>}]
```

参数说明如下。

(1) ALL：指定表示结果集的所有行，可以显示重复行，ALL 是默认选项。

(2) DISTINCT：指定在结果集显示唯一行，空值被认为相等，用于消除取值重复的行。ALL 与 DISTINCT 不能同时使用。

(3) TOP n：表示返回最前面的 n 行数据，n 表示返回的行数。

(4) TOP n PERCENT：表示返回的前面的百分之 n 行数据。

(5) SELECT_list：为结果集选择的要查询的特定表中的列，它可以是星号(*)、表达式、列表、变量等。其中，星号(*)用于返回表或视图的所有列，列表用"表名.列名"来表示，如 StuInfo.SID，若只有一个表或多个表中没有相同的列，则表名可以省略。

(6) {<table_name>|<view_name>}：指定的表或视图。

6.1.2 应用实例

【例 6-1】 在数据库 teachingData 中查询 StuInfo 表中学生的 SID(学号)、SName(姓名) 和 Sex(性别)，要求将列名分别显示为学号、姓名和性别。

```
USE teachingData
SELECT SID AS 学号, SName AS 姓名, Sex AS 性别 FROM StuInfo;
```

【例 6-2】 在数据库 teachingData 中查询 StuInfo 表中学生的全部信息。

```
USE teachingData
SELECT * FROM StuInfo;
```

【例 6-3】 在数据库 teachingData 中查询 StuInfo 表前 8 行数据。

```
USE teachingData
SELECT TOP 8 * FROM StuInfo;
```

【例 6-4】 在数据库 teachingData 中查询 StuInfo 表中前 50%的数据。

```
USE teachingData
SELECT TOP 50 PERCENT * FROM StuInfo;
```

【例 6-5】 在数据库 teachingData 的 ScoreInfo 表中查询 2015-2016 第一学年学生选择了哪几门课程。

```
USE teachingData
SELECT DISTINCT CID FROM ScoreInfo WHERE schyear='2015-2016'
AND Term='1';
```

比较一下，如果把上面这条命令中的 DISTINCT 去掉，会得到怎样的结果。

6.2 条 件 查 询

使用 SELECT 进行查询时，如果用户希望设置查询条件来限制返回的数据行，可以通过在 SELECT 语句后使用 WHERE 子句来实现。

带条件查询的 SELECT 语句的一般格式如下。

```
SELECT [ ALL | DISTINCT ]
  [TOP expression [PERCENT]]
 <SELECT_list >
 [FROM { <table_source>| <view_name>}
 [WHERE <search_condition> ]
```

参数说明如下：

search_condition 用来限定查询的范围和条件，查询条件的数目在 SQL Server 2012 中没有限制。

使用 WHERE 子句可以限制查询的范围，提高查询的效率。使用时，WHERE 子句必须紧跟在 FROM 子句之后。WHERE 子句中的查询条件或限定条件可以是比较运算符、范围说明、可选值列表、模式匹配、是否为空值、逻辑运算符。下面分别对这些查询条件或限定条件进行介绍。

6.2.1 比较查询

比较查询条件由两个表达式和比较运算符(见表 6-1)组成，系统将根据该查询条件的真假来决定某一条记录是否满足该查询条件，只有满足该查询条件的记录才会出现在最终结果集中。比较查询条件的格式如下。

表达式 1 比较运算符 表达式 2

表 6-1 比较运算符

运算符	含义	表达式	运算符	含义	表达式
=	相等	$x=y$	<=	小于等于	$x<=y$
<>	不相等	$x<>y$	!>	不大于	$x!>y$

（续）

运算符	含义	表达式	运算符	含义	表达式
>	大于	$x>y$	!<	不小于	$x!<y$
<	小于	$x<y$	!=	不等于	$x!=y$
>=	大于等于	$r>=y$			

6.2.2　范围查询

如果需要返回某一字段的值介于两个指定值之间的所有记录，那么可以使用范围查询条件进行检索。范围检索条件主要有两种情况：

1）使用 BETWEEN…AND…语句指定内含范围条件

要求返回记录某个字段的值在两个指定值范围以内，同时包括这两个指定的值。通常使用 BETWEEN…AND…语句来指定内含范围条件。

内含范围条件的格式如下。

表达式 BETWEEN　表达式 1 AND 表达式 2

如果要求返回记录某个字段的值在两个指定值范围以外，并且不包含这两个指定的值，这时可以使用 NOT BETWEEN…AND…语句来指定排除范围条件。

排除范围条件的格式如下。

表达式 NOT BETWEEN　表达式 1　AND　表达式 2

2）使用 IN 语句指定列表查询条件

包含列表查询条件的查询将返回所有与列表中的任意一个值匹配的记录，通常使用 IN 语句指定列表查询条件。同时对于查询条件表达式中出现多个条件相同的情况，也可以用 IN 语句来简化。

列表查询条件的格式如下。

表达式 [NOT] IN　（表达式 1,表达式 2,…）

6.2.3　模糊查询

模糊查询常用来返回某种匹配格式的所有记录,通常使用[NOT] LIKE 关键字来指定模糊查询条件。[NOT] LIKE 关键字使用通配符来表示字符串需要匹配的模式，通配符及其含义见表 6-2。

表 6-2　常用通配符及其含义

通配符	中文名称	含　　义
%	百分号	表示从 $0\sim n$ 个任意字符
_	下划线	表示单个的任意字符
[]	封闭方括号	表示方括号中列出的任意一个字符
[^]	上尖号	任意一个没有在方括号里列出的字符

模糊查询条件的格式如下。

表达式 [NOT] LIKE　模式表达式

6.2.4 空值判断查询条件

空值判断查询条件主要用来搜索某一字段为空值的记录,可以使用 IS NULL 或 IS NOT NULL 关键字来指定查询条件。

注意:

IS NULL 不能用 "= NULL" 代替。

6.2.5 使用逻辑运算符查询

前面介绍的查询条件还可以通过逻辑运算符组成更为复杂的查询条件,逻辑运算符有 3 个,分别是 NOT、AND、OR。其中,NOT 表示对条件的否定;AND 用于连接两个条件,当两个条件都满足时才返回 True,否则返回 False;OR 也用于连接两个条件,但只要有一个条件满足时就返回 True。

说明:

(1) 3 种运算的优先级按从高到低的顺序是 NOT、AND、OR,但可以通过括号改变其优先级关系。

(2) 在 T-SQL 中逻辑表达式共有 3 种可能的结果值,分别是 True、False 和 UNKNOWN。UNKNOWN 是由值为 NULL 的数据参与逻辑运算得出的结果。

6.2.6 应用实例

1) 比较查询

【例 6-6】 查询 StuInfo 表中 Grade(年级)为 05 级、Major(专业)为计算机科学的学生信息。

```
USE teachingData;
SELECT * FROM StuInfo
WHERE Major='计算机科学' AND Grade='05级';
```

查询得到的结果如图 6.1 所示。

	SID	SName	Sex	Birthday	Dept	Major	Class	Grade
1	05000001	张小红	女	1985-01-01 00:00:00	计算机系	计算机科学	计科1班	05级
2	05000002	孙雯	女	1985-08-05 00:00:00	计算机系	计算机科学	计科1班	05级
3	05000003	李小森	男	1985-07-01 00:00:00	计算机系	计算机科学	计科1班	05级
4	05000004	苏小明	男	1984-12-21 00:00:00	计算机系	计算机科学	计科1班	05级
5	05000005	周杰	男	1985-06-01 00:00:00	计算机系	计算机科学	计科1班	05级
6	05000006	李建国	男	1985-05-01 00:00:00	计算机系	计算机科学	计科1班	05级

图 6.1 满足条件学生的全部信息

如果将上述命令修改如下。

```
USE teachingData;
SELECT SName AS 姓名,Sex AS 性别,Dept AS 所在系 FROM StuInfo
WHERE Major='计算机科学' AND Grade='05级';
```

得到的结果如图 6.2 所示。

	姓名	性别	所在系
1	张小红	女	计算机系
2	孙雯	女	计算机系
3	李小森	男	计算机系
4	苏小明	男	计算机系
5	周杰	男	计算机系
6	李建国	男	计算机系

图 6.2 满足条件学生的部分信息

2）范围查询

【例 6-7】　查询 StuInfo 中 Birthday（出生年月）介于 1984 年 9 月 1 日到 1985 年 8 月 31 日的学生信息。

```
USE teachingData;
SELECT * FROM StuInfo
    WHERE Birthday BETWEEN '1984-9-1' AND '1985-8-31';
```

查询结果如图 6.3 所示。

	SID	SName	Sex	Birthday	Dept	Major	Class	Grade
1	05000001	张小红	女	1985-01-01 00:00:00	计算机系	计算机科学	计科1班	05级
2	05000002	孙雯	女	1985-08-05 00:00:00	计算机系	计算机科学	计科1班	05级
3	05000003	李小森	男	1985-07-01 00:00:00	计算机系	计算机科学	计科1班	05级
4	05000004	苏小明	男	1984-12-21 00:00:00	计算机系	计算机科学	计科1班	05级
5	05000005	周杰	男	1985-06-01 00:00:00	计算机系	计算机科学	计科1班	05级
6	05000006	李建国	男	1985-05-01 00:00:00	计算机系	计算机科学	计科1班	05级
7	05010002	徐贺菁	女	1985-03-15 00:00:00	管理科学与工程系	信息管理	信管2班	05级

图 6.3　【例 6-7】的查询结果

【例 6-8】　查询 StuInfo 中 Birthday（出生年月）早于 1984 年 9 月 1 日或晚于 1985 年 8 月 31 日的学生信息。

```
USE teachingData;
SELECT * FROM StuInfo
WHERE Birthday NOT BETWEEN '1984-9-1' AND '1985-8-31';
```

查询结果如图 6.4 所示。

	SID	SName	Sex	Birthday	Dept	Major	Class	Grade
1	04000002	李少华	男	1984-03-24 00:00:00	计算机系	计算机科学	计科1班	04级
2	06010001	陈平	男	1986-05-10 00:00:00	管理科学与工程系	信息管理	信管1班	06级

图 6.4　【例 6-8】的查询结果

【例 6-9】　查询 Title（职称）为副教授和教授的教师的信息。

```
USE teachingData;
SELECT * FROM TchInfo
WHERE Title IN ( '副教授', '教授');
```

查询结果如图 6.5 所示。

	TID	TName	Sex	Birthday	Title	Dept
1	01000001	王晓红	女	1958-01-01 00:00:00	副教授	计算机系
2	01000002	李小波	男	1959-08-11 00:00:00	教授	计算机系
3	01000003	谈华	男	1962-05-01 00:00:00	教授	计算机系
4	02000002	李丽丽	女	1972-11-12 00:00:00	副教授	管理科学与工程系

图 6.5　【例 6-9】的查询结果

【例 6-10】 查询 Title(职称)不是副教授或教授的教师的信息。

```
USE teachingData;
SELECT * FROM TchInfo
WHERE Title NOT IN ( '副教授', '教授');
```

上面的 SELECT 语句也可以写成：

```
SELECT * FROM TchInfo
WHERE Title !='副教授' AND Title ! = '教授');
```

注意"IN"和"="的区别，IN 后面的括号中可以含有若干个枚举值，而每个等号后面只能有一个值。

查询结果如图 6.6 所示。

	TID	TName	Sex	Birthday	Title	Dept
1	01000004	黄利敏	女	1976-03-21 00:00:00	讲师	计算机系
2	01000005	曹珊珊	女	1982-12-12 00:00:00	助讲	计算机系
3	02000001	刘留	男	1976-09-01 00:00:00	讲师	管理科学与工程系

图 6.6 【例 6-10】的查询结果

3）模糊查询

【例 6-11】 查询 StuInfo 表中所有姓"李"的学生信息。

```
USE teachingData;
SELECT * FROM StuInfo
WHERE SName LIKE '李%';
```

查询结果如图 6.7 所示。

	SID	SName	Sex	Birthday	Dept	Major	Class	Grade
1	04000002	李少华	男	1984-03-24 00:00:00	计算机系	计算机科学	计科1班	04级
2	05000003	李小森	男	1985-07-01 00:00:00	计算机系	计算机科学	计科1班	05级
3	05000006	李建国	男	1985-05-01 00:00:00	计算机系	计算机科学	计科1班	05级

图 6.7 【例 6-11】的查询结果

【例 6-12】 查询所有 SID(学号)以"05"开头，最后一位是"1"的学生信息。

```
USE teachingData;
SELECT * FROM StuInfo
WHERE SID LIKE '05%1';
```

查询结果如图 6.8 所示。

	SID	SName	Sex	Birthday	Dept	Major	Class	Grade
1	05000001	张小红	女	1985-01-01 00:00:00	计算机系	计算机科学	计科1班	05级

图 6.8 【例 6-12】的查询结果

【例 6-13】 查询所有 SID(学号)以"05"开头，第 4 位是"0"或"1"的学生信息。

```
USE teachingData;
```

```
SELECT * FROM StuInfo
WHERE SID LIKE '05_[0,1]%';
```

查询结果如图 6.9 所示。

	SID	SName	Sex	Birthday	Dept	Major	Class	Grade
1	05000001	张小红	女	1985-01-01	计算机系	计算机科学	计科1班	05级
2	05000002	孙雯	女	1985-08-05	计算机系	计算机科学	计科1班	05级
3	05000003	李小森	男	1985-07-01	计算机系	计算机科学	计科1班	05级
4	05000004	苏小明	男	1984-12-21	计算机系	计算机科学	计科1班	05级
5	05000005	周杰	男	1985-06-01	计算机系	计算机科学	计科1班	05级
6	05000006	李建国	男	1985-05-01	计算机系	计算机科学	计科1班	05级
7	05010002	徐贺菁	女	1985-03-15	管理科学与工程系	信息管理	信管2班	05级

图 6.9 【例 6-13】的查询结果

【例 6-14】　查询所有 SID (学号) 以 "05" 开头，最后一位不是 1 和 2 的学生的信息。

```
USE teachingData;
SELECT * FROM StuInfo
WHERE TID LIKE '05%[^1,2] ';
```

查询结果如图 6.10 所示。

	SID	SName	Sex	Birthday	Dept	Major	Class	Grade
1	05000003	李小森	男	1985-07-01 00:00:00	计算机系	计算机科学	计科1班	05级
2	05000004	苏小明	男	1984-12-21 00:00:00	计算机系	计算机科学	计科1班	05级
3	05000005	周杰	男	1985-06-01 00:00:00	计算机系	计算机科学	计科1班	05级
4	05000006	李建国	男	1985-05-01 00:00:00	计算机系	计算机科学	计科1班	05级

图 6.10 【例 6-14】的查询结果

从上面的学习我们知道，可以使用%(百分号)、_(下划线)、[ ](封闭方括号)、[^](上尖号)作为通配符组成匹配模式。如果搜索的字符串中包含真正的这些通配符，我们就需要将这些特殊字符标示出来。有两种方法可用来标示这些特殊的字符。

● 使用 ESCAPE 关键字定义转义字符。

当用户要查询的字符串本身就含有 % 或 _ 时，要使用 ESCAPE '换码字符' 短语对通配符进行转义。我们来看一个例子。

【例 6-15】　假设 ScoreInfo 表中有些成绩含有 "%"，要查找以 "%" 结尾的字符串。

```
SELECT Score FROM ScoreInfo
WHERE Score LIKE '% a %'
ESCAPE 'a'
```

在这个例子中，将 "a" 指定为转义字符，则 "a" 后的第一个 "%" 被解释为普通字符。而 "a" 前面的 "%" 被解释为通配符。从而该语句将返回所有以 "%" 结尾的成绩信息。

● 使用方括号[]来将通配符指定为普通字符。

对于上面的例 6-15 中，也可以用方括号[ ]将 "%" 指定为普通字符，命令语句如下。

```
SELECT Score FROM ScoreInfo
WHERE Score LIKE '%[%]'
```

该语句的运行结果是显示 Score 结尾为%号的学生成绩。

4) 空值判断查询

【例 6-16】 查询 CourseInfo 表中所有 CProperty 为空的课程信息。

```
USE teachingData;
SELECT * FROM CourseInfo
WHERE CProperty IS NULL;
```

查询结果如图 6.11 所示。

	CID	CName	CCredit	CProperty
1	00000002	英语阅读	2	NULL
2	00200001	程序设计	3	NULL

图 6.11 【例 6-16】的查询结果

5) 使用逻辑运算查询

【例 6-17】 查询表 ScoreInfo 中 Score(成绩)介于 70～90 分的记录信息。

```
USE teachingData;
SELECT * FROM ScoreInfo WHERE Score>=70 AND Score<=90;
```

上述命令也可以用下面的语句来实现相同的功能:

```
USE teachingData;
SELECT * FROM ScoreInfo WHERE Score BETWEEN 70 AND 90;
```

6.3 排序查询

当我们使用 SELECT 语句查询,如果希望查询结果能够按照其中的一个或多个字段进行排序,这时可以通过在 SELECT 语句后跟一个 ORDER BY 子句来实现。排序有两种方式:一种是升序,使用 ASC 关键字来指定;另一种是降序,使用 DESC 关键字来指定。如果没有指定顺序,系统将默认使用升序。

6.3.1 基本语法

排序查询 SELECT 语句的一般格式如下。

```
SELECT [ ALL | DISTINCT ]
[TOP expression [PERCENT]]
< SELECT_list >
[ FROM { <table_source> } [ ,...n ] ]
[ WHERE <search_condition> ]
[ORDER BY order_expression [ASC|DESC]]
```

参数说明如下。

(1) ORDER BY 子句可以根据一个列(属性)或者多个列(属性)来排序查询结果,在该子句中,既可以使用列名,也可以使用相对列号。

(2) ASC 表示升序排列,DESC 表示降序排列。

6.3.2 应用实例

【例 6-18】 查询表 ScoreInfo 中选修了"00000001"课程的学生成绩，并按 Score（成绩）的降序进行排序。

```
USE teachingData;
SELECT * FROM ScoreInfo
WHERE CID='00000001'
ORDER BY Score DESC;
```

查询结果如图 6.12 所示。

	CID	SID	TID	SCore	Schyear	Term
1	00000001	04000002	00000001	90	2004-2005	1
2	00000001	05000001	00000001	87	2005-2006	1
3	00000001	06010001	00000001	75	2005-2006	1
4	00000001	05000003	00000001	71	2004-2005	1
5	00000001	05000002	00000001	56	2005-2006	1

图 6.12 【例 6-18】的查询结果

【例 6-19】 查询表 ScoreInfo 中选修了"00000001"课程的学生的学号 SID，成绩 Score 和学年 Schyear，并按学年 Schyear 升序、按成绩的降序进行排序。

```
USE teachingData;
SELECT SID, Score, Schyear FROM ScoreInfo
ORDER BY Schyear, Score DESC
```

查询结果如图 6.13 所示。

	SID	Score	Schyear
1	04000002	90	2004-2005
2	05000003	71	2004-2005
3	05000001	87	2005-2006
4	06010001	75	2005-2006
5	05000002	56	2005-2006

图 6.13 【例 6-19】的查询结果

6.4 分 组 查 询

使用 SELECT 进行查询时，如果用户希望将数据记录依据设置的条件分成多个组，可以通过在 SELECT 语句后使用 GROUP BY 子句来实现。如果 SELECT 子句<SELECT_list>中包含聚合函数，则 GROUP BY 将计算每组的汇总值。

注意：

指定 GROUP BY 时，选择列表<SELECT_list>中任意非聚合表达式内的所有列都应包含在 GROUP BY 列表中，或者 GROUP BY 表达式必须与选择列表的表达式完全匹配。

GROUP BY 子句可以将查询结果按属性列或属性列组合在行的方向上进行分组，每组在属性列或属性列组合上具有相同的聚合值。如果聚合函数没有使用 GROUP BY 子句，则只为 SELECT 语句报告一个聚合值。常用的聚合函数见表 6-3。

表 6-3　常用的聚合函数

函数名	功　　能
SUM( )	返回一个数值列或计算列的总和
AVG( )	返回一个数值列或计算列的平均值
MIN( )	返回一个数值列或计算列的最小值
MAX( )	返回一个数值列或计算列的最大值
COUNT( )	返回满足 SELECT 语句中指定条件的记录数
COUNT(*)	返回找到的行数

COUNT(*)：返回所有的项数，**包括 Null 值**和重复项。而除了 COUNT(*)外，其他任何形式的 COUNT( )函数都会忽略 Null 行。除了 COUNT(*)函数外，其他任何聚合函数都会忽略 Null 值，也就是说，AVG( )参数中的值如果为 Null，则这一行会被忽略如计算平均值。

6.4.1　基本语法

用于分组的 SELECT 语句一般格式如下。

```
SELECT [ ALL | DISTINCT ]
[TOP expression [PERCENT] [WITH TIES ]]
< SELECT_list >
[FROM { <table_source>| <view_name>}
[WHERE <search_condition> ]
[GROUP BY [ ALL ] group_by_expression [ ,...n ]
[ WITH { CUBE | ROLLUP } ]
```

参数说明如下。

(1) ALL：用于指定包含所有组和结果集，甚至包含那些其中任何行都不满足 WHERE 子句指定的搜索条件的组和结果集。

(2) group_by_expression：用于指定进行分级所依据的表达式，也称为组合列。group_by_expression 既可以是列，也可以是引用由 FROM 子句返回的列的非聚合表达式。

(3) CUBE：指定在结果集内不仅包含由 GROUP BY 提供的行，也包含汇总行。GROUP BY 汇总行针对每个可能的组和子组组合在结果集内返回。GROUP BY 汇总行在结果集中显示为 NULL，但用于表示所有值。使用 GROUPING 函数可以确定结果集内的空值是否为 GROUP BY 汇总值。

(4) ROLLUP：指定在结果集内不仅包含由 GROUP BY 提供的行，还包含汇总行。按层次结构顺序，从组内的最低级别到最高级别汇总组。组的层次结构取分组时指定使用的顺序。更改列分级的顺序会影响在结果集内生成的行数。

6.4.2　应用实例

【例 6-20】　查询每门课程的平均成绩。

```
USE teachingData;
SELECT CID, AVG(Score) FROM ScoreInfo
GROUP BY CID;
```

查询结果如图 6.14 所示。

	CID	[无列名]
1	00000001	75.800000
2	00100001	78.000000
3	00100002	65.800000

图 6.14 【例 6-20】的查询结果

【例 6-21】 查询每门课程的最高分和最低分。

```
USE teachingData;
SELECT CID, MAX(Score), MIN(Score) FROM ScoreInfo
GROUP BY CID;
```

查询结果如图 6.15 所示。

	CID	[无列名]	[无列名]
1	00000001	90	56
2	00100001	89	67
3	00100002	88	45

图 6.15 【例 6-21】的查询结果

如果修改上面的命令如下：

```
USE teachingData;
SELECT CID AS 课程号,MAX(Score) AS 最高分,MIN(Score) AS 最低分
FROM  ScoreInfo
GROUP BY CID;
```

修改后得到的查询结果如图 6.16 所示。

	课程号	最高分	最低分
1	00000001	90	56
2	00100001	89	67
3	00100002	88	45

图 6.16 修改命令后的查询结果

6.5 筛 选 查 询

当完成数据结果的查询和统计后，若希望对查询和计算后的结果进行进一步的筛选，可以通过在 SELECT 语句后使用 GROUP BY 子句配合 HAVING 子句来实现。

6.5.1 基本语法

筛选查询的一般格式如下。

```
SELECT [ ALL | DISTINCT ]
[TOP expression [PERCENT] [WITH TIES ]]
< SELECT_list >
[FROM { <table_source>| <view_name>}
```

```
[WHERE <search_condition> ]
[GROUP BY [ ALL ] group_by_expression [ ,...n ]
[ WITH { CUBE | ROLLUP } ]
HAVING <search_conditions>
```

可以在包含 GROUP BY 子句的查询中使用 WHERE 子句。WHERE 与 HAVING 子句的根本区别在于作用对象不同，WHERE 子句作用于基本表或视图，从中选择满足条件的元组；HAVING 子句作用于组，选择满足条件的组，必须用于 GROUP BY 子句之后，但 GROUP BY 子句可以没有 HAVING 子句。HAVING 与 WHERE 语法类似，但 HAVING 可以包含聚合函数。

6.5.2 应用实例

【例 6-22】查询平均成绩大于 76 分的课程号。

```
USE teachingData;
SELECT CID, AVG(Score) FROM ScoreInfo
GROUP BY CID
HAVING AVG(Score)>76;
```

如果在这里将 HAVING 改为 WHERE，则系统会报错，因为 WHERE 子句中不能包含聚合函数。

【例 6-23】 查询所有学生的总分和平均分。

```
USE teachingData;
SELECT SID AS 学号,SUM(Score) AS 总分,AVG(Score) AS 平均分
FROM ScoreInfo  GROUP BY SID;
```

【例 6-24】 在 ScoreInfo 表中查询各门学科的最高分和最低分。

```
SELECT CID AS 课程, MAX(Score) AS 最高分,MIN(Score) AS 最低分
FROM ScoreInfo GROUP BY CID
```

6.6 联 结 查 询

当一条查询语句涉及多个表时，称为联结查询。联结查询在 FROM 子句中要写出所有相关表的表名，在 SELECT 和 WHERE 子句中可以引用任意有关表的属性列名。当不同的表有相同的属性列名时，为了区分要在列名前加上表名(格式为表名.属性列名)。联结查询是关系数据库中最主要的查询，数据表之间的联系是通过表的字段值来体现的，这种字段称为联结字段。

联结操作的目的就是通过增加联结字段的条件将多个表联结起来，以便从多个表中查询数据。联结查询是关系数据库中最主要的查询。联结查询的种类主要有等值与非等值联结查询、复合条件联结、自身联结、外联结等。

6.6.1 等值与非等值联结查询

联结查询中用来联结两个表的条件称为联结条件或联结谓词。联结条件的一般格式如下。

```
[<表名 1>.]<列名 1>  <比较运算符>  [<表名 2>.]<列名 2>
```

其中，比较运算符主要有＝、＞、＜、＞=、＜=、!=。

当联结运算符为"="时，称为等值联结，使用其他运算符称为非等值联结。

联结谓词中的列名称为联结字段。联结条件中的各联结字段类型必须是可比的，但不必是相同的。从概念上讲，DBMS 执行联结操作的过程：首先在表 1 中找到第 1 个元组，然后从头开始扫描表 2，逐一查找满足联结条件的元组，找到后就将表 1 中的第 1 个元组与该元组拼接起来，形成结果表中一个元组。表 2 全部查找完后，再找表 1 中的第 2 个元组，然后从头开始扫描表 2，逐一查找满足联结条件的元组，找到后就将表 1 中的第 2 个元组与该元组拼接起来，形成结果表中一个元组。重复上述操作，直到表 1 中的全部元组都处理完毕为止。

等值与非等值联结查询的语法格式如下。

```
SELECT [ ALL | DISTINCT ]
[TOP expression [PERCENT] [WITH TIES ]]
< SELECT_list >
FROM { <table_source>| <view_name>}
[WHERE [[<表名1>.]<列名1> <比较运算符> [<表名2>.]<列名2> ]
```

联结运算中有两种特殊情况，一种为自然联结，另一种为广义笛卡儿积(联结)。

广义笛卡儿积是不带联结谓词的联结。两个表的广义笛卡儿积即是两表中元组的交叉乘积，其联结的结果会产生一些没有意义的元组，所以这种运算实际很少使用。

若在等值联结中把目标列中重复的属性列去掉则为自然联结。

6.6.2 复合条件联结

上面各个联结查询中，WHERE 子句中只有一个条件，而复合条件联结则允许 WHERE 子句中可以有多个联结条件。

6.6.3 自身联结

联结操作不仅可以在两个表之间进行，也可以是一个表与其自己进行联结，称为表的自身联结。这时一般需要为表指定两个别名。

6.6.4 外联结

在通常的联结操作中，只有满足联结条件的元组才能作为结果输出。而采用外联结时，返回到结果集中的不仅包含符合联结条件的行，而且包括在左表(左外联结)、右表(右外联结)或两个联结表(全外联结)中的所有为空值或者不匹配的数据行。外联结分为左外联结、右外联结和全外联结。

1) 左外联结

左外联结的语法格式如下。

数据表 1 LEFT OUTER JOIN 数据表 2 ON 联结表达式

或

数据表 1 LEFT JOIN 数据表 2 ON 联结表达式

使用左外联结进行查询的结果集将包括数据表 1 中的所有记录，而不仅仅是联结字段所匹配的记录。如果数据表 1 的某一条记录在数据表 2 中没有匹配的记录，那么结果集相应记录中的有关数据 2 的所有字段将为空值。

2）右外联结

右外联结的语法格式如下。

数据表 1 RIGHT　OUTER　JOIN 数据表 2 ON 联结表达式

或

RIGHT JOIN 数据表 2 ON 联结表达式

使用右外联结进行查询的结果集将包括数据表 2 中的所有记录，而不仅仅是联结字段所匹配的记录。如果数据表 2 的某一条记录在数据表 1 中没有匹配的记录，那么结果集相应记录中的有关数据 1 的所有字段将为空值。

3）全外联结

全外联结的语法格式如下。

数据表 1 FULL　OUTER　JION 数据表 2 ON 联结表达式

或

FULL JION 数据表 2 ON 联结表达式

使用全外联结进行查询的结果集将包括两个数据表中的所有记录，当某一条记录在另一数据表中没有匹配的记录时，另一个数据表的选择列表字段将指定为空值。

6.6.5　应用实例

1）等值与非等值联结查询

【例 6-25】　查询每个教师的信息及其主讲课程的信息。

教师的基本信息存放在 TchInfo 表中，教师主讲课程情况存放在 ScoreInfo 表中，所以本查询实际上涉及 TchInfo、ScoreInfo 两个表。这两个表之间的联系是通过公共属性 TID 实现的。

```
SELECT DISTINCT TchInfo.*, ScoreInfo.*
FROM TchInfo,ScoreInfo
WHERE TchInfo.TID=ScoreInfo.TID;
/*将 TchInfo 与 ScoreInfo 中同一教师的元组联结起来*/
```

查询结果如图 6.17 所示。

	TID	TName	Sex	Birthday	Title	Dept	CID	SID	TID	SCore	Schyear	Term
1	00000001	黄贺贺	男	1977-01-15 00:00:00	讲师	基础部	00000001	04000002	00000001	90	2004-2005	1
2	00000001	黄贺贺	男	1977-01-15 00:00:00	讲师	基础部	00000001	05000001	00000001	87	2005-2006	1
3	00000001	黄贺贺	男	1977-01-15 00:00:00	讲师	基础部	00000001	05000002	00000001	56	2005-2006	1
4	00000001	黄贺贺	男	1977-01-15 00:00:00	讲师	基础部	00000001	05000003	00000001	71	2004-2005	1
5	00000001	黄贺贺	男	1977-01-15 00:00:00	讲师	基础部	00000001	06010001	00000001	75	2005-2006	1
6	01000001	王晓红	女	1958-01-01 00:00:00	副教授	计算...	00100002	05000001	01000001	88	2005-2006	2
7	01000001	王晓红	女	1958-01-01 00:00:00	副教授	计算...	00100002	05000002	01000001	45	2005-2006	2
8	01000001	王晓红	女	1958-01-01 00:00:00	副教授	计算...	00100002	05000003	01000001	70	2005-2006	2
9	01000001	王晓红	女	1958-01-01 00:00:00	副教授	计算...	00100002	05000004	01000001	70	2005-2006	2
10	01000002	李小波	男	1959-08-11 00:00:00	教授	计算...	00100002	04000002	01000002	50	2004-2005	2
11	01000003	谈华	男	1962-05-01 00:00:00	教授	计算...	00100001	04000002	01000003	67	2005-2006	1
12	01000003	谈华	男	1962-05-01 00:00:00	教授	计算...	00100001	05000001	01000003	89	2005-2006	2

图 6.17　【例 6-25】的查询结果

本例中，SELECT 子句与 WHERE 子句中的属性名前都加上了表名前缀，这是为了避免混淆。如果属性名在参加联结的各表中是唯一的，则可以省略表名前缀。

【例 6-26】　用自然联结来实现上例。

```
SELECT TchInfo.TID,TName,Sex,Birthday,Title,Dept,CID,SID,Score,Schyear,Term
FROM TchInfo,ScoreInfo
WHERE TchInfo.TID=ScoreInfo.TID;
```

查询结果如图 6.18 所示。

	TID	Tname	Sex	Birthday	Title	Dept	CID	SID	Score	Schyear	Term
1	00000001	黄贺贺	男	1977-01-15 00:00:00	讲师	基础部	00000001	05000001	87	2005-2006	1
2	00000001	黄贺贺	男	1977-01-15 00:00:00	讲师	基础部	00000001	05000002	56	2005-2006	1
3	00000001	黄贺贺	男	1977-01-15 00:00:00	讲师	基础部	00000001	04000002	90	2004-2005	1
4	00000001	黄贺贺	男	1977-01-15 00:00:00	讲师	基础部	00000001	05000003	71	2004-2005	1
5	00000001	黄贺贺	男	1977-01-15 00:00:00	讲师	基础部	00000001	06010001	75	2005-2006	1
6	01000001	王晓红	女	1958-01-01 00:00:00	副教授	计算机系	00100002	05000001	88	2005-2006	2
7	01000001	王晓红	女	1958-01-01 00:00:00	副教授	计算机系	00100002	05000002	45	2005-2006	2
8	01000001	王晓红	女	1958-01-01 00:00:00	副教授	计算机系	00100002	05000003	70	2005-2006	2
9	01000001	王晓红	女	1958-01-01 00:00:00	副教授	计算机系	00100002	05000004	76	2005-2006	2
10	01000002	李小波	男	1959-08-11 00:00:00	教授	计算机系	00100002	04000002	50	2004-2005	1
11	01000003	谈华	男	1962-05-01 00:00:00	教授	计算机系	00100002	04000002	67	2005-2006	1
12	01000003	谈华	男	1962-05-01 00:00:00	教授	计算机系	00100001	05000001	89	2005-2006	2

图 6.18　【例 6-26】的查询结果

在本例中，由于 Tname、Sex、Birthday、Title、Dept、CID、SID、Score、Schyear、Term 属性列在 TchInfo 表和 ScoreInfo 表中是唯一的，因此引用时可以去掉表名前缀。而 TID 是两个表中都具备的属性，因此引用时必须加上表名前缀。

2）复合条件联结

（1）对两个及以上的表进行联结查询。

【例 6-27】查询每门课程成绩在 70 分以上的所有学生的 SName（姓名）、CID（课程号）、Score（成绩）。

```
SELECT StuInfo.Sname, ScoreInfo.CID,ScoreInfo.Score
FROM StuInfo,ScoreInfo
WHERE StuInfo.SID= ScoreInfo.SID AND ScoreInfo.Score>70
```

查询结果如图 6.19 所示。

	Sname	CID	Score
1	张小红	00000001	87
2	李少华	00000001	90
3	李小森	00000001	71
4	陈平	00000001	75
5	张小红	00100002	88
6	苏小明	00100002	76
7	张小红	00100001	89

图 6.19　【例 6-27】的查询结果

联结操作除了可以是两表联结，还可以是两个以上的表进行联结，后者通常称为多表联结。

【例 6-28】 查询选修了电子商务课程且成绩在 60 分以下的所有学生的姓名、成绩。

```
SELECT StuInfo.Sname,ScoreInfo.Score
FROM StuInfo,ScoreInfo, CourseInfo
WHERE CourseInfo.CID= ScoreInfo.CID AND ScoreInfo.Score<60 AND
StuInfo.SID= ScoreInfo.SID AND CourseInfo.CName='电子商务'
```

查询结果如图 6.20 所示。

	Sname	Score
1	孙雯	35
2	李少华	40

图 6.20 【例 6-28】的查询结果

（2）使用 JOIN 和 ON 的联结查询。

在 FROM 子句中，使用 JOIN 联结不同的表，使用 ON 给出两个表之间的联结条件。

【例 6-29】使用 JOIN 和 ON 的联结查询查询每门课程成绩在 70 分以上的所有学生的 Sname（姓名）、CID（课程号）、Score（成绩）。输入如下命令：

```
SELECT StuInfo.Sname, ScoreInfo.CID,ScoreInfo.Score FROM StuInfo
JOIN ScoreInfo ON StuInfo.SID= ScoreInfo.SID
WHERE ScoreInfo.Score>70
```

得到的结果如图 6.21 所示。

	Sname	CID	Score
1	张小红	00000001	87
2	李少华	00000001	90
3	李小森	00000001	71
4	陈平	00000001	75
5	张小红	00100002	88
6	苏小明	00100002	76
7	张小红	00100001	89

图 6.21 【例 6-29】的查询结果

将本例与【例 6-27】进行比较可见，采用不同的命令可以实现相同的功能。

【例 6-30】利用 JOIN 和 ON 命令查询选修了高等数学课程且成绩在 70 分以上的所有学生的姓名、成绩。

```
SELECT StuInfo.Sname,ScoreInfo.Score FROM StuInfo
JOIN ScoreInfo ON StuInfo.SID= ScoreInfo.SID
WHERE ScoreInfo.Score>70 AND CID IN
    (SELECT CID FROM CourseInfo WHERE CName='高等数学')
```

本例中使用了嵌套查询，关于嵌套查询将在本章 6.7 节中详细介绍。

3）自身联结

【例 6-31】 在 ScoreInfo 表中，查询具有相同 Score（成绩）的课程信息，给出 SID（学号）、CID（课程号）和 Score（成绩）。在查询中，我们需要为表 ScoreInfo 指定两个别名 s1 和 s2。

```
USE teachingData
SELECT DISTINCT s1.SID,s1.CID,s2.Score
```

```
FROM ScoreInfo s1 JOIN ScoreInfo s2 on s1.Score=s2.Score
WHERE s1.CID<>s2.CID
```

4) 外联结

(1) 左外联结。

【例 6-32】　查询学生信息表 StuInfo 中的所有记录，并将与成绩信息表 ScoreInfo 中学号字段 SID 可以匹配的记录输出到结果集。

```
SELECT *
FROM StuInfo LEFT OUTER JOIN ScoreInfo ON StuInfo.SID= ScoreInfo.SID
```

查询结果如图 6.22 所示。

	SID	SName	Sex	Birthday	Dept	Major	Class	Grade	CID	SID	TID	SCore	Schyear	Term
1	04000002	李少华	男	1984-03-24	计算机系	计算机科学	计科1班	04级	00000001	04000002	00000001	90	2004-2005	1
2	04000002	李少华	男	1984-03-24	计算机系	计算机科学	计科1班	04级	00100002	04000002	01000002	50	2004-2005	2
3	04000002	李少华	男	1984-03-24	计算机系	计算机科学	计科1班	04级	00100001	04000002	01000003	67	2005-2006	1
4	05000001	张小红	女	1985-01-01	计算机系	计算机科学	计科1班	05级	00000001	05000001	00000001	87	2005-2006	1
5	05000001	张小红	女	1985-01-01	计算机系	计算机科学	计科1班	05级	00100002	05000001	01000001	88	2005-2006	2
6	05000001	张小红	女	1985-01-01	计算机系	计算机科学	计科1班	05级	00100001	05000001	01000003	89	2005-2006	2
7	05000002	孙雯	女	1985-08-05	计算机系	计算机科学	计科1班	05级	00000001	05000002	00000001	56	2005-2006	1
8	05000002	孙雯	女	1985-08-05	计算机系	计算机科学	计科1班	05级	00100002	05000002	01000001	45	2005-2006	2
9	05000003	李小森	男	1985-07-01	计算机系	计算机科学	计科1班	05级	00000001	05000003	00000001	71	2004-2005	1
10	05000003	李小森	男	1985-07-01	计算机系	计算机科学	计科1班	05级	00100002	05000003	01000001	70	2005-2006	2
11	05000004	苏小明	男	1984-12-21	计算机系	计算机科学	计科1班	05级	00100002	05000004	01000001	76	2005-2006	2
12	05000005	周杰	男	1985-06-01	计算机系	计算机科学	计科1班	05级	NULL	NULL	NULL	NULL	NULL	NULL
13	05000006	李建国	男	1985-05-01	计算机系	计算机科学	计科1班	05级	NULL	NULL	NULL	NULL	NULL	NULL
14	05010001	徐贺菁	女	1985-03-15	管理科	信息管理	信管2班	06级	NULL	NULL	NULL	NULL	NULL	NULL
15	06010001	陈平	男	1986-05-10	管理科	信息管理	信管1班	06级	00000001	06010001	00000001	75	2005-2006	1

图 6.22　【例 6-32】的查询结果

(2) 右外联结。

【例 6-33】　查询成绩信息表 ScoreInfo 中的所有记录，并将与教师信息表 TchInfo 中工号字段 TID 可以匹配的记录输出到结果集。

```
SELECT *
FROM ScoreInfo RIGHT OUTER JOIN TchInfo ON Scoreinfo.TID= TchInfo.TID
```

查询结果如图 6.23 所示。

	CID	SID	TID	SCore	Schyear	Term	TID	TName	Sex	Birthday	Title	Dept
1	00000001	05000001	00000001	87	2005-2006	1	00000001	黄贺贺	男	1977-01-15 00:00:00	讲师	基础部
2	00000001	05000002	00000001	56	2005-2006	1	00000001	黄贺贺	男	1977-01-15 00:00:00	讲师	基础部
3	00000001	04000002	00000001	90	2004-2005	1	00000001	黄贺贺	男	1977-01-15 00:00:00	讲师	基础部
4	00000001	05000003	00000001	71	2004-2005	1	00000001	黄贺贺	男	1977-01-15 00:00:00	讲师	基础部
5	00000001	06010001	00000001	75	2005-2006	1	00000001	黄贺贺	男	1977-01-15 00:00:00	讲师	基础部
6	00000001	05000003	00000001	NULL		NULL	00000001	黄贺贺	男	1977-01-15 00:00:00	讲师	基础部
7	00100002	05000001	01000001	88	2005-2006	2	01000001	王晓红	女	1958-01-01 00:00:00	副教授	计算机系
8	00100002	05000002	01000001	45	2005-2006	2	01000001	王晓红	女	1958-01-01 00:00:00	副教授	计算机系
9	00100002	05000003	01000001	70	2005-2006	2	01000001	王晓红	女	1958-01-01 00:00:00	副教授	计算机系
10	00100002	05000004	01000001	76	2005-2006	2	01000001	王晓红	女	1958-01-01 00:00:00	副教授	计算机系
11	00100002	06010001	01000001	NULL	2005-2006	NULL	01000001	王晓红	女	1958-01-01 00:00:00	副教授	计算机系
12	00100002	04000002	01000002	50	2004-2005	2	01000002	李小波	男	1959-08-11 00:00:00	教授	计算机系
13	00100001	04000002	01000003	67	2005-2006	2	01000003	谈华	男	1962-05-01 00:00:00	教授	计算机系
14	00100001	05000001	01000003	89	2005-2006	2	01000003	谈华	男	1962-05-01 00:00:00	教授	计算机系
15	NULL	NULL	NULL	NULL	NULL	NULL	01000004	黄利敏	女	1976-03-21 00:00:00	讲师	计算机系
16	NULL	NULL	NULL	NULL	NULL	NULL	01000005	曹珊珊	女	1982-12-12 00:00:00	助讲	计算机系
17	NULL	NULL	NULL	NULL	NULL	NULL	02000001	刘留	男	1976-09-01 00:00:00	讲师	管理科
18	NULL	NULL	NULL	NULL	NULL	NULL	02000002	李丽丽	女	1972-11-12 00:00:00	副教授	管理科

图 6.23　【例 6-33】的查询结果

6.7　嵌套查询

　　嵌套查询是指在一个外层查询中包含有另一个内层查询,其中,外层查询称为主查询,内层查询称为子查询。一般情况下,使用嵌套查询中的子查询挑出部分数据,以此作为主查询的数据来源或搜索条件。嵌套查询是通过在 SELECT 语句的 WHERE 子句中包含一个形如 SELECT…FROM…WHERE 的查询块来实现的,这个查询块就是子查询或嵌套查询,查询块所在的外层查询就是父查询或外部查询。

　　【例 6-34】　查询选修了 00000001 号课程的学生姓名。

```
SELECT Sname FROM StuInfo WHERE SID IN          '外层查询/父查询
    (SELECT SID FROM ScoreInfo WHERE CID= '00000001')    '内层查询/子查询
```

查询的结果如图 6.24 所示。

	Sname
1	李少华
2	张小红
3	孙雯
4	李小森
5	陈平

图 6.24　【例 6-34】的查询结果

　　下面简单分析一下这个查询执行的过程:首先是服务器执行小括号中的子查询,返回结果是 ScoreInfo 表中所有选修了 00000001 号课程的学生的学号 SID;然后服务器执行主查询,返回查询的结果。

　　常见的子查询主要有两类:嵌套子查询和相关子查询。嵌套子查询是指子查询的查询条件不依赖于父查询,相关子查询是指子查询的查询条件依赖于父查询。

　　嵌套查询的语句格式如下。

```
SELECT [ ALL | DISTINCT ]
[TOP expression [PERCENT] [WITH TIES ]]
< SELECT_list >
[FROM { <table_source>| <view_name>}
[WHERE 表达式 [NOT] IN|EXISTS|比较运算符 [ANY|ALL](子查询)]
```

6.7.1　使用 IN 和 NOT IN

　　使用 IN 和 NOT IN 关键字引入的子查询返回的结果是数据表中某个字段的子集,IN 和 NOT IN 关键字用于确定给定的值是否包含在指定的子查询返回的结果集中。

6.7.2　使用比较运算符

　　当子查询的返回值只有一个时,可以使用比较运算符(=、>、<、>=、<=、!=)将父查询和子查询连接起来。

6.7.3　使用 EXISTS 和 NOT EXISTS

使用 EXISTS 和 NOT EXISTS 关键字引入子查询的主要目的是进行存在测试。EXISTS 表示存在量词,带有 EXISTS 的子查询不返回任何实际数据,它只得到逻辑值"真"或"假"。当子查询的查询结果集合为非空时,外层的 WHERE 子句返回真值,否则返回假值。因此,子查询所返回的结果将无须限定是单个字段还是多个字段,只需判断是否有结果返回即可。

【例 6-35】　查询已被学生选修了的课程代码和所对应的课程名,并按课程代码排序。

```
SELECT DISTINCT CID,CName FROM CourseInfo
WHERE EXISTS(SELECT CID FROM ScoreInfo
WHERE CourseInfo.CID=ScoreInfo.CID)
ORDER BY CID
```

6.7.4　应用实例

【例 6-36】　查询没有选修 00000001 号课程的学生姓名。

```
SELECT Sname FROM StuInfo                    '外层查询/父查询
WHERE SID NOT IN
    (SELECT SID FROM ScoreInfo WHERE CID= '00000001');'内层查询/子查询
```

【例 6-37】　查询与王晓红老师职称相同教师的工号 TID、姓名 TName 和职称 Title。

```
USE TeachingData
SELECT TID,TName, Title FROM TchInfo
WHERE Title=(SELECT Title FROM TchInfo WHERE TName='王晓红')
AND TName !='王晓红'
```

【例 6-38】　在 ScoreInfo 表中查询 Score(成绩)比学号为"05000003"学生最高分还要高的学生的学号和成绩。

```
SELECT SID,Score FROM ScoreInfo
WHERE Score>ALL(SELECT Score FROM ScoreInfo
    WHERE SID=' 05000003')
```

【例 6-39】　查询讲授 CID(课程号)为 00000001 的教师姓名。

```
SELECT TName FROM TchInfo
WHERE TID=ANY(SELECT TID FROM ScoreInfo WHERE CID='00000001')
```

【例 6-40】　查询讲授课程号为 00000001 的教师姓名。

```
SELECT TName FROM TchInfo
WHERE EXISTS (SELECT * FROM ScoreInfo
    WHERE TID= TchInfo.TID AND CID='00000001');
```

6.8 实 验 指 导

实验 3　数据的查询

1．实验目的

（1）掌握数据查询的操作方法。

（2）熟悉 SELECT 语句的常用句型及其用途。

（3）学会通配符的正确使用方法。

2．实验环境

Windows 7 操作系统、Microsoft SQL Server 2012。

3．实验内容

（1）基本查询操作。

（2）条件查询。

（3）排序与分组查询。

（4）联结查询。

（5）嵌套查询。

4．实验步骤

1）基本查询操作

（1）查询 TchInfo 表中教师的工号 TID、姓名 TName 和职称 Title，要求查询结果列将 TID、TName 和 Title 字段分别显示为工号、姓名和职称。

```
USE teachingData
SELECT TID AS 工号,TName AS 姓名, Title AS 职称
FROM TchInfo
```

（2）查询 TchInfo 表中教师的全部信息。

```
USE teachingData
SELECT *
FROM TchInfo
```

（3）查询 TchInfo 表前 6 行记录。

```
USE teachingData
SELECT TOP 6 *
FROM TchInfo
```

（4）查询 TchInfo 表中前 50%的数据。

```
USE teachingData
SELECT TOP 50 PERCENT *
FROM TchInfo
```

2) 条件查询

(1) 在 StuInfo 表中查询 05 级、计算机系的学生姓名、性别和所在系。

```
USE teachingData
SELECT Sname,Sex,Dept
FROM StuInfo
WHERE Major='计算机科学' AND Grade='05级'
```

(2) 查询 StuInfo 中出生年月介于 1984 年 9 月 1 日到 1985 年 8 月 31 日的学生信息。

```
USE teachingData
SELECT *
FROM StuInfo
WHERE Birthday BETWEEN '1984-09-01' AND '1985-08-31'
```

(3) 查询职称为副教授和教授的教师的信息。

```
USE teachingData
SELECT *
FROM TchInfo
WHERE Title IN ('副教授', '教授')
```

(4) 在表 StuInfo 中查询所有学号为 "05" 开头学生的姓名 Sname 和专业 Major。

```
USE teachingData
SELECT Sname, Major
FROM StuInfo
WHERE SID LIKE '05%'
```

3) 排序与分组查询

(1) 查询表 ScoreInfo 中选修了 "00000001" 课程的学生的学号和学生成绩，并按成绩进行降序排列。

```
USE teachingData
SELECT Sname, Score
FROM ScoreInfo,StuInfo
WHERE CID='00000001' AND StuInfo.SID=ScoreInfo.SID
ORDER BY Score DESC
```

(2) 通过 TchInfo 表查询各院系的讲师数。

```
SELECT Dept AS 系,COUNT(Title) AS 讲师数
FROM TchInfo
WHERE Title='讲师'
GROUP BY Dept
```

(3) 通过 ScoreInfo 表查询各门课程的平均成绩，要求显示列名：课程代码和平均成绩。

```
SELECT CID AS 课程代码, AVG(Score) AS 平均成绩
FROM ScoreInfo
GROUP BY CID
```

4) 联结查询

查询选修了高等数学课程且成绩在 70 分以上的所有学生的姓名、成绩。

```
SELECT Sname,Score
FROM StuInfo,CourseInfo,ScoreInfo
WHERE CourseInfo.CID= ScoreInfo.CID AND StuInfo.SID=ScoreInfo.SID
    AND CName='高等数学' AND ScoreInfo.Score>70
```

5) 嵌套查询

查询与张小红同学在同一个班同一个年级的学生姓名。

```
SELECT Sname FROM StuInfo
WHERE (Class In (SELECT Class FROM StuInfo WHERE Sname='张小红'))
    AND (Grade In (SELECT Grade FROM StuInfo WHERE Sname='张小红'))
    AND Sname<>'张小红'
```

5. 实验要求

(1) 根据指导书实例和操作步骤，独立完成实验内容。

(2) 在实验报告中对数据表的查询命令进行小结。

本 章 小 结

本章介绍了 SQL Server 2012 的基本的 SELECT 查询、条件查询、排序查询、分组查询、联结查询、嵌套查询等的基础知识和基本操作方法。

基本的 SELECT 查询是最简单的一种查询方式，在查询编辑器中输入 SELECT…FROM…形式的语句，即可执行基本的查询操作。

条件查询用于用户需要设置查询条件来限制返回的数据行，在查询编辑器中输入 SELECT…FROM…WHERE…形式的语句，即可执行条件查询操作。WHERE 后使用的条件主要有比较查询条件、范围查询条件、模糊查询条件 3 种查询条件。

排序查询主要用于用户需要将查询结果按照其中的一个或多个字段进行排序的情况，在查询编辑器中输入 SELECT…FROM…WHERE…ORDER BY…形式的语句，即可实现排序查询。排序有两种方式：一种是升序，另一种是降序，如果没有指定顺序，系统将默认使用升序。

分组查询主要用于将数据记录按照设置的条件分成多个组，可以通过在 SELECT 语句后使用 GROUP BY 子句来实现。在查询编辑器中输入 SELECT…FROM…WHERE…GROUP BY…形式的语句，即可实现分组查询。

筛选查询主要用于用户需要对查询和计算后的结果进行进一步的筛选，可以通过在 SELECT 语句后使用 GROUP BY 子句配合 HAVING 子句来实现。在查询编辑器中输入 SELECT…FROM…WHERE…ORDER BY…HAVING…形式的语句，即可实现筛选查询。

联结查询主要用于从多个表中查询数据。联结查询的种类主要有等值与非等值联结查询、复合条件联结、自身联结、外联结等。

嵌套查询主要用于需要先从子查询中挑出部分数据，作为主查询的数据来源或搜索条件。嵌套查询是通过在 SELECT 语句的 WHERE 子句中包含一个形如(SELECT…FROM…

WHERE) 的查询块来实现的。在查询编辑器中输入 SELECT…FROM…WHERE…(SELECT…FROM…WHERE) 形式的语句，即可实现嵌套查询。

习 题 6

一、思考题

1．简述排序查询、分组查询、联结查询及嵌套查询的概念。

2．指出在 SELECT 语句中 WHERE 和 HAVING 有什么不同。

3．模糊查询中常用的通配符有哪些？它们的含义分别是什么？

二、实验题

1．完成实验 3。

2．在 StuInfo 表中查询全体学生的 SID (学号)、Sname (姓名) 和 Sex (性别)，并将查询结果生成一个新表 Stu_tbl。

3．查询 StuInfo 表中的前 5 条记录中的学生姓名 Sname 和专业 Major，要求在显示列标题的时候将 Sname 和 Major 分别显示为姓名和专业。

4．查询 StuInfo 表中的前 50% 的信息。

5．在 ScoreInfo 表中查询课程号 CID 为'00100002'，且成绩低于 60 分的学生的学号 SID 和成绩 Score。

6．分别用 BETWEEN…AND…和比较运算符查询成绩在 70～80 分的学生的学号 SID 和成绩 Score。

7．试用两种方法来查询既没有选修课程'00000001'，也没有选修'00100002'的学生的学号 SID、课程号 CID 和成绩 Score。

8．在 TchInfo 表中查询职称为"副教授"的教师的 Sname (姓名) 和 Birthday (出生年月)，并按出生年月进行降序排列。

9．通过查询 ScoreInfo 表求学号 SID 为'00100001'的学生的总分和平均分。

10．通过 TchInfo 表查询各院系的女教师人数。

11．在 StuInfo 表中查询与李小红同学在同一个班级的学生的姓名。

12．查询选修了高等数学课程且成绩在 60 分以下的所有学生的姓名、成绩。

视　图

1. 理解视图的相关概念。
2. 熟练应用查询技巧。
3. 熟练掌握视图的操作方法。

SQL Server 2012 的初学者在学习了对表中数据进行插入、修改、删除、查询后，通常会有这样一些疑问：

● 在 SQL Server 2012 中只能对基本表进行插入、修改、删除、查询吗？能不能将经常要查询的那些数据放在一个表中？

● 在 SQL Server 2012 中直接对基本表进行数据操作，会破坏原始数据，有没有一种方式既能简化数据操作，又能提高数据库中数据的安全性？

通过学习本章知识，将帮助你解开这些疑团。

7.1　基　本　概　念

什么是视图？视图是 ·个虚拟的表，该表中的记录是由一个查询语句执行后所得到的查询结果所构成的。

7.1.1　视图概述

在 SQL Server 2012 中，表定义了数据的基本结构和编排方式，因此，我们通常把表称为基表，通过查询基表就可以查看数据库中的数据。在 SQL Server 2012 中，还可以通过定义数据视图来查看数据库中存储的数据。

视图是 SQL Server 2012 中提供的查看一个或多个表中数据的另外一种方式，一个视图是一张虚拟表，它通常是根据用户实际使用的需要向用户展示的一个虚表，是用 SELECT 语句定义的一个逻辑表。视图中的数据是一个或多个表，或视图的一个或多个子集，视图是用 SQL 语句而不是用数据构造的，一个视图看起来像一个表，而且它的操作也与基表相似。但视图并不是表，它只是一组返回数据的 SQL 语句。使用视图不仅可以简化数据库操作，还可以提高数据库的安全性。

下面通过一个实例来理解什么是视图。

【例 7-1】　建立计算机系选修了 00000001 号课程的学生视图 S_1。

```
CREATE VIEW S_1(SID,Sname,Score)
    AS
    SELECT StuInfo.SID,StuInfo.Sname,Score
    FROM  StuInfo,ScoreInfo
    WHERE  StuInfo.Dept= '计算机系' AND
       StuInfo.SID = ScoreInfo.SID AND
       ScoreInfo.CID = '00000001';
```

从上面的例子不难看出，视图实际是一组 T-SQL 的 SELECT 语句。对于用户而言，视图如同一张真实的表，具有行和列，也可以像查询基本表一样查询视图中的数据。但是，视图和基表有本质上的区别，视图在数据库中只是存储视图的定义，而不是查询出来的数据，通过视图的定义，对视图的查询最终转化为对基表的查询。在上面的例子中，StuInfo、ScoreInfo 是视图 S_1 的基本表，是视图 S_1 数据的来源。

视图定义后，我们可以像查询基本表一样用 SELECT 来查询视图，例如：

```
SELECT * FROM S_1
```

对于一部分视图，我们也可以使用 INSERT、DELETE 和 UPDATE 语句来修改视图中的数据。

7.1.2　视图的优点和注意事项

在 SQL Server 2012 中，使用视图有以下优点：

（1）为用户集中数据，简化用户的数据查询和处理。有时用户所需要的数据分散在多个表中，定义视图可将这些数据集中在一起，从而方便用户对数据进行查询和处理。

(2) 屏蔽数据库的复杂性。用户不必了解复杂数据库中的表结构,并且数据表的更改也不影响用户对数据库的使用。

(3) 简化用户权限的管理。只需授予用户使用视图的权限,而不必指定用户只能使用表的某些特定列,从而增加了安全性。

(4) 便于数据共享。各用户不必都定义和存储自己所需的数据,可共享数据库的数据,这样同样的数据只需存储一次。

(5) 方便程序维护。如果应用程序使用视图来存取数据,那么当数据表的结构发生改变时,只需要更改或废弃视图存储的查询语句即可,不需要更改程序即可以重新组织数据以便输出到其他应用程序中。

视图的优点有许多,但在使用视图时仍然有一些要注意的事项:

(1) 只有在当前数据库中才能创建视图。

(2) 给视图的命名必须遵循标识符命名规则,不能与表同名,且对每个用户视图名必须是唯一的,即对于不同用户,即使是定义相同的视图,也必须使用不同的名称。

(3) 不能把规则、默认值或触发器与视图绑定或关联。

(4) 不能在视图上建立任何索引,包括全文索引。

因此,在定义数据库对象时,应综合考虑视图的优点和应注意的问题,合理地定义视图,绝不能不加选择地随意定义视图。

7.2   视图的创建

视图在数据库中是作为一个对象来存储的。创建视图前,要保证创建视图的用户已被数据库拥有者(Database Owner)授权使用 Create View 语句,并且有权操作视图所涉及的表或其他视图。在 SQL Server 2012 中,创建视图可以在【对象资源管理器】窗口中进行,也可以使用 T-SQL 的 Create View 语句来创建。

7.2.1   使用【对象资源管理器】窗口创建视图

创建视图最简单、最方便的方法就是使用【对象资源管理器】窗口创建视图。使用 SQL Server 2012【对象资源管理器】窗口创建视图的过程十分简单。这里以在 teachingData 数据库中建立视图为例,说明建立视图的具体操作步骤。

步骤 1: 启动 Microsoft SQL Server Management Studio,在【对象资源管理器】窗口中展开【数据库】节点,然后再展开在前面建立的数据库 teachingData,右击【视图】节点,从弹出的快捷菜单中选择【新建视图】命令,弹出【添加表】对话框,如图 7.1 所示。

步骤 2: 在【添加表】对话框中可以将要引用的表添加到视图设计对话框上,在本例中,添加 TchInfo 表(教师信息表)、StuInfo 表(学生信息表)、CourseInfo 表(选课信息表)、ScoreInfo 表(学生成绩表)共 4 个表(可以按住【Ctrl】键选择多个表,然后单击【添加】按钮)。

步骤 3: 添加完数据表之后,单击【关闭】按钮,返回到图 7.2 所示的视图设计窗口。如果还要添加新的数据表,可以右击关系图窗格的空白处,从弹出的快捷菜单中选择【添加表】命令,则会弹出图 7.1 所示的【添加表】对话框,然后继续为视图添加引用表或视图。如果要移除已经添加的数据表或视图,可以在关系图窗格里选择要移除的数据表或视图右击，从弹出的快捷菜单中选择【移除】命令，或选中要移除的数据表或视图后，直接按【Delete】键移除。

图 7.1 【添加表】对话框

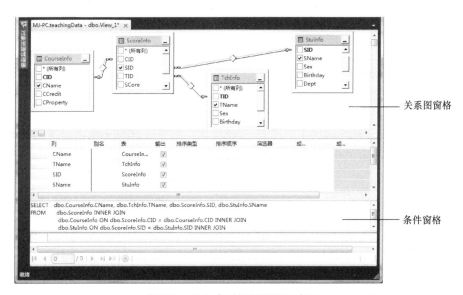

图 7.2 添加表后的视图设计窗口

步骤 4：在关系图窗格中，可以建立表与表之间的 JOIN⋯ON 关系，如 StuInfo 表的 SID 与 ScoreInfo 表中的 SID 相等，那么只要将 StuInfo 表中的 SID 字段拖动到 ScoreInfo 表中的 SID 字段上即可。此时两个表之间将会有一根线连着的。

步骤 5：在关系图窗格中选中数据表字段前的复选框，可以设置视图要输出的字段，同样，在条件窗格里也可设置要输出的字段。

步骤 6：在条件窗格里还可以设置要过滤的查询条件，设置完后的 SQL 语句会显示在 SQL 窗格中，这个 SELECT 语句也就是视图所要存储的查询语句。

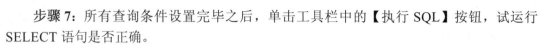
步骤 7：所有查询条件设置完毕之后，单击工具栏中的【执行 SQL】按钮，试运行 SELECT 语句是否正确。

步骤 8：在一切测试都正常之后，单击【保存】按钮，在弹出的【另保存】对话框里输入视图名称，再单击【确定】按钮完成操作。

7.2.2 用命令语句创建视图

使用命令 CREATE VIEW 可以创建视图。可以在查询编辑器中输入创建视图的命令，命令的形式如下。

```
CREATE VIEW <view_name> [ (column [ ,...n ] ) ]
[ WITH { ENCRYPTION |SCHEMABINDING|VIEW_METADATA]   }
 AS select_statement [ ; ]
 [ WITH CHECK OPTION ]
```

其中，view_name 为新创建的视图指定的名称；column 为在视图中包含的列名；ENCRYPTION 选项表示加密视图；SCHEMABINDING 选项表示将视图绑定到基础表的架构；VIEW_METADATA 选项表示指定为引用视图的查询请求浏览模式的元数据时，SQL Server 实例将向 DB-Library、ODBC 和 OLE DB API 返回有关视图的元数据信息，而不返回基表的元数据信息；select_ statement 设置选择条件；WITH CHECK OPTION 选项强制视图上执行的所有数据修改语句都必须符合在子查询中设置的条件表达式。

说明：

(1) 组成视图的属性列名或者全部省略或者全部指定，不能有其他情况。

(2) 如果省略视图的各个属性列名，则表示该视图由子查询中 SELECT 目标列中的诸字段组成。

(3) 必须明确指定视图的所有列名的 3 种情况：某个目标列是集函数或列表达式目标列为*、多表连接时选出了几个同名列作为视图的字段、需要在视图中为某个列启用新的更合适的名称。

常见的视图形式主要有行列子集视图、WITH CHECK OPTION 的视图、带表达式的视图、分组视图、基于多个基表的视图、基于视图的视图 6 种。下面分别来介绍如何建立这 6 种不同的视图。

7.2.3 应用实例

1）建立行列子集视图

视图的常见用法是限制用户能够存取表中的某些行、列，由这种方法产生的视图称为行列子集视图。以下示例创建了由计算机学院学生的学号、姓名和专业信息的视图。

【例 7-2】 建立计算机系学生的学号、姓名和专业的视图 Student_1。

```
CREATE VIEW Student_1
    AS
        SELECT SID,Sname, Major FROM StuInfo
        WHERE  Dept= '计算机系';
```

在【对象资源管理器】窗口中展开数据库 teachingData，选中【视图】节点后单击【刷新】按钮，然后视图即可看到视图 Student_1，右击 Student_1 节点，在弹出的快捷菜单中选择【打开视图】命令即可看到图 7.3 所示的视图 Student_1 中的信息。

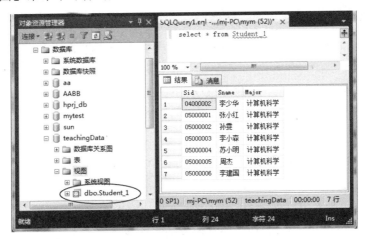

图 7.3　打开视图 Student_1

2) 建立使用 WITH CHECK OPTION 的视图

定义视图时，可以设置检查选项 WITH CHECK OPTION，使得当用视图修改和删除数据，检查这些数据是否符合由 select_statement 设置的条件，不允许破坏视图定义中设置的这些条件。例如，用户如果在【例 7-2】创建视图 Student_1 时添加了 WITH CHECK OPTION 命令字，则以后当用户试图修改某个学生的专业 Major 的值时系统会报错，因为在创建时的条件是 Dept= '计算机系'。

【例 7-3】　建立计算机系学生的学号、姓名和专业的视图，并要求通过该视图进行的更新操作只涉及计算机学院学生 Student_2。

```
CREATE VIEW Student_2
    AS
    SELECT SID,Sname, Dept FROM StuInfo
        WHERE  Dept= '计算机系'
        WITH CHECK OPTION;
```

【例 7-4】　建立 00000001 号课程的选课视图 SC_1，并要求通过该视图进行的更新操作只涉及 00000001 号课程。

```
CREATE VIEW SC_1
    AS
        SELECT SID,CID,Score FROM ScoreInfo
        WHERE CID= '00000001'
        WITH CHECK OPTION;
```

3) 建立带表达式的视图

定义基表时，为了减少数据库中的冗余数据，表中通常只存放基本数据，由基本数据经过各种计算派生出的数据一般是不存储的。视图中的数据并不实际存储，所以定义视图

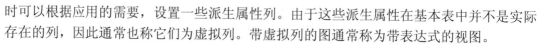

时可以根据应用的需要，设置一些派生属性列。由于这些派生属性在基本表中并不是实际存在的列，因此通常也称它们为虚拟列。带虚拟列的图通常称为带表达式的视图。

【例 7-5】 定义一个反映学生年龄的视图 StuAge。

```
CREATE VIEW StuAge(SID,Sname,Sage)
    AS
        SELECT SID,Sname,year(GETDATE())-YEAR(Birthday)
        FROM StuInfo;
```

其中，"Sage"是设置的虚拟列。函数 GETDATE( )返回系统当前日期和时间，函数 YEAR( )返回表示指定日期的年份的整数。

注意：

带表达式的视图必须明确定义组成视图的各个属性列名。

4）建立分组视图

分组视图是指带有集函数和 GROUP BY 子句的查询来定义的视图。

【例 7-6】 将学生的学号及他的所有课程的平均成绩定义为一个视图 ScoreAvg。

```
CREATE VIEW ScoreAvg(学号,平均成绩)
    AS
        SELECT SID,AVG(Score)
        FROM ScoreInfo
        GROUP BY SID;
```

其中，"平均成绩"是设置的虚拟列。

注意：

分组视图也必须明确定义组成视图的各个属性列名。

5）建立基于多个基表的视图

视图不仅可以建立在一个基表上，也可以建立在多个基表上。

【例 7-7】 建立计算机系选修了 00000001 号课程的学生视图 StuCourse1。

```
CREATE VIEW StuCourse1(学号,姓名,成绩)
    AS
        SELECT StuInfo.SID,Sname,Score
        FROM StuInfo,ScoreInfo
        WHERE Dept='计算机系' AND
        StuInfo.SID=ScoreInfo.SID AND
        ScoreInfo.CID='00000001';
```

6）建立基于视图的视图

视图可以定义在基表上，也可以引用其他视图，甚至可以引用视图与表的组合，以下示例创建的视图引用了视图 StuCourse1 的信息，查询计算机学院选修了 00000001 号课程且成绩在 60 分以上的学生的学号、姓名和年龄的信息。

【例 7-8】 建立计算机学院选修了 00000001 号课程且成绩在 60 分以上的学生的视图 Stu_Pass1。

```
CREATE VIEW Stu_Pass1
    AS
```

```
SELECT 学号,姓名,成绩
FROM StuCourse1
WHERE　成绩>=60
```

7.3　视图的查询

在定义了视图之后，我们可以查询已经定义的视图属性和视图记录。

7.3.1　视图属性的查询

如果视图定义没有加密，即可获取该视图定义的有关信息。在实际工作中，可能需要查看视图定义，以了解数据从基表中的提取方式。

1) 使用【对象资源管理器】窗口查询视图信息

步骤 1：启动 Microsoft SQL Server Management Studio，在【对象资源管理器】窗口中展开【数据库】节点，然后再展开视图所属的数据库。

步骤 2：单击【视图】文件夹，在需要查看信息的视图上右击，从弹出的快捷菜单中选择【属性】命令，打开视图属性窗口，如图 7.4 所示。

图 7.4　视图属性窗口

步骤 3：在视图属性窗口中的【选择页】窗格中有三个选项【常规】、【权限】、【扩展属性】，选择【常规】选项，就可以查看相应的信息。

步骤 4：选择【权限】选项，弹出权限设置对话框，在【用户和角色】中可以添加或删除用户和角色，并可以对添加的用户和角色设置权限，设置完成后，单击【确定】按钮即可。

2) 使用 sp_helptext 存储过程查询视图定义

使用 sp_helptext 存储过程显示用户定义规则的定义、默认值、未加密的 T-SQL 存储过

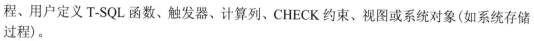

程、用户定义 T-SQL 函数、触发器、计算列、CHECK 约束、视图或系统对象(如系统存储过程)。

使用 sp_helptext 存储过程查询视图信息的语法格式如下:

```
sp_helptext [ @objname = ] 'name'
```

其中,[@objname =] 'name'为用户定义对象的限定名称和非限定名称。仅当指定限定对象时才需要引号,例如:

```
sp_helptext  @objname = 'student_1'
```

如果提供的是完全限定名称(包括数据库名称),则数据库名称必须是当前数据库的名称。对象必须在当前数据库中。name 的数据类型为 nvarchar(776),没有默认值。

注意:

sp_helptext 显示用于在多行中创建对象的定义。每行包含 255 个字符的 Transact-SQL 定义。定义位于 sys.sql_modules 目录视图中的 definition 列中。

7.3.2 视图记录的查询

通过视图可以查询视图中来自基本表中的数据,也可以通过视图来修改基本表中的数据,如插入、删除和修改记录。

视图是基于基本表生成的,因此可以用来将需要的数据集中在一起,把不需要的数据过滤掉。使用视图检索数据,可以像操作表一样来对视图进行操作。

7.3.3 应用实例

1) 视图属性查询

【例 7-9】 查看 teachindData 数据库的 student_1 视图的定义。

```
USE teachingData;
EXEC sp_helptext student_1;
```

执行结果如图 7.5 所示。

2) 属性记录查询

【例 7-10】 查询计算机学院学生的学号、姓名。

```
USE teachingData;
SELECT SID,Sname FROM Student_1;
```

查询结果如图 7.6 所示。

图 7.5 语句执行结果

图 7.6 【例 7-10】的查询结果

7.4　视图的修改

当基表中的数据发生变化，或者要通过视图查询更多的信息，都需要修改视图的定义。可以删除视图，然后重新创建的一个新的视图，但也可以通过修改视图的名称或定义来实现。

7.4.1　修改视图定义

修改视图的定义有两种方法：一是使用【对象资源管理器】窗口，二是使用 ALTER VIEW 语句。

1）使用【对象资源管理器】窗口修改视图

步骤 1：启动 Microsoft SQL Server Management Studio，在【对象资源管理器】窗口中展开【数据库】节点，再展开视图所属的数据库。

步骤 2：单击【视图】节点，在要查看的视图上右击，从弹出的快捷菜单中选择【设计】命令，即可打开视图设计窗口。在该窗口中可以修改视图的定义。图 7.7 是打开 teachingData 数据库中 Student_1 视图的视图设计窗口。

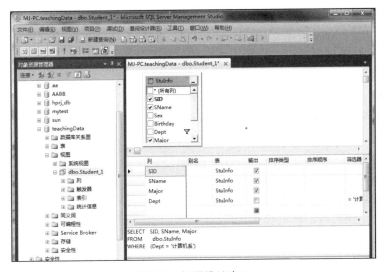

图 7.7　视图设计窗口

步骤 3：要在视图定义中添加引用表或视图，可以右击关系窗格，并从弹出菜单中选择【添加表】命令；要从视图定义中删除某个引用表，可以在该表的标题栏上右击，从弹出的快捷菜单中选择【删除】命令，或直接按【Delete】键。

步骤 4：要在视图定义中添加引用字段，可以在条件窗格中选中某个空白的列单元格，从列表中选择所需要的字段名。

步骤 5：对于每个引用字段，通过选中或取消【输出】列中的复选框来控制该字段是否在结果集之中显示出来。

步骤 6：若要基于某个字段进行分组，右击该字段，从弹出的快捷菜单中选择【添加分组依据】命令，然后在【分组依据】列中指定相应的分组依据。

步骤 7：要在某个字段上设置过滤条件，可以在相应的【准则】单元格中输入所需要的运算符和表达式，这与 WHERE 子句相对应，如果在该字段上设置了分组，则与 HAVING 子句相对应。

步骤 8：若要设置更多的过滤条件，可以在【或…】列中直接输入有关内容。

步骤 9：若要预览视图的结果集，可以右击关系窗格的空白处，并从弹出的快捷菜单中选择【执行 SQL】命令，或在工具栏上单击【执行 SQL】按钮。若要保存对视图定义所做的修改，则在工具栏上单击【保存】按钮。

2）使用 ALTER VIEW 修改视图

使用 ALTER VIEW 语句可以更改一个先前用 CREATE VIEW 创建的视图，包括索引视图，但不影响相关的存储过程或触发器，也不更改权限。

ALTER VIEW 语句的语法格式如下：

```
ALTER VIEW view_name [ ( column [ ,...n ] ) ]
[ WITH { ENCRYPTION |SCHEMABINDING|VIEW_METADATA] } ]
AS select_statement [ ; ]
[ WITH CHECK OPTION ]
```

其中，view_name 是要修改的视图名称，其余参数与 CREATE VIEW 语句中的参数相同。

7.4.2 重命名视图

对视图改名有两种方法：一是使用【对象资源管理器】窗口，二是使用系统存储过程 sp_rename。

1）使用【对象资源管理器】窗口重命名视图

步骤 1：启动 Microsoft SQL Server Management Studio，在【对象资源管理器】窗口中展开【数据库】节点，再展开视图所属的数据库。

步骤 2：单击【视图】节点，在需更名的视图上右击，从弹出的快捷菜单中选择【重命名】命令，输入新的视图的名称即可。

2）使用系统存储过程 sp_rename 重命名视图

sp_rename 语句的语法格式如下。

```
sp_rename [ @objname = ] 'object_name' , [ @newname = ] 'new_name'
    [, [@objtype =] 'object_type' ]
```

其中：

（1）[@objname =] 'object_name'：用于指定视图的当前名称。

（2）[@newname =] 'new_name'：用于指定视图的新名称。

（3）[@objtype =] 'object_type'：用于指定要重命名的对象的类型。object_type 的数据类型为 varchar(13)，默认值为 NULL，其取值及含义见表 7-1。

表 7-1 object_type 的取值及含义

值	含　义
COLUMN	要重命名的列
DATABASE	用户定义数据库。重命名数据库时需要此对象类型

(续)

值	含 义
INDEX	用户定义索引
OBJECT	在 sys.objects 中跟踪的类型的项目。例如，OBJECT 可用于重命名约束（CHECK、FOREIGN KEY、PRIMARY KEY 等）
USERDATATYPE	通过执行 sp_addtype 而添加的用户定义数据类型

注意:

　　sp_rename 存储过程不仅可以更改视图的名称，而且可以更改当前数据库中用户创建的表、列或用户定义数据类型的名称。

7.4.3 编辑视图记录

　　视图与数据表很相似，也可以像对数据表中记录的修改一样对视图中的记录进行修改。但是在编辑视图的记录时须注意:

　　(1) timestamp 和 binary 类型的字段不能编辑。

　　(2) 如果字段的值是自动产生的，如带标识字段、计算字段等不能编辑。

　　(3) 经编辑的字段内容必须引用表的字段定义。

　　(4) 在引用的表中可以不用输入内容的字段，如可以为 NULL 的或有默认值的字段，在视图中也可以不输入内容。

　　(5) 在视图中修改的字段最好是同一个引用表中的字段，避免出现一些未知的结果。

　　(6) 在视图中修改的字段内容，实际上就是在数据表中修改的字段内容。

　　通过视图修改其中的某些行时，SQL Server 将把它转换为对基表的某些行的操作。对于简单的视图而言，是比较容易实现的，但对于比较复杂的视图，就不能通过视图进行修改。因此可以用来将需要的数据集中在一起，把不需要的数据过滤掉。使用视图检索数据，可以像对表一样来对视图进行操作。

　　通过视图来修改基表中的数据，要考虑以下几个方面的问题:

　　(1) 如果在视图定义中使用了 WITH CHECK OPTION 子句，则所有在视图上执行的数据修改语句都必须符合定义视图的 SELECT 语句中所设定的条件。修改行时需注意不能让它们在修改完成后从视图中消失。任何可能导致行消失的修改都会被取消，并显示提示错误信息。

　　(2) SQL Server 必须能够明确地解析对视图所引用基表中的特定行所做的修改操作。不能在一个语句中对多个基表使用数据修改语句。因此，列在 UPDATE 或 INSERT 语句中的列必须属于视图定义中的同一个基表。

　　(3) 对于基表中需更新而又不允许为空值的所有列，它们的值在 INSERT 语句或 DEFAULT 定义中指定。这将确保基表中所有需要值的列都可以获取值。

　　(4) 在基表的列中修改的数据必须符合对这些列的约束，如为空性、约束、DEFAULT 定义等。假如要删除一行，则相关表中的所有 FOREIGN KEY 约束必须仍然得到满足，删除操作才能成功。

　　(5) 假如在视图中删除数据，在视图定义的 FROM 子句中只能列出一个表。

　　通过视图来修改基表中的数据，实质上是通过 INSERT、UPDATE 和 DELETE 语句来完成的。其操作与基本表的操作相似，由于在视图中修改数据要受到基表的限制，因此操作时要考虑基表中的约束条件。

编辑视图记录可以在【对象资源管理器】窗口中进行，也可以用 T-SQL 命令语句。

1）使用【对象资源管理器】窗口编辑视图记录

步骤 1： 启动 Microsoft SQL Server Management Studio，在【对象资源管理器】窗口中展开【数据库】节点，再展开视图所属的数据库。

步骤 2： 单击【视图】节点，在需更名的视图上右击，从弹出的快捷菜单中选择【编辑前 200 行】命令。

步骤 3： 找到要修改的记录，在记录上直接修改字段内容，修改完毕后，只需将光标从该记录上移开，定位到其他记录上，SQL Server 就会将修改的记录保存。

2）用 T-SQL 命令语句编辑视图记录

可以使用 INSERT、UPDATE 和 DELETE 来编辑视图中的记录。

7.4.4　删除视图

删除视图有两种方法：一是使用【对象资源管理器】窗口，二是使用 DROP VIEW 语句。

1）使用【对象资源管理器】窗口删除视图

步骤 1： 启动 Microsoft SQL Server Management Studio，在【对象资源管理器】窗口中展开【数据库】节点，再展开视图所属的数据库。

步骤 2： 单击【视图】节点，在需要删除的视图上右击，从弹出的快捷菜单中选择【删除】命令。

2）使用 DROP VIEW 命令删除视图

使用 DROP VIEW 语句可以从当前数据库中删除一个或多个视图，其语法格式如下。

```
DROP  VIEW   {view_name} [ , …n ]
```

其中，view_name 是要删除的视图名称，*n* 表示可以指定多个视图的占位符。

7.4.5　应用实例

【例 7-11】 修改视图 Student_1 为查看计算机学院学生的学号、姓名、性别和专业。

```
ALTER VIEW Student_1(学号,姓名,性别,专业)
    AS
        SELECT SID,Sname,Sex,Major
        FROM   StuInfo
        WHERE  Dept= '计算机系';
```

【例 7-12】 将视图 student_1 更名为 student_info。

```
USE teachingData;
Go
EXEC sp_rename 'student_1', 'student_info'
```

【例 7-13】 利用视图 StuCourse1 将计算机系中每位学生的高等数学成绩减少 5 分。

```
Update StuCourse1
SET 成绩=成绩-5
```

用户可以看到在视图中编辑记录的方法与在数据表中编辑记录的方法相似，在视图中插入（或删除）记录的方法与在数据表中插入记录的方法也相似。但一般来说不建议在视图中插入（或删除）记录，因为在视图中往往显示的是多个表中的几个字段，而在插入（或删除）记录时，除了要插入（或删除）这些字段的内容之外，还可能要输入（或删除）其他字段内容才能完成该数据表的记录插入（或删除）工作。

【例 7-14】 从 teachingData 数据库中删除名为 student_1 的视图。

```
USE teachingData
Go
DROP VIEW student_1
```

【例 7-15】 从 teachingData 数据库中删除视图 student_2 和 sc_1。

```
USE teachingData
Go
DROP VIEW student_2,sc_1
```

7.5 疑 难 分 析

7.5.1 视图数据更新的限制条件

当用户更新视图中的数据时，其实更改的是其对应的数据表的数据。但不是所有视图都可以进行更改。例如，下面的这些视图，在 SQL Server 数据库中就不能够直接对其内容进行更新，否则，系统会拒绝这种非法的操作。

（1）在视图中采用 GROUP BY 子句对视图中的内容进行了汇总，则用户就不能对这张视图进行更新。因为采用 GROUP BY 子句对查询结果进行汇总后，视图中就会丢失这条记录的物理存储位置，系统就无法找到需要更新的记录。若用户想要在视图中更改数据，则数据库管理员就不能够在视图中添加 GROUP BY 分组语句。

（2）在视图建立时使用了 DISTINCT 关键字，这个关键字的用途就是去除重复的记录。添加了这个关键字后，数据库就会剔除重复的记录，只显示不重复的记录。此时，若用户要改变其中一个数据，则数据库就不知道其到底需要更改哪条记录。因为视图中看起来只有一条记录，而在基表中可能对应的记录有几十条。因此，若在视图中采用了 DISTINCT 关键字的话，就无法对视图中的内容进行更改。

（3）如果在视图中有 AVG、MAX 等聚合函数，则也不能够对其进行更改。例如，在一张视图中，其采用了 SUM 函数来汇总学生的成绩时，此时，就不能够对这个视图进行数据更改操作。这是数据库为了保障数据一致性所添加的限制条件。

7.5.2 保证列名唯一性的限制条件

在表关联查询的时候，当不同表的列名相同时，只需要加上表的前缀，不需要对列另外命名。但是，在创建视图时就会出现问题，数据库会给出错误提示，警告用户有重复的列名。有时候，用户利用 SELECT 语句连接多个来自不同表的列，若拥有相同的名称，则这个语句仍然可以执行。但是，若把它复制到创建视图的窗口，创建视图就会不成功。

7.5.3 视图权限的限制条件

为了保障基表数据的安全性，在视图创建的时候，其权限控制比较严格。

（1）若用户需要创建视图，则必须拥有数据库视图创建的权限，这是视图建立时必须遵循的一个基本条件。有些数据库管理员虽然具有表的创建、修改权限，但是，这并不表示这个数据库管理员就有建立视图的权限。在大型数据库设计中，往往会对数据库管理员进行分工。建立基表的数据库管理员就只负责建立基表，负责创建视图的数据库管理员就只有创建视图的权限，这样可以使数据库安全性更高。

（2）在具有创建视图权限的同时，用户必须具有访问对应表的权限。例如，某个数据库管理员，已经有了创建视图的权限。此时，若其需要创建一张学生信息的视图，还不一定会成功。系统要求数据库管理员对学生信息相关的基表有访问权限。也就是说，如果建立学生信息这张视图一共涉及两张表，则这个数据库管理员就需要拥有对这两张表的查询权限，若没有这些权限的话，则这个建立视图操作就会以失败告终。

7.6 实 验 指 导

实验 4 视 图 操 作

1. 实验目的

（1）掌握视图的基本概念。
（2）熟悉视图的相关操作。

2. 实验环境

Windows 7 操作系统、Microsoft SQL Server 2012。

3. 实验内容

（1）创建视图。
（2）视图查询。
（3）修改视图。

4. 实验步骤

1）创建视图

（1）在 teachingData 数据库中建立视图 score_top，要求在该视图中显示各门学科的 CID 和 Score_max（即学科的最高分）。

```
CREATE VIEW Score_top(CID,Score_max)
AS
SELECT CID,MAX(score)
FROM ScoreInfo
GROUP BY ScoreInfo.CID
```

（2）利用 teachingData 数据库中的相关的数据表和视图 score_top 新建一视图 top_stu，要求在该视图中显示各门学科的学科名 cname，取得最高分的学生名 sname 和成绩 Score。

```
CREATE VIEW top_stu(cname,sname,score)
AS
SELECT CName,Sname,Score
FROM Score_top,StuInfo,CourseInfo,ScoreInfo
WHERE ScoreInfo.SID=StuInfo.SID
    AND CourseInfo.CID=ScoreInfo.CID
    AND Score_top.CID=ScoreInfo.CID
    AND Score=Score_max
```

查询结果如图 7.8 所示。

	cname	sname	score
1	高等数学	李少华	95
2	电子商务	张小红	70
3	数据库原理及应用	张小红	99

图 7.8 查询结果

(3) 要求用 T-SQL 语句新建一视图 stu_comp，要求该视图中只包括计算机系学生的学号 sid、姓名 sname、年龄 sage 和班级 class 视图。

```
CREATE VIEW stu_comp(sid,sname,sage,class)
AS
SELECT sid,sname,YEAR(GETDATE())-YEAR(birthday),class
FROM StuInfo
WHERE dept='计算机系'
```

完成后在【对象资源管理器】中展开数据库 teachingData 下面的视图，可以看到已建立的视图 stu_comp。

(4) 建立成绩低于 60 分的学生的学号、姓名、班级、课程名和成绩的视图 stu_fail。

```
CREATE VIEW stu_fail(学号,姓名,班级,课程名,成绩)
AS
SELECT ScoreInfo.sid,sname,class,cname,score
FROM StuInfo,scoreinfo,courseinfo
WHERE score<60
    AND StuInfo.sid=ScoreInfo.sid
    AND ScoreInfo.cid=CourseInfo.cid
```

2）查询视图

(1) 利用 score_top 查询各门学科的最高分，要求显示的列名为课程名、最高分。

```
SELECT cname AS 课程名, Score_max AS 最高分
FROM score_top,CourseInfo WHERE CourseInfo.CID=score_top.cid
```

(2) 利用视图 stu_comp 和基表 scoreInfo 查询学生的姓名，年龄，所选课程的课程代码。

```
SELECT sname AS 姓名, sage AS 年龄,ScoreInfo.CID AS 课程代码
FROM stu_comp, ScoreInfo
WHERE ScoreInfo.SID=stu_comp.sid
```

(3) 使用 T-SQL 语句来查看视图 stu_fail 的定义。

```
EXEC sp_helptext stu_fail
```

3）修改视图

试用 T-SQL 语句修改视图 stu_comp，要求该视图中只包括 05 级计算机系学生的学号 sid、姓名 sname、年龄 sage、班级 class。

```
ALTER VIEW stu_comp(sid,sname,sage,class)
AS
SELECT sid,SName,YEAR(GETDATE())-YEAR(birthday),class
FROM StuInfo
WHERE dept='计算机系' AND grade='05 级';
```

5. 实验要求

(1) 根据指导书实例和操作步骤，独立完成实验内容。

(2) 记录实验中出现的问题及解决办法。

本 章 小 结

本章介绍了视图的概念、视图的创建和视图的基本操作。

视图的创建可以在 Microsoft SQL Server Management Studio 的【对象资源管理器】窗口中展开【数据库】|视图所属的数据库|【视图】节点，然后右击，从弹出的快捷菜单中选择【新建视图】命令；或者在查询编辑器中用命令 CREATE VIEW 来创建视图。

使用视图查询包括视图属性的查询和视图记录的查询。可以在 Microsoft SQL Server Management Studio 中的【对象资源管理器】窗口中展开【数据库】|视图所属的数据库|【视图】节点，然后在需查询的视图上右击，从弹出的快捷菜单中选择【属性】命令来查看视图属性，选择【打开视图】命令来查看视图记录；也可以用系统存储过程 sp_helptext 来查询视图属性，使用 SELECT 命令来查询视图记录。

重命名视图可以在 Microsoft SQL Server Management Studio 中的【对象资源管理器】窗口中逐级展开【数据库】|视图所属的数据库|【视图】节点，然后在需更名的视图上右击，选择【重命名】命令；或者在查询编辑器中使用系统存储过程 sp_rename 来重命名视图。

视图定义的修改可以在 Microsoft SQL Server Management Studio 中的【对象资源管理器】窗口中逐级展开【数据库】|视图所属的数据库|【视图】节点，然后在需修改的视图上右击，从弹出的快捷菜单中选择【设计】命令；或者在查询编辑器中用 ALTER VIEW 语句来修改视图的定义。

视图记录的修改就是通过视图来修改基表中的数据，实质上是通过 INSERT、UPDATE 和 DELETE 语句来完成的。视图记录的修改可以在 Microsoft SQL Server Management Studio 中的【对象资源管理器】窗口中逐级展开【数据库】|视图所属的数据库|【视图】节点，然后在需修改的视图上右击，从弹出的快捷菜单中选择【打开视图】命令，然后根据需要进行修改；或者在查询编辑器中用 INSERT、UPDATE 和 DELETE 命令来修改视图记录。一般不建议对视图记录进行插入或删除操作。

删除视图可以在 Microsoft SQL Server Management Studio 中的【对象资源管理器】窗口中展开【数据库】|视图所属的数据库|【视图】节点，在需要删除的视图上右击，在弹出的快捷菜单中选择【删除】命令；或者在查询编辑器中输入 DROP VIEW 来删除视图。

习　题　7

一、思考题

1．什么是视图？使用视图的优缺点有哪些？

2．能从视图上创建视图吗？

3．在修改视图数据时有哪些约束？

二、实验题

1．完成实验 4 中的所有操作。

2．在 teachingData 数据库中建立视图 score_top，要求在该视图中显示各门学科的 CID、CName 和 score_max（即学科的最高分）。

3．利用 teachingData 数据库中的相关的数据表和视图 score_top 新建一视图 top_stu，要求在该视图中显示各门学科的学科名 cname，任课教师的姓名 tname，取得最高分的学生名 sname 和成绩 score。

4．试用 T-SQL 语句新建一视图 stu_comp，要求该视图中只包括计算机系男生的学号 sid、姓名 sname、年龄 sage 和班级 class 的视图。

5．试用 T-SQL 语句修改视图 stu_comp，要求该视图中只包括 05 级计算机系男生的学号 sid、姓名 sname、年龄 sage、班级 class。

6．试用 T-SQL 语句建立成绩低于 60 分的学生学号、学生姓名、班级、课程名、任课教师姓名和成绩的视图 stu_fail。

第 8 章

数据的安全性

1. 理解数据安全性的基本概念。
2. 熟练掌握 SQL Server 2012 中常用的几种数据库安全性控制技术。
3. 了解 SQL Server 2012 安全规划和安全配置。
4. 掌握数据备份与恢复的相关概念及基本操作方法。

当建立了庞大的数据库后，你会担心数据库会因为各种意想不到的事件而造成数据的丢失，希望能够经常性地进行维护，从而确保数据库的正常运行，通常需要解决如下实际问题：

- 如何限制某些用户访问 SQL Server 数据库？
- 如何根据工作的需要为不同的用户设置不同的操作权限？
- 如果在一个部门有多个操作权限相同的用户，是否需要逐个对这些用户的权限进行管理？
- SQL Server 2012 提供了哪些保护数据安全性的策略来实现对数据访问的控制？
- 作为一个数据库管理员如何才能保证数据库中的数据不丢失？
- 当意外发生时应该如何恢复数据库？
- 在日常的数据库管理中主要的维护工作有哪些？如何提高工作效率？

学习和理解本章的知识，可以帮助大家顺利地解决上述问题。

8.1　数据库的安全性机制

数据安全性是指保护数据库以防止非法使用造成的数据泄露、更改或破坏。安全性问题不是数据库系统所独有的，所有计算机系统都有这个问题。在数据库系统中大量数据集中存放，且为许多最终用户直接共享，因而其安全性问题尤为突出。

数据库的安全性与计算机系统的安全性（包括操作系统、网络系统）紧密相连、相互支持。在一般计算机系统中，安全措施是层层设置的，常见的计算机系统安全模型如图 8.1 所示。

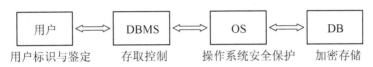

图 8.1　常见的计算机系统安全模型

在安全模型中，用户标识与鉴定是系统提供的最外层安全保护措施。只有在 DBMS 成功注册的人员才是该数据库的用户，才可以访问数据库。任何数据库用户要访问数据库时，首先由系统将用户提供的身份标识与系统内部记录的合法用户标识进行核对，通过鉴定后才能获得对系统的访问权。

用户标识与鉴定的方法有多种，而且在一个系统中往往是多种方法并举，以获得更强的安全性。使用用户标识来鉴定一个用户最常用的方法是输入用户名和口令进行用户身份验证，只有合法的用户才准许进入计算机系统，否则不能使用该计算机。

用户标识与鉴定解决了检查用户是否合法的问题，但是合法用户的存取权限不尽相同。数据库安全性的核心问题是 DBMS 的存取控制机制，该机制用来确保进入系统的用户只能进行合法的操作。在数据库系统中，为了保证用户只能访问其有权存取的数据，SQL Server 2012 提供了预先对每个用户定义存取权限的功能。定义一个用户的存取权限就是定义这个用户可以在哪些数据对象上进行哪些类型的操作。在数据库系统中，定义存取权限称为授权（Authorization）。这些授权定义经过编译后存放在数据字典中。对于获得访问权后又进一步发出存取数据库操作的用户，DBMS 会首先查找数据字典，根据其存取权限对操作的合法性进行检查，若用户的操作请求超出了其定义的权限，系统将拒绝执行此操作，这就是存取控制。

数据库中的用户按其操作权限的大小可分为以下 3 类。

（1）数据库系统管理员：在数据库中具有全部的权限，当用户以数据库系统管理员身份登录进行操作时，系统不对其权限进行检查。

（2）数据库对象拥有者：创建数据库对象的用户即为数据库对象拥有者。数据库对象拥有者对其所拥有的对象具有一切权限。

（3）普通用户：只具有授予用户的对数据库中的数据进行增加、删除、更改和查询的权限。

操作系统一级也有自己的保护措施。数据最后还可以以加密的形式存储到数据库中。

8.2 SQL Server 的安全策略

SQL Server 2012 提供的安全策略可以划分为以下 4 个等级：

(1) 客户机操作系统的安全性。

(2) SQL Server 的登录安全性。

(3) 数据库的安全性。

(4) 数据库对象的安全性。

客户机操作系统的安全保护措施可以参考操作系统的有关书籍，本节主要介绍 SQL Server 的安全认证模式、登录账号管理和用户账号管理。

8.2.1 SQL Server 的安全认证模式

如果用户要访问 SQL Server，需要经过两个认证过程：一是身份验证，只验证用户是否有连接到 SQL Server 数据库服务器的资格；二是权限验证，检验用户是否有对指定数据库的访问权，并且当用户操作数据库中的数据或对象时验证用户是否有相应的操作权限。

在验证阶段，系统对登录用户进行验证。SQL Server 和 Windows 是结合在一起的，因此，产生了两种验证模式：Windows 身份验证模式和混合验证模式。

1. Windows 身份验证模式

Windows 身份验证模式是利用 Windows 操作系统的安全机制验证用户的身份，只要用户能够通过 Windows 用户身份验证，即可连接到 SQL Server 服务器。这种验证模式只适用于能够提供有效身份验证的 Windows 操作系统，在其他操作系统下无法使用。

在 Windows 身份验证模式下，用户必须首先登录 Windows，然后登录 SQL Server。当用户登录到 SQL Server 时，只需选择 Windows 身份验证模式，无须提供数据库服务器登录账号和密码，数据库管理系统会从用户登录到 Windows 时提供的用户名和密码中查找当前用户的登录信息，以判断该用户是否是 SQL Server 的合法用户。

对于 Microsoft SQL Server 来讲，一般推荐使用 Windows 验证模式，因为它能够与 Windows 操作系统的安全子系统集成在一起，以提供更多的安全功能。需要注意的是，Windows 验证模式只能用在运行 Windows 服务器版操作系统的服务器上，否则 Windows 身份验证无效。

注意：

(1) 如果用户在登录 SQL Server 时未给出用户登录名，则 SQL Server 将使用 Windows 验证模式。

(2) 如果 SQL Server 被设置为 Windows 验证模式，则用户在登录时即使输入一个具体的登录名，SQL Server 也将忽略该登录名。

2. 混合验证模式

混合验证模式表示 SQL Server 接受 Windows 授权用户和 SQL Server 授权用户。在该认证模式下，用户在连接 SQL Server 时必须首先提供登录名和密码，然后由系统确定用户账号在 Windows 操作系统下是否可信，对于可信连接用户，系统直接采用 Windows 身份验证机制，否则采用 SQL Server 验证机制。

SQL Server 验证机制由数据库系统自己执行验证处理，它通过与系统表 syslogins 中的信息进行比较，检查输入的登录账号是否已存在并且密码是否正确。如果匹配，则表明登录成功；否则，身份验证失败，用户将收到错误信息。

注意：

　　Windows 操作系统的用户既可以使用 Windows 认证，也可以使用 SQL Server 验证。若不是 Windows 操作系统的用户只能使用 SQL Server 验证。

　　3．验证模式的设置

　　用户在使用 SQL Server 时，首先要根据自身的需要设置身份验证模式。SQL Server 2012 验证模式的设置通常是在 Microsoft SQL Server Management Studio 下的【对象资源管理器】窗口中进行操作来完成。具体步骤如下。

　　步骤 1： 打开 Microsoft SQL Server Management Studio 集成环境，在【对象资源管理器】窗口中右击服务器实例名（如 MJ_PC），从弹出的快捷菜单中选择【属性】命令，打开服务器属性窗口。

　　步骤 2： 在服务器属性窗口中，选择【安全性】选项，界面如图 8.2 所示。

　　步骤 3： 在【安全性】界面的【服务器身份验证】选项组中选取要设置的验证模式，然后单击【确定】按钮即可完成验证模式的设置。

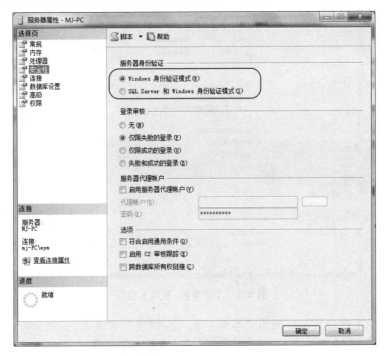

图 8.2　服务器属性窗口的【安全性】界面

8.2.2　SQL Server 账号的管理

　　在 SQL Server 2012 中有两种账号，一类是登录服务器的登录账号，也称登录名；另一类是操作数据库的用户账号。登录账号是指能登录到 SQL Server 服务器的账号，属于服务

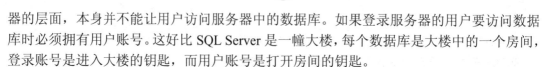

器的层面，本身并不能让用户访问服务器中的数据库。如果登录服务器的用户要访问数据库时必须拥有用户账号。这好比 SQL Server 是一幢大楼，每个数据库是大楼中的一个房间，登录账号是进入大楼的钥匙，而用户账号是打开房间的钥匙。

在安装 SQL Server 后，系统默认创建两个登录账号，即 sa 账号和服务器账号。其中 sa 是超级管理员账号，允许 SQL Server 的系统管理员登录。尽管如此，在实际的使用过程中还需要用户根据应用需要对登录账户进行必要的管理。

1. 创建登录账号

为了分配一个用户登录 SQL Server，需要创建一个新的登录账号 stu_admin，可以采用以下两种方法创建。

1) 利用【对象资源管理器】窗口创建登录账号

步骤 1：启动 Microsoft SQL Server Management Studio 集成环境，在【对象资源管理器】窗口中，逐级展开服务器名称|【安全性】|【登录名】节点；

步骤 2：右击【登录名】节点，从弹出的快捷菜单中选择【新建登录名】命令，打开【登录名-新建】窗口，如图 8.3 所示。

图 8.3　【登录名-新建】窗口

步骤 3：在【登录名】右侧的文本框中输入要创建的登录账号(如 stu_admin)，若选中【Windows 身份验证】单选按钮，可以通过单击右侧的【搜索】按钮来查找并添加 Windows 操作系统中的用户名称；若选中【SQL Server 身份验证】单选按钮，则需在【密码】和【确认密码】文本框中输入登录时采用的密码。

步骤 4：在【默认数据库】下拉列表框中选择该登录账号对应的默认使用的数据库，如选择 TeachingData；在【默认语言】下拉列表框中选择登录后使用的默认语言，一般采用默认值。然后，单击【确定】按钮即可新建一个登录账号。

2) 利用 T-SQL 语句创建登录账号

要在 SQL Server 中添加新的登录账号，也可以使用 CREATE LOGIN 语句来实现。其语法格式如下。

```
CREATE LOGIN login_name
{ WITH
< PASSWORD = 'password',
    [ < SID = sid
      | DEFAULT_DATABASE = database
      | DEFAULT_LANGUAGE = language
    > [, …]
    ]
  >
| FROM
  < WINDOWS
   [WITH<DEFAULT_DATABASE=database
   | DEFAULT_LANGUAGE=language>
    [, …] >
}
```

参数说明如下。

（1）login_name：指定创建的登录账号。如果从 Windows 域账户映射 login_name，则 login_name 必须用方括号 [ ] 括起来。

（2）password：仅适用于 SQL Server 登录账号，指定正在创建的登录账号的密码。

（3）sid：仅适用于 SQL Server 登录账号。指定新 SQL Server 登录账号的 GUID。如果未选择此选项，则 SQL Server 将自动指派 GUID。

（4）database：指定将指派给登录账号的默认数据库，若此项省略，默认数据库将设置为 master。

（5）language：指定将指派给登录账号的默认语言。若此选项省略，则默认语言将设置为服务器的当前默认语言。

（6）WINDOWS：指定将登录账号映射到 Windows 登录名。

注意：

虽然 SQL Server 2012 也提供了系统存储过程 sp_grantlogin 和 sp_addlogin 创建登录账号，但由于后续的 SQL Server 版本将取消此项功能。因此，应避免在新的开发工作中使用该功能。

2. 创建数据库的用户账号

登录账号创建后，用户可以通过该登录账号访问 SQL Server，如果用户想要访问某个数据库，还需要给这个用户授予访问某个数据库的权限，也就是在所要访问的数据库中为该用户创建一个数据库用户账号。

说明：

SQL Server 在安装之后有两个用户，即 sa 和 guest。sa 用户为系统管理员或数据库管理员，在 SQL Server 上可以做任何事情；guest 用户可以对样板数据库做最基本查询。

1）利用【对象资源管理器】窗口创建用户账号

现以在 TeachingData 数据库中，创建一个 stu_admin 登录账号下的 U1 用户，具体操作步骤如下。

步骤 1： 启动 Microsoft SQL Server Management Studio 管理器，在【对象资源管理器】窗口逐级展开服务器名称|【数据库】|【TeachingData】|【安全性】|【用户】节点。

步骤 2： 在【用户】节点右击，从弹出的快捷菜单中选择【新建用户】命令，打开【数据库用户-新建】窗口，如图 8.4 所示。

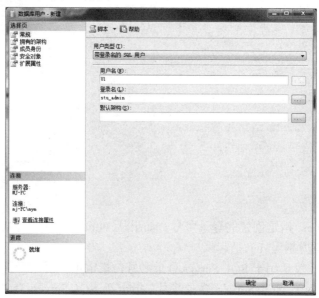

图 8.4 【数据库用户-新建】窗口

步骤 3： 在【用户名】方文本框中输入新建的用户名 U1，在【登录名】方文本框中直接输入已存在的登录账号 stu_admin，或单击【登录名】文本框右侧的【…】按钮，选择登录账号 stu_admin。

步骤 4： 在【默认框架】列表框中选择拥有的框架，如 db_owner。

步骤 5： 单击【确定】按钮即可完成用户账号的创建。

2）利用 T-SQL 语句创建数据库的用户账号

向当前数据库添加新的用户账号，也可使用 CREATE USER 语句来实现。其语法格式如下。

```
CREATE USER user_name  [ { { FOR | FROM }
{ LOGIN login_name }
| WITHOUT LOGIN ]
```

参数说明如下。

（1）user_name：指定在此数据库中用于识别该用户的名称。

（2）login_name：指定要创建数据库用户账号的 SQL Server 登录账号。login_name 必须是服务器中有效的登录账号。

（3）WITHOUT LOGIN：指定不应将用户映射到现有登录账号。

注意:

(1) 如果省略 FOR LOGIN,则新的数据库用户将被映射到同名的 SQL Server 登录名。

(2) 不能使用 CREATE USER 创建 guest 用户,因为每个数据库中均已存在 guest 用户。可以通过授予 guest 用户 CONNECT 权限来启用该用户。

3. 管理登录账号和用户账号

1) 利用【对象资源管理器】窗口管理

(1) 查看和删除服务器的登录账号。

步骤 1: 启动 Microsoft SQL Server Management Studio 管理器,在【对象资源管理器】窗口逐级展开服务器名称|【安全性】|【登录名】节点。在【登录名】节点的下方即可看到 SQL Server 系统创建的默认登录账号和已经建立的其他登录账号。

步骤 2: 右击欲删除的登录账号,从弹出的快捷菜单中选择【删除】命令,弹出【删除对象】对话框。

步骤 3: 在该对话框中单击【确定】按钮,弹出图 8.5 所示的提示框。

图 8.5　删除对象确认提示框

步骤 4: 若确实要删除此登录账号,则单击【确定】按钮,否则单击【取消】按钮即可。

(2) 修改登录账号的属性。在创建登录账号之后,还可以对登录账号的密码等信息进行修改。具体操作步骤如下。

步骤 1: 启动 Microsoft SQL Server Management Studio 管理器,在【对象资源管理器】窗口逐级展开服务器名称|【安全性】节点。

步骤 2: 右击要修改的登录账号,从弹出的快捷菜单中选择【属性】命令,打开【登录属性】窗口,其界面类似于图 8.3。

步骤 3: 选择【常规】选项,在【密码】文本框中输入新的密码;或在【默认数据库】列表框中,选择登录所连接的新的默认数据库。

步骤 4: 选择【安全对象】选项,即可添加新的安全对象;选择【状态】选项,即可确定是否允许连接到数据库引擎及设置该登录是禁用还是启用。

步骤 5: 单击【确定】按钮,即可完成对登录账户的修改。

(3) 查看和删除数据库的用户账号。

步骤 1: 启动 Microsoft SQL Server Management Studio 管理器,在【对象资源管理器】窗口逐级展开服务器名称|【数据库】|【用户数据库】(如 TeachingData)|【安全性】|【用户】节点,即可看到当前数据库的所有用户账号。

步骤 2: 右击欲删除的用户名,从弹出的快捷菜单中选择【删除】命令,在弹出的【删除对象】对话框中单击【确定】按钮即可。

2) 利用 T-SQL 语句管理

(1) 查看服务器的登录账号。使用 sp_helplogins 系统存储过程可以查看指定的登录账

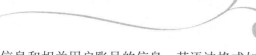

号信息和相关用户账号的信息。其语法格式如下。

```
sp_helplogins ['login_name']
```

参数说明如下。

login_name：指定要查看的登录名。login_name 的数据类型为 sysname，默认值为 NULL。如果指定该参数，则 login_name 必须存在。如果未指定 login，则返回当前数据库的所有登录账号的信息。

说明：

在该语句的结果集中将返回两个报告，第一个报告包含指定的登录账号信息，第二个报告包含与登录账号相关联的用户账号信息。

（2）修改服务器的登录账号。修改登录账号的属性可以使用 ALTER LOGIN 语句，其语法格式如下。

```
ALTER LOGIN login_name
    {
    ENABLE | DISABLE | WITH
      <
      PASSWORD = 'password' [ OLD PASSWORD = 'oldpassword' ]
      | DEFAULT_DATABASE = database
      | DEFAULT_LANGUAGE = language
      | NAME = login_name
    > [ ,... ]
    }
```

参数说明如下。

- login_name：指定正在更改的 SQL Server 登录账号。
- ENABLE | DISABLE：启用或禁用此登录账号。
- password：指定正在更改的登录账号的密码，仅适用于 SQL Server 登录账号。
- oldpassword：要指派新密码的登录账号的当前密码，仅适用于 SQL Server 登录账号。
- database：指定将指派给登录账号的默认数据库。
- language：指定将指派给登录账号的默认语言。
- login_name：正在重命名的登录账号的新名称。SQL Server 登录的新名称不能包含反斜杠字符（\）。

（3）删除服务器的登录账号。删除 SQL Server 登录账号可以使用 DROP LOGIN 语句，其语法格式如下。

```
DROP LOGIN login_name
```

其中，login_name 是指定要删除的登录账号。

注意：

不能删除正在使用的登录名，也不能删除拥有任何安全对象、服务器级别对象或 SQL 代理作业的登录名。

（4）查看数据库的用户账号。使用 sp_helpuser 系统存储过程可以查看有关当前数据库中的用户账号信息。其语法格式如下。

```
sp_helpuser [security_account]
```

参数说明如下。

security_account：当前数据库中数据库用户账号或数据库角色的名称。security_account 必须存在于当前数据库中。security_account 的数据类型为 sysname，默认值为 NULL。如果未指定 security_account，则 sp_helpuser 返回当前数据库主体的信息。

（5）修改数据库的用户账号。若要重命名数据库用户账号或更改它的默认架构可以使用 ALTER USER 语句，其语法格式如下。

```
ALTER USER user_name
WITH < NAME = new_user_name
| DEFAULT_SCHEMA = schema_name
 > [ ,...n ]
```

参数说明如下。

- user_name：指定在此数据库中用于识别该用户的名称。
- new_user_name：指定此用户的新名称，且不存在于在当前数据库。
- schema_name：指定服务器在解析此用户的对象名称时将搜索的第一个架构。

（6）删除数据库的用户账号。若要从当前数据库中删除用户可使用 DROP　USER 语句，其语法格式如下。

```
DROP  USER user_name
```

8.2.3　应用实例

【例 8-1】　在 SQL Server 服务器上，创建 stu_admin 登录账号，密码为 123，默认数据库为 teachingData。

```
CREATE LOGIN stu_admin
WITH PASSWORD = '123' , DEFAULT_DATABASE = teachingData
```

【例 8-2】　从 Windows 域账户创建 [NT AUTHORITY\LOCAL SERVICE] 登录名。

```
CREATE LOGIN [NT AUTHORITY\LOCAL SERVICE] FROM WINDOWS;
```

【例 8-3】　在 TeachingData 数据库中为登录账号 stu_admin 创建用户账号，并取名为 U1。

```
USE TeachingData
CREATE USER U1 FOR LOGIN stu_admin
```

【例 8-4】　禁用 stu_admin 登录账号。

```
ALTER LOGIN stu_admin DISABLE
```

【例 8-5】　对 stu_admin 登录账号重新启用后，将账号的登录密码更改为 111。

```
ALTER LOGIN stu_admin ENABLE
ALTER LOGIN stu_admin WITH PASSWORD = '111'
```

【例 8-6】　将 stu_admin 登录账号称更改为 user1。

```
ALTER LOGIN stu_admin WITH NAME = user1
```

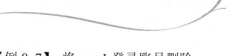

【例 8-7】 将 user1 登录账号删除。

```
DROP LOGIN user1;
```

【例 8-8】 将数据库用户 U1 的名称更改为 user_stu。

```
ALTER USER U1 WITH NAME = user_stu
```

8.3 权 限 管 理

当用户成为指定数据库中的合法用户之后，除了具有一些系统表的查询权之外，对数据库中的数据和对象并不具有任何操作权限，因此，接下来就需要为数据库中的用户账号授予数据库数据及对象的操作权限。

8.3.1 SQL Server 权限分类

在 SQL Server 中，权限分为对象权限和语句权限两种。

1. 对象权限

对象权限是针对表、视图和存储过程而言的，是指用户对数据库对象中的数据能够执行哪些操作。例如，当用户 U1 要成功修改 StuInfo 表中的数据，前提是用户 U1 已获得 StuInfo 表的 UPDATE 权限。不同类型的对象支持不同的操作，各种对象支持的常用操作见表 8-1。

表 8-1 对象权限表

权　限	描　述
SELECT	可以查询表、视图中的数据
INSERT	可以向表中插入行
UPDATE	可以修改表中的数据
DELETE	可以从表中删除行
EXECUTE	可以执行存储过程
ALTER	可以修改表的属性
REFERENCES	可以通过外码引用其他表
TAKE OWNERSHIP	可以取得表的所有权

其中，SELECT、INSERT、UPDATE 和 DELETE 权限可以应用到整个表或视图中；SELECT 和 UPDATE 权限还可以有选择地应用到表或视图中的指定列上。

2. 语句权限

语句权限是指用户是否具有权限来执行某一语句，这些语句通常是一些具有管理性的操作，如创建表。这类语句的特点是在语句执行前操作的对象并不存在于数据库中，所以将其归为语句权限。SQL Server 提供的语句权限见表 8-2。

表 8-2 语句权限表

权　限	描　述
CREATE DATEBASE	创建数据库
CREATE TABLE	创建表

(续)

权　　限	描　　述
CREATE VIEW	创建视图
CREATE PROCEDURE	创建存储过程
CREATE RULE	创建规则
CREATE DEFAULT	创建默认
BACKUP DATABASE	备份数据库
BACKUP LOG	备份事务日志

8.3.2　利用【对象资源管理器】窗口管理用户权限

权限的管理主要是指权限的授予、收回和拒绝访问 3 个方面。在 SQL Server 中可以通过【对象资源管理器】窗口和 T-SQL 语句实现。

首先来学习利用【对象资源管理器】窗口管理用户权限，这种方法操作简单，易于掌握，比较适合于初学者使用。例如，为 U1 用户授予 StuInfo 表的插入、选样、修改和删除权限，具体操作步骤如下。

步骤 1： 启动 Microsoft SQL Server Management Studio 管理器，在【对象资源管理器】窗口逐级展开服务器名称|【数据库】|【用户数据库】（如 TeachingData)|【安全性】/【用户】节点，列出当前数据库的所有用户。

步骤 2： 右击要设置权限的用户账号 U1，从弹出的快捷菜单中选择【属性】命令，打开对应的数据库用户窗口。

步骤 3： 在上述窗口的【选择页】窗格中选择【安全对象】选项，如图 8.6 所示。

图 8.6　【安全对象】界面

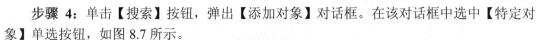

步骤 4：单击【搜索】按钮，弹出【添加对象】对话框。在该对话框中选中【特定对象】单选按钮，如图 8.7 所示。

图 8.7 【添加对象】对话框

步骤 5：单击【确定】按钮，弹出【选择对象】对话框。在该对话框中单击【对象类型】按钮选择操作的对象类型为表，单击【浏览】按钮选择操作对象的名称为 StuInfo，如图 8.8 所示。

图 8.8 【选择对象】对话框

步骤 6：单击【确定】按钮后，返回到【安全对象】界面，在该界面的【授予】列表框中选取插入、选择、更改和删除等权限，如图 8.9 所示。

步骤 7：单击【确定】按钮，完成对象的权限设置。

注意：

如果只允许用户查询 StuInfo 表的 SID 和 Sname 两列，可以单击图 8.9 所示界面中的【列权限】按钮，进一步设置用户对其中的哪些列具有操作权限。

说明：

上面介绍的是面向单一用户的权限设置，SQL Server 同时提供了面向数据库对象的权限设置。除在上述操作的步骤 1 中需要右击用户数据库中的对象名（如 StuInfo 表）外，其余操作基本类似。限于篇幅这里不再详述。

利用【对象资源管理器】窗口对用户进行权限的撤销和拒绝设置，与对用户进行授权操作的过程类似，这里不再赘述。

图 8.9　【安全对象】界面中的权限设置

8.3.3　利用 T-SQL 语句管理用户权限

利用 T-SQL 中的 GRANT 语句、REVOKE 语句和 DENY 语句也可以实现对数据库中的用户进行权限管理。

1．GRANT 语句

使用 GRANT 语句可以实现对表、视图、存储过程等数据对象的授权，其语法格式如下。

```
GRANT
  { ALL [ PRIVILEGES ] | permission [ ,...n ] }
  {[ ( column [ ,...n ] ) ] ON { table_name | view_name } }
  | ON { table_name | view_name } [ ( column [ ,...n ] ) ]
   TO security_account [ ,...n ]
   [ WITH GRANT OPTION ]
```

参数说明如下。

（1）ALL：表示具有所有的语句权限或所有的对象权限。

（2）permission：是指相应对象的有效权限的组合。

（3）column：指定表、视图中要授予对其权限的列名称，且只能授予对列的 SELECT、REFERENCES 及 UPDATE 权限。列名需要使用括号（）括起来。

（4）security_account：表示被授权的一个或多个用户账号。

（5）WITH GRANT OPTION：表示获得某种权限的用户还可以将此权限授予其他用户；若无此短语，表示该用户只能使用被授予的权限，不能传播权限。

2. REVOKE 语句

使用 REVOKE 语句可以撤销给数据库用户授予或拒绝的权限，其语法格式如下。

```
REVOKE [ GRANT OPTION FOR ]
    { [ ALL [ PRIVILEGES ] ] | permission [ ( column [ ,...n ] ) ] [ ,...n ] }
    { TO | FROM } security_account [ ,...n ]
    [ CASCADE]
```

参数说明如下。

（1）GRANT OPTION FOR：指示将撤销授予指定权限的能力。

（2）CASCADE：指示当前正在撤销的权限也将从其他被该主体授权的主体中撤销。

3. DENY 语句

使用 DENY 语句可以拒绝对授予用户或角色的权限，防止用户通过其组或角色成员身份继承权限。其语法格式如下。

```
DENY { [ ALL [ PRIVILEGES ] ] | permission [ ( column [ ,...n ] ) ] [ ,...n ] }
    TO security_account [ ,...n ]
    [ CASCADE]
```

8.3.4 应用实例

【例 8-9】 将 StuInfo 表的查询权限授予用户 U1。

```
GRANT SELECT ON StuInfo
    TO U1
```

执行此操作后，stu_admin 登录 SQL Server 后，可以对 StuInfo 表进行 SELECT 的操作，但不能将此权限授予其他用户。

【例 8-10】 将表 ScoreInfo 的查询权授予全体用户。

```
GRANT SELECT ON ScoreInfo
    TO PUBLIC
```

执行此操作后，每个用户登录 SQL Server 后都可以对 ScoreInfo 表进行 SELECT 操作。

【例 8-11】 将表 StuInfo 的插入权和修改 Sname 的权限授予用户 U2。

```
GRANT SELECT UPDATE(Sname) ON StuInfo
    TO U2
```

执行此操作后，U2 用户登录 SQL Server 后可以对 ScoreInfo 表进行 SELECT 的操作，并且可以对该表中的 Sname 列进行修改操作。

【例 8-12】 将 TchInfo 表的查询权授予用户 U3，并允许它将此权限再授予其他用户。

```
GRANT SELECT ON TchInfo
    TO U3
    WITH GRANT OPTION
```

执行此操作后，U3 用户登录 SQL Server 后不仅可以对 TchInfo 表进行 SELECT 操作，还可以使用 GRANT 语句给其他用户授权。例如，U3 给 U4 授予此权限：

```
GRANT SELECT ON TchInfo
    TO U4
    WITH GRANT OPTION
```

操行上面语句后 U4 获得了对 TchInfo 表的 SELECT 权限，并允许将此权限再授予其他用户，如 U4 为 U5 授权：

```
GRANT SELECT ON TchInfo
    TO U5
```

此时 U5 只获得了对 TchInfo 表的 SELECT 权限，没有获得传播的权利，因此，它不能再给其他用户授权。

【例 8-13】 撤销用户 U2 在 StuInfo 表上 Sname 的修改权。

```
REVOKE UPDATE(Sname) ON StuInfo
    FROM U2
```

【例 8-14】 撤销用户 U3 对 TchInfo 表的查询权限。

```
REVOKE SELECT ON TchInfo
    FROM U3
    CASCADE
```

由于前面操作中 U3 在获得了对 TchInfo 表的 SELECT 权限后，又将该操作权授予了 U4，U4 又授予了 U5。在执行上例的 REVOKE 语句后，将 U3 用户对 TchInfo 表的 SELECT 权限收回的同时，采用级联收回的方式自动收回 U4 和 U5 对 TchInfo 表的 SELECT 权限。如果省略 CASCADE，系统将拒绝执行该命令。

注意：

如果用户 U4 和 U5 还从其他用户那里获得了对 TchInfo 表的 SELECT 权限，执行上例的 REVOKE 语句后，系统只收回直接或间接从 U3 处获得的权限，并不收回从其他用户处获得的权限，因此他们仍具有此权限。

【例 8-15】 拒绝用户 U1 拥有 ScoreInfo 表的查询权限。

```
DENY SELECT ON ScoreInfo
    TO U1
```

执行此操作后，U1 用户登录 SQL Server 不能对 ScoreInfo 表进行 SELECT 操作，即使该用户被明确授予或继承了对 ScoreInfo 表进行 SELECT 权限，仍然不允许执行相应的操作。

8.4 角 色 管 理

在数据库中，为了简化对用户操作权限的管理，可以将具有相同权限的一组用户组织在一起，形成数据库中的角色(Role)。对一个角色授予、撤销和拒绝的权限适用于该角色中的任何成员。使用角色来管理数据库权限可以简化授权过程。例如，可以建立一个角色来代表单位中一类工作人员所执行的工作，再给这个角色授予适当的权限。当用户发生变化是时，只需添加或删除角色中的成员即可，不必为每个用户反复地进行权限设置。

在 SQL Server 2012 中，角色分为系统预定义角色和用户自定义角色。固定角色又分为固定服务器角色和固定数据库角色。

8.4.1 系统预定义角色

1．固定服务器角色

1）固定服务器角色及其权限

固定服务器角色是负责管理和维护 SQL Server 的组，一般只是设置需要管理服务器的登录账号属于固定服务器角色。SQL Server 2012 安装后自动创建了在服务器级别上的预定义的固定服务器角色和相应的权限。用户不能添加、更改和删除固定服务器角色，但是可以将登录账号添加到固定服务器角色中。固定服务器角色及其权限的描述见表 8-3。

表 8-3　固定服务器角色及其权限的描述

固定服务器角色	权　　限
sysadmin	该角色可以在服务器中执行任何操作。Windows BUILTIN\Administrators 组的所有成员都是 sysadmin 的成员
securityadmin	管理服务器登录账户和创建数据库的权限
serveradmin	能够配置服务器的设置选项，关闭服务器
setupadmin	能执行某些系统存储过程及管理链接服务器
processadmin	管理 SQL Server 实例中运行的进程
diskadmin	管理磁盘文件
dbcreator	创建、修改和删除数据库
bulkadmin	执行大容量数据的插入操作

2）将登录账号添加到固定服务器角色的方法

（1）使用【对象资源管理器】窗口为登录账号指定和删除服务器角色。

步骤 1：启动 Microsoft SQL Server Management Studio 管理器，在【对象资源管理器】窗口逐级展开服务器名称|【安全性】|【服务器角色】节点，显示预定义的固定服务器角色。

步骤 2：右击添加登录账号的服务器角色，如 sysadmin，从弹出的快捷菜单中选择【属性】命令，打开服务器角色属性窗口。

步骤 3：单击【添加】按钮，弹出【添加成员】对话框。在该对话框中选择相应的登录账号，如图 8.10 所示。单击【确定】按钮即可将选中的登录添加到固定服务器角色中。

（2）利用 T-SQL 语句为登录账号指定和删除服务器角色。SQL Server 提供系统存储过程 sp_addsrvrolemember 为登录账号指定服务器角色，其语法格式如下。

```
sp_addsrvrolemember {'login_name'}, 'role_name'
```

参数说明如下。

- login_name：指定添加到服务器角色中的登录账号。
- role_name：指定服务器角色的名称。

图 8.10 【查找对象】对话框

SQL Server 还提供了系统存储过程 sp_dropsrvrolemember 为服务器角色删除登录账户，其语法格式如下。

```
sp_dropsrvrolemember { 'login_name'}, 'role_name'
```

2. 固定数据库角色

1) 固定数据库角色及其权限

固定数据库角色是数据库级别上的一些预定义的角色。在创建每个数据库时，都会自动添加这些角色到新创建的数据库中，每个角色对应着相应的权限。固定的数据库角色为管理数据库一级的权限提供了方便，它的成员是来自每个数据库的用户。用户不能被添加、更改和删除固定数据库角色，但是可以将用户账号添加到固定的数据库角色中。固定数据库角色及其权限的描述见表 8-4。

表 8-4 固定数据库角色及其权限的描述

固定的数据库角色	权　　限
db_accessadmin	添加或删除 Windows 用户、组和 SQL Server 登录的访问权限
db_backupoperator	可以进行数据库的备份和恢复操作
db_datareader	可以查询所有用户表中的所有数据
db_datawriter	可以添加、删除和更改所有用户表中的数据
db_ddladmin	在数据库中运行所有数据定义语句(DDL)，可以建立、删除和修改数据库对象
db_denydatareader	禁止查询数据库的所有用户表中的任何数据
db_denydatawriter	禁止添加、删除和更改所有用户表中的数据
db_owner	在数据库中拥有全部权限
db_securityadmin	可以管理数据库角色和角色成员，并管理权限
public	默认不具有任何权限，但用户可以对此角色授权

其中，public 角色是一个特殊的数据库角色，每个数据库的用户都自动是 public 数据库角色的成员。用户无法在 public 角色中添加和删除成员，但是用户可以对这个角色进行

授权，而其他固定数据库角色的权限是固定的，用户不可改变。如果想让数据库的所有用户都具有某个权限，则可以将该权限授予 public。同时，如果没有给用户专门授予某个对象的权限，他们就只能使用授予 public 角色的权限。

2）为固定服务器角色添加用户账号

（1）使用【对象资源管理器】窗口查看数据库角色和为数据库角色添加用户账号。现以将 TeachingData 数据库中的用户账号 U1 添加到 db_owner 数据库角色为例，具体操作步骤如下。

步骤 1：启动 Microsoft SQL Server Management Studio 管理器，在【对象资源管理器】窗口逐级展开服务器名称|【数据库】|【TeachingData】|【安全性】|【角色】|【数据库角色】节点，这时可以看到 10 个默认的数据库角色。

步骤 2：右击添加用户账号的数据库角色 db_owner，从弹出的快捷菜单中选择【属性】命令，打开数据库角色属性窗口，显示 db_owner 角色拥有的框架和成员。

步骤 3：单击【添加】按钮，弹出【选择数据库用户或角色】对话框，在此选择用户 U1 并单击【确定】按钮返回。

步骤 4：在完成用户账号的添加后，单击【确定】按钮即可将所选用户账号添加到 db_owner 数据库角色中。

（2）利用 T-SQL 语句为数据库角色添加用户账号。SQL Server 提供系统存储过程 sp_addrolemember 可为数据库角色添加用户账号，其语法格式如下。

```
sp_addrolemember 'role', 'security_account'
```

参数说明如下。

- role：当前数据库中的数据库角色的名称。role 数据类型为 sysname，无默认值。
- security_account：是添加到该角色的安全用户账户。security_account 可以是数据库用户、数据库角色、Windows 登录或 Windows 组。

8.4.2　用户自定义角色

当为一组数据库用户在 SQL Server 中设置相同的一组权限时，但这些权限的集合不等同于固定数据库角色所具有的权限时，可以通过用户自定义角色来满足这一要求，轻松地管理数据库中的权限。

1．创建用户自定义角色

1）使用【对象资源管理器】窗口创建用户自定义角色

现以在 TeachingData 数据库中创建 R1 用户自定义角色，并为它添加 U1 用户账号为例，介绍利用【对象资源管理器】窗口创建用户自定义角色的具体步骤。

步骤 1：启动 SQL Server Management Studio 管理器，在【对象资源管理器】窗口中，逐级展开服务器名称|【数据库】|【TeachingData】|【安全性】|【角色】节点。

步骤 2：右击【角色】节点，从弹出的快捷菜单中选择【新建数据库角色】命令，打开图 8.11 所示的【数据库角色-新建】窗口。

步骤 3：选择【常规】选项，在【角色名称】文本框中输入创建的数据库角色的名称 R1；在【此角色拥有的架构】列表框中也可以选择当前新创建的角色要添加到哪个固定数据库角色。

图 8.11　【数据库角色-新建】窗口

步骤 4：单击【添加】按钮，直接为此角色添加成员用户账号 U1，返回【数据库角色-新建】窗口后，单击【确定】按钮即可；也可以不添加成员，直接单击【确定】按钮完成角色的创建。

此时创建的角色时无成员的，可以在以后的应用中添加。

2）使用 T-SQL 语句创建用户自定义角色

SQL Server 提供系统存储过程 sp_addrole 可为数据库角色添加用户账号，其语法格式如下。

```
sp_addrole 'role',[ 'owner']
```

参数说明如下。

（1）role：要创建的数据库角色的名称。

（2）owner：数据库角色的拥有者，默认值为 dbo。

【例 8-16】　在 TeachingData 数据库中创建新的数据库角色 Teacher。

```
sp_addrole Teacher
```

2．为用户定义角色授权

为用户定义角色授权可以通过【对象资源管理器】窗口或 T-SQL 语句实现。若使用 T-SQL 语句给角色授权与给用户授权语法格式完全一样，这里不再赘述。这里只介绍利用【对象资源管理器】窗口给角色授权。

步骤 1：在【对象资源管理器】窗口中，右击要授权的用户自定义角色的名称，在弹出的快捷菜单中选择【属性】命令。

步骤 2：在打开的角色属性窗口中选择【安全对象】选项，在此界面下即可实现对角色的授权。

3. 为用户自定义角色添加/删除成员

步骤 1：启动 SQL Server Management Studio 管理器，在【对象资源管理器】窗口中，逐级展开服务器名称|【数据库】|【TeachingData】|【安全性】|【角色】|【数据库角色】节点。

步骤 2：右击要添加成员的用户自定义角色名，从弹出的快捷菜单中选择【属性】命令，在打开的属性窗口中，选择【常规】选项，单击【添加】按钮，弹出【选择数据库用户或角色】对话框。

步骤 3：在该对话框中单击【浏览】按钮，弹出【查找对象】对话框，如图 8.12 所示。

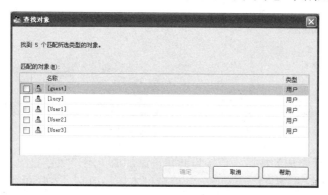

图 8.12 【查找对象】对话框

步骤 4：在【查找对象】对话框中，选中用户名左侧的复选框来确定添加和删除的用户。最后单击【确定】按钮完成操作。

使用系统存储过程来添加删除成员与为固定数据库角色添加删除成员相同，参见 8.4.1。

8.4.3 应用实例

【例 8-17】 将登录账号 U1 添加到固定服务器角色 sysadmin 中。

```
sp_addsrvrolemember U1, sysadmin
```

8.5 数据的备份与还原

对一个企业来说，数据的安全性是至关重要的，数据一旦遭受破坏或丢失可能造成不可挽回的损失。虽然 SQL Server 2012 本身具有较高的稳定性，也采用了内置的安全性和数据保护措施，但这种安全管理主要针对非法用户对数据库或数据的破坏，不能确保数据库中的数据不被丢失。例如，当一个合法用户不小心对一个数据库做了不正确的操作、保存数据库文件的存储设备出现不可修复的故障、突然停电导致软硬件的错误等，这种意外事故往往是不可预见的，也是不可避免的。因此，需要采用一定的措施来解决这些问题。SQL Server 2012 提供的解决方案是对数据库进行备份的，使用户可以在出现故障后将正确数据还原。

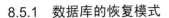

8.5.1　数据库的恢复模式

　　备份和还原操作是在恢复模式下进行的。恢复模式是数据库的属性之一，用于控制数据库备份和还原操作的基本行为。恢复模式简化了恢复计划、备份和恢复过程，明确了系统操作要求之间、可用性和恢复要求之间的权衡。

　　数据库的恢复模式有3种：简单恢复模式、完整恢复模式和大容量日志恢复模式，其描述见表8-5。

表 8-5　恢复模式的比较

恢复模式	描　　述	工作损失风险	是否恢复到时间点
简单	没有事务记录备份，系统自动收回日志空间，使硬盘空间需求保持在最低	最近一次备份之后所做的变更并未受到保护。如果发生损毁事件，则必须重做这些变更	因为没有事务日志备份，所以不能恢复到失败的时间点，只能恢复至备份结束时
完整	需要备份事务记录文件，它是系统默认的恢复模式，在该模式下应该定期做事务日志备份，否则日志文件将会变得很大	适用于对数据可靠性要求较高的数据库。在该模式下数据丢失的风险最小。若事务日志损坏，则需要重做自最新日志备份后所做的更改	可以将数据恢复至特定的时间点(假设已完成至该时间点的备份)，这个时间点可以是最近一次可用的备份、一个特定的日期和时间或标记的事务
大容量日志	简略地记录大多数大容量操作，完整地记录其他事务。它是对完整恢复模式的补充。使用该恢复模式，在保护大容量操作不受媒体故障的危害下，提供最佳性能并占用最小日志空间	由于日志不完整，一旦出现问题，数据将有可能无法恢复	可恢复至任何备份结束时，不支持时间点恢复

　　当数据库的恢复模式设置为大容量日志恢复模式时，以下行为将不产生管理事务记录：

　　(1) 执行 SELECT INTO 语句。

　　(2) 执行 BULK COPY 语句或 bcp 工具程序。

　　(3) 建立索引、ALTER INDEX REBUILD 或 DBCC DBREINDEX 等操作。

　　(4) 对 text、ntext 及 image 大型数据类型的运行，如 WRITETEXT 或 UPDATETEXT。或是针对 varchar(max)、nvarchar(max) 及 varbinary(max) 数据类型使用 UPDATE 陈述式的 WRITE 子句。

　　由于上述操作都将耗费大量事务日志空间，若这些操作不产生日志记录，就可大大提高执行效率。

　　数据库的恢复模式可以随时进行切换，如果在大容量操作过程中发生切换，则大量的操作记录会适当地变更，执行很多大容量操作的前后在完整恢复模式和大容量日志恢复模式之间进行切换会很有益处。完整恢复模式会完整记录所有的事务，主要用于一般状况，大容量日志恢复模式主要是暂时用于大型的大容量操作期间。

对于使用完整恢复模式的数据库而言，临时切换至大量记录恢复模式以进行大量操作，可以明显改善大容量数据操作的性能，不过，如果对数据损失控制的要求较高，建议只在下列情况切换至大容量日志恢复模式，从而可以避免数据丢失：

(1) 目前数据库不允许用户进行一般操作。

(2) 大量处理期间，并未进行任何必须依赖建立事务记录文件备份才能恢复的数据修改。

(3) 在切换到大容量日志恢复模式之前，须先备份事务记录文件。

(4) 执行大容量操作之后，立即切换回至完整恢复模式。

(5) 切换回完整恢复模式之后，再次备份事务记录文件。

在这两种恢复模式切换时，其备份策略维持不变，持续执行定期数据库备份、事务记录文件备份及差异备份。

我们也可以将完整恢复模式或大容量日志恢复模式切换到简单恢复模式，但在切换之前应该先备份事务日志文件，以便允许恢复到该时间点。简单恢复模式不支持备份事务记录文件，所以在切换之后，会中断任何备份事务日志的排定操作，须重新查看备份策略是否受到影响。

数据库的恢复模式可以在 SQL Server Management Studio 的【对象资源管理器】窗口中方便地进行设置。其操作步骤如下。

步骤 1：启动 SQL Server Management Studio 管理器，在【对象资源管理器】窗口中展开【数据库】，右击相应的数据库名，从弹出的快捷菜单中选择【属性】命令，打开数据库属性窗口。

步骤 2：在数据库属性窗口的【选择页】窗格中选择【选项】选项，在【恢复模式】下拉列表框中选择所需要的恢复模式，如图 8.13 所示。

图 8.13　更改数据库的恢复模式

8.5.2　数据库的备份

SQL Server 2012 提供了高性能的备份和还原机制。数据库备份可以创建备份完成时数据库内存在的数据的副本，这个副本能在遇到故障时恢复数据库。另外，数据库备份对于例行的工作(如将数据库从一台服务器复制到另一台服务器、设置数据库镜像、重要文件归档和灾难恢复)也很有用，备份是数据库日常管理的一项重要工作。

SQL Server 2012 中，对数据库或事务日志进行备份时，数据库备份记录了在进行备份这一操作时数据库中所有数据的状态，以便在数据库遭到破坏时能够及时地将其恢复。备份数据库操作是动态进行的，即在备份数据库时，仍允许其他用户继续对数据库进行操作。但是，在备份过程中不允许执行以下操作：

(1) 创建或删除数据库文件。

(2) 创建索引。

(3) 执行非日志操作。

(4) 自动或手工缩小数据库或数据库文件大小。

如果以上各种操作正在进行时执行备份操作，则备份处理将被终止。如果在备份过程中执行以上任何操作，则操作将失败，而备份将继续进行。

注意：

SQL Server 2012 只允许系统管理员、数据库所有者和数据库备份执行者对数据库进行备份操作。

1. 备份类型

SQL Server 2012 提供了 3 种不同的备份类型：完整备份、差异备份和事务日志备份。

1) 完整备份

完整备份将备份整个数据库，包括事务日志部分(以便可以恢复整个备份)。完整备份代表备份完成时的数据库。通过包括在完整备份中的事务日志，可以使用备份恢复到备份完成时的数据库。

完整备份使用的存储空间比较大，完成完整备份所需花费的时间也比较长。在使用完整备份之前首先要估计完整备份的大小，在完整备份过程中，备份操作只将数据库中的数据复制到备份文件。由于完整备份只包含数据库内的实际数据，因此完整备份通常比数据库本身小。可以通过使用系统存储过程 sp_spaceused 来估计完整备份的大小。

创建完整备份是单一操作，通常会安排该定期备份。完整备份包含数据库中的所有数据，并且可以用作差异备份所依据的基准备份。

2) 差异备份

差异备份仅记录上次完整备份后更改过的数据。差异备份比完整备份更小、更快，可以简化频繁的备份操作，减少数据丢失的风险。差异备份是以上一次的完整备份为基准的，也就是说必须先做完整备份，才能做差异备份。差异备份是为了弥补完整备份所花费时间长、占用空间多的不足设计的一个备份功能，所以建议在两个完整备份之间定期创建差异备份，对于数据变化频度较高的系统，可以频繁地做差异备份。

在还原差异备份之前，必须先还原其基准备份。如果按照给定基准进行一系列差异备份，则在还原时只需还原基准和最近的差异备份。建议完全按照保留的基准保留创建的所有差异备份。如果最近的差异备份损坏了，则可以使用上一个差异备份还原数据库。

使用完整恢复模式和大容量日志恢复模式时，差异备份可以尽量减少还原数据时前滚事务日志备份所花费的时间。差异备份将把数据库还原到完成差异备份的时刻。为了恢复到故障点，必须使用事务日志备份。如果自上次完整备份后又创建了文件备份，则下一个差异备份的操作开始时将扫描备份文件以确定变化内容。这可能会导致差异备份的性能有所降低。

3）事务日志备份

事务日志是数据库的"黑匣子"，记录了上次备份数据后所有对数据库进行改动的操作，因此，通过上次备份的数据库和事务日志即可恢复到对数据库进行操作的某一点。事务日志备份是对数据库发生的事务进行备份，包括从上次进行事务日志备份、差异备份或完整备份之后，所有已经完成的事务。它可以在相应数据库备份的基础上，尽可能地恢复最新的数据库记录。由于它仅对数据库事务日志进行备份，因此其需要的磁盘空间和备份时间都比数据库备份少得多。执行事务日志备份主要有两个原因：首先，要在一个安全的介质上存储自上次事务日志备份或数据库备份以来修改的数据；其次，要适当地关闭事务日志到它的活动部分的开始。

注意：

（1）在进行完整备份或差异备份时还可以选择备份的组件，包括"数据库"和"文件和文件组"两种。其中，"数据库"指的是数据库中的所有文件和文件组，而"文件和文件组"指的是数据库中的一个或多个文件或文件组，是部分数据库，而不是整个数据库。

（2）当 SQL Server 2012 系统备份文件和文件组时，必须指定需要备份的文件，可以指定多个文件或文件组。

2. 备份策略

如何进行备份是数据库管理员日常管理中必须考虑的一项重要工作，很多企业对一些重要的数据库都进行了异地备份，如证券交易所、银行等，对于这些不允许丢失数据的企业往往会同时在不同地方制作多个数据备份。

创建备份的目的是可以恢复已损坏的数据库。由于备份和还原数据需要占用一定量的资源，因此，可靠使用备份和还原以实现恢复需要制定备份和还原策略。设计良好的备份和还原策略可以提高数据的可用性、减少数据丢失并能合理地使用系统资源。

设计有效的备份策略需要进行计划、实现和测试。在设计备份策略时首先要了解用户对数据库的要求、数据库的特性和对资源的约束。

1）用户对数据库的要求

（1）用户对数据库有什么可用性要求？

（2）每天什么时间必须处于在线状态？

（3）服务器停机会对业务造成多大的经济损失？

（4）如果遇到媒体故障，如磁盘驱动器或服务器发生故障，可接受的停机时间是多长？

2）数据库的特性

（1）每个数据库有多大？

（2）哪些表修改频率更高？

（3）什么时候需要大量使用数据库，从而导致频繁地插入和更新操作？

（4）数据库是否易受周期性的数据库大容量操作影响？

3）对资源的约束

（1）现有的硬件设备性能如何？

（2）系统资源的分布情况如何？

（3）使用单位是否雇用系统或数据库管理员？

（4）负责备份和恢复操作的员工专业水平如何？

不同的情况需要采取不同的备份策略，在设计备份策略时主要基于以下几个方面的考虑。

（1）性能：评估备份与还原本身的性能，以及备份对在线数据库运行性能冲击的大小。

（2）数据流失量：当数据库系统发生异常时可能的数据流失量，据此评估备份频率。

（3）空间的容量和分布情况：事务记录的空间使用量及其分布情况，它是数据备份和恢复模式选择的重要依据。

（4）简单性：整个备份与还原的过程力求简单，备份是常态性的工作，如果设计得太过复杂，时间一久会难以控制。还原数据时，受时间上的限制，过于复杂的操作也可能会导致出错。

在实际应用中，通常需要将完整备份、差异备份和事务日志备份结合起来使用。如果数据库每天变动的数据量很小的话，可以每周做一次完整备份，如周末做一次完整备份，平时下班前做一次事务日志备份，那么一旦数据库发生问题，也可以将数据恢复到前一天下班时的状态。当然也可以周末做一次完整备份，平时每天下班前做一次差异备份，这样一旦数据库发生问题，同样也可以将数据恢复到前一天下班时的状态，只是每周的下半周做差异备份时，备份的时间和备份的文件都会增加，但在数据损坏时，只需恢复完整备份的数据和前一天差异备份的数据即可，不需要恢复每一天的事务日志备份，恢复所需的时间比较短。

如果数据库中数据的变动比较频繁，只要损失一个小时的数据都会对使用单位造成较大的损失，此时可以采用 3 种备份方式交替使用的方法来备份数据库。每天下班时做一次完整备份，在两次完整备份之间每隔 8 小时做一次差异备份，在两次差异备份之间每隔一小时做一次事务日志备份。这样，一旦数据损坏既可以将数据恢复到最近一个小时以内的状态，又能减少数据库备份数据的时间和备份数据文件的大小。

如果数据库文件过大不易备份时，可以分别备份数据库文件或文件组，将一个数据库分多次备份。在实际操作中，还有一种情况可以使用数据库文件备份。例如，一个数据库中某些表中的数据变动很少，而另有一些数据表变动非常频繁，则可以考虑将这些数据表分别存储在不同的文件或文件组中，再通过不同的备份方案来备份这些文件和文件组。使用文件和文件组进行备份时，还原数据也需要分多次才能将整个数据库还原完毕，所以除非数据库大到备份困难时，一般不建议采用这种备份方式。

要设计出好的备份策略，需要在实践中不断摸索，具体情况具体分析，经过一段时间的跟踪测试，才能最后确定，如果情况发生变化还需要进行重新调整。

注意：

除了要备份用户自己创建的数据库外，也应备份系统数据库中的 master 数据库和 msdb 数据库。否则一旦系统崩溃，即使有用户数据库的备份也无法完全恢复。

3. 备份设备

在进行备份操作时需要告诉系统你打算把备份数据写在哪个设备上，这个设备我们就称为备份设备。在 SQL Server 2012 中，备份设备通常可以是磁盘或磁带设备。

如果备份设备为硬盘或其他磁盘存储媒体上的文件，则引用磁盘备份设备与引用任何其他操作文件一样，可以在服务器本地磁盘上或共享网络资源的远程磁盘上定义磁盘备份设备，磁盘备份设备根据需要可大可小。如果要通过网络备份到远程计算机上的磁盘，须使用通用命名约定(UNC)名称(格式为\\<SystemName>\<ShareName>\<Path> \<FileName>)来指定文件的位置。磁带备份设备的用法与磁盘设备基本相同。如果磁带备份设备在备份操作过程中已满，系统将提示更换新磁带并继续备份操作。

注意：

(1) 备份文件不要与原数据库放在的同一物理磁盘上，否则一旦这个磁盘设备发生故障，将无法恢复数据库。

(2) 磁带设备必须物理连接在运行 SQL Server 2012 的计算机上，系统不支持备份到远程磁带设备上。

SQL Server 2012 数据库引擎使用物理设备名称或逻辑设备名称标示备份设备，物理备份设备是操作系统用来标示备份设备的名称，逻辑备份设备是用户定义的别名，用来标示物理备份设备。逻辑设备名称可以永久性地存储在 SQL Server 的系统表中。使用逻辑备份设备的优点是引用它比引用物理设备名称简单，因为物理设备名称通常由物理设备的路径和文件名组成。例如，逻辑设备名称可以是 StuInfo_Bak，而物理设备名称则可能是 E:\Backups\Stu\full.bak。备份或还原数据库时，物理备份设备名称和逻辑设备可以互换使用。

创建备份设备可以用两种方法：利用"对象资源管理器"窗口或利用系统存储过程 sp_addumpdevice。

1) 利用【对象资源管理器】窗口管理备份设备

使用【对象资源管理器】窗口创建备份设备的方法如下：在【对象资源管理器】窗口中展开【服务器对象】节点，右击【备份设备】节点，从弹出的快捷菜单中选择【新建备份设备】命令，打开【备份设备】窗口，如图 8.14 所示，在其中输入设备名称和目标文件。这里的设备名称就是设备的逻辑名，目标文件为设备的物理名称。

如果要删除已建立的备份设备，只需在【对象资源管理器】窗口中展开【服务器对象】|【备份设备】节点，右击要删除的备份设备名，在弹出的快捷菜单中选择【删除】命令即可。

2) 利用系统存储过程创建备份设备

用户可以通过执行系统存储过程 sp_addumpdevice 来创建备份设备，其语法如下：

```
exec sp_addumpdevice [@devtype = ] 'device_type',
    [@logicalname = ] 'logicalname',
    [@physicalname = ] 'physicallname'
```

参数说明如下。

(1) devtype：存储媒体类型，其值可以为 disk、tape，disk 表示存储媒体为磁盘，tape 表示存储媒体为 Windows 支持的任何磁带设备。

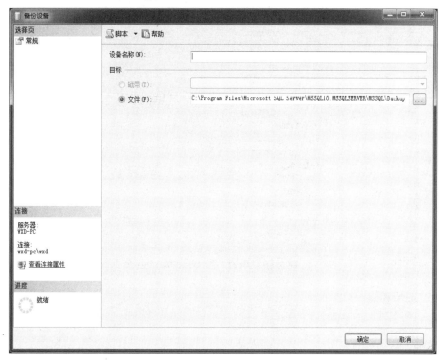

图 8.14　【备份设备】窗口

（2）logicalname：备份设备逻辑名称，相当于图 8.14 中的【设备名称】文本框。

（3）physicalname：备份设备物理名称，相当于图 8.14 中【文件】单选按钮后的文本框。

如果要删除创建的备份设备，则可以执行系统存储过程 sp_dropdevice，其语法如下：

```
exec sp_dropdevice 'logicalname' [,'delfile']
```

这里的 delfile 是指要删除的备份文件。

4. 备份操作

用户可以利用【对象资源管理器】窗口备份数据库，也可以利用 T-SQL 语句备份数据库。

1）利用【对象资源管理器】备份数据库

（1）完整备份。利用【对象资源管理器】窗口实现完整备份的操作步骤如下。

步骤 1： 在【对象资源管理器】窗口中，展开【数据库】节点，右击要备份的数据库名（如 TeachingData），从弹出的快捷菜单中选择【任务】|【备份】命令，打开备份数据库窗口，如图 8.15 所示，在【常规】界面中设置备份类型为【完整】，并根据需要设置备份集信息和备份目标。

说明：

选择要备份的数据库：在【数据库】下拉列表框里可以选择要备份的数据库名。

选择要备份的类型：在【备份类型】下拉列表框里可以选择【完整】、【差异】和【事务日志】3 种备份类型。如果要进行文件和文件组备份，则选中【文件和文件组】单选按钮，此时会打开图 8.16 所示的【选择文件和文件组】窗口，在该窗口里可以选择要备份的文件和文件组，选择完毕后单击【确定】按钮返回图 8.15 所示窗口。

图 8.15　备份数据库的【常规】界面

图 8.16　【选择文件和文件组】窗口

　　设置备份集信息：在【备份集】选项组中可以设置备份集的信息，其中【名称】文本框里可以设置备份集的名称；【说明】文本框中可以输入对备份集的说明内容；在【备份集过期时间】选项组中可以设置本次备份在几天后过期或在哪一天过期，在【晚于】文本框里可以输入的范围为 0～99999，如果为 0 则表示永不过期。备份过期后会被新的备份覆盖。

　　设置备份目标设备：指定备份媒体。SQL Server 2012 可以将数据库备份到磁盘或磁带上，在本例的计算机上没有安装磁带机，所以【磁带】单选按钮是灰色的。将数据备份到磁盘也有两种方式，一种是文件方式，另一种是备份设备方式。单击【添加】按钮可以选择将数据库备份到文件还是备份设备上，可以选择包含单个介质集的多个磁盘或磁带机，但最多不得超过 64 个。

　　步骤 2：在【选择页】窗格中选择【选项】选项，如图 8.17 所示。

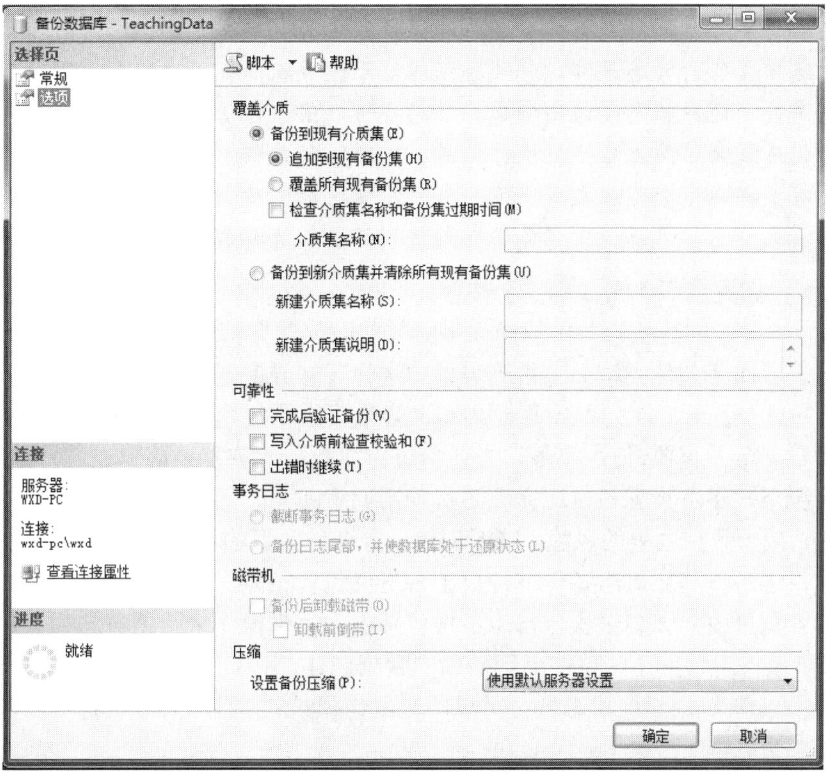

图 8.17　【选项】界面

说明：

　　覆盖介质：选中【追加到现有备份集】单选按钮，则不覆盖现有的备份集，将数据库备份追加到备份集中，同一个备份集里可以有多个数据库备份信息；如果选中【覆盖所有现有备份集】单选按钮，将覆盖现有备份集，以前在该备份集中的备份信息将无法重新读取。

　　设置介质集名称和备份集过期时间：可以通过选中【检查介质集名称和备份集过期时间】复选框，此时要求备份操作时验证备份集的名称和过期时间，在【介质集名称】文本框里可以输入要验证的介质集名称。如果没有指定名称，将使用空白名称创建介质集，当【检查介质集名称和备份集过期时间】复选框处于选中状态时，只有当介质上的介质名称也是空白时才能通过验证；如果指定了介质集名称，则将检查介质(磁带或磁盘)，以确定实际名称是否与此处输入的名称匹配。

　　启用新建介质集备份：选中【备份到新介质集并清除所有现有备份集】单选按钮可以清除以前的备份集，并使用新的介质集备份数据库。在【新建介质集名称】文本框中可以输入介质集的新名称，在【新建介质集说明】文本框中可以输入新建介质集的说明。

设置数据库备份的可靠性：选中【完成后验证备份】复选框，将会验证备份集是否完整及所有卷是否都可读；选中【写入介质前检查校验和】复选框，将会在写入备份介质前验证校验和，此时，可能会增加工作负荷，并降低备份操作的备份吞吐量；选中【出错时继续】复选框，如果备份数据库时发生了错误，备份操作还将继续进行。

设置是否截断事务日志：如果在图 8.15 所示的【常规】界面中选择的备份类型为事务日志，那么【事务日志】选项组将激活，在该选项组中，如果选中【截断事务日志】单选按钮，则会备份事务日志，并将其截断，以便释放更多的日志空间，此时数据库处于在线状态。如果选中【备份日志尾部，并使数据库处于还原状态】单选按钮，则会备份日志尾部并使数据库处于还原状态，该项创建尾日志备份，用于备份尚未备份的日志，当故障转移到辅助数据库或为了防止在还原操作之前丢失所做的工作，可选中该单选按钮。选择了该项之后，在数据库完全还原之前，用户将无法使用数据库。

设置磁带机信息：可以选中【备份后卸载磁带】和【卸载前倒带】两个复选框。

步骤 3：设置完成后单击【确定】按钮。

(2) 差异备份。创建差异备份的操作步骤与前面创建完整备份相似，只是在图 8.15 所示的【常规】界面【备份类型】下拉列表框中选择【差异】选项。

(3) 事务日志备份。在完整恢复模式和大容量日志恢复模式下，执行常规事务日志备份对于恢复数据至关重要，使用事务日志备份可以将数据库恢复到故障点或特定的时间点。

一般情况下，事务日志备份比完整备份使用的资源少，因此，用户可以频繁地创建事务日志备份，减少数据丢失的风险。SQL Server 有 3 种类型的事务日志备份：纯日志备份、大容量操作日志备份和尾日志备份。纯日志备份仅包含相隔一段时间的事务日志记录，不包含任何大容量更改；大容量操作日志备份包括由大容量操作更改的日志和数据页，不支持时点恢复；尾日志备份是从可能已经破坏的数据创建，用于捕获尚未备份的日志记录(即活动记录)。在失败后创建尾日志备份可以防止工作损失，并且尾日志备份可以包含纯日志或大容量日志数据。

只有启动事务日志备份序列时，完整备份或差异备份才必须与事务日志备份同步。每个事务日志备份的序列都必须在执行完整备份或差异备份之后启动。在 SQL Server 2012 中，可以在进行第一次完整备份后备份日志，此时完整备份已经在运行中。

执行常规事务日志备份很重要，除了允许还原备份事务外，日志备份将截断日志以删除日志文件中已经备份的日志记录，即使不经常备份日志，日志文件也会填满。

连续的日志序列称为日志链，日志链从数据库的完整备份开始。通常情况下，只有当第一次备份数据库或者从简单恢复模式转变到完整或大容量日志恢复模式时需要进行完整备份才会启动新的日志链。如果要将数据库还原到故障点，必须保证日志链是完整的。完整的日志链要求事务日志备份序列未断开，从完整备份或差异备份的结尾到恢复点之间都是连续的。失败后，需要备份日志尾部来防止工作损失。通常在还原数据库之前必须存在尾日志备份。

还原数据库时，需要还原最新数据备份之后那些日志备份。还原日志备份将回滚事务日志中记录的更改，使数据库恢复到开始执行日志备份操作时的状态。在还原最新数据或差异备份后通常需要还原一系列日志备份直到恢复点。然后恢复数据库，回滚开始恢复时不完整的所有事务，并使数据库在线。恢复数据库后，不得再还原任何备份。

如果丢失了日志备份，可能就无法将数据库还原到上次备份之后的某个时间点。因此，建议存储一系列完整备份的日志链。如果最新的完整备份不可用，则可以还原较早的完整备份，然后还原自较早的完整备份以后创建的所有事务日志备份。用户可以考虑生成日志备份集的多个副本，如将日志备份到磁盘，然后将磁盘文件复制到其他设备。

说明：

如果日志备份丢失或损坏，可通过创建完整备份或差异备份并备份事务日志来启动新的日志链。但是建议保留日志备份丢失之前的事务日志备份，以便在需要时将数据库还原到这些备份中的某个时间点时使用。

注意：

(1) 在创建数据备份或文件备份之前不要备份事务日志。事务日志包含创建最后一个备份之后对数据库进行的更改。

(2) 手动截断事务日志之后，在创建数据或差异备份之前不要备份事务日志。

(3) 不要轻易手动截断日志，因为这样做会破坏日志链，在创建完整备份前，将无法为数据库提供介质故障保护。只有在非常特殊的情况下才使用手动日志截断，然后应尽快创建完整备份。或者如果不希望进行日志备份，将数据库设置为简单恢复模式。

只有在已经至少有一个完整备份或一个等效文件备份集的前提下才能创建事务日志备份。通常数据库管理员定期(如每周)创建数据库的完整备份，根据需要以更短的间隔(如每天)创建差异备份，如果数据重要，再频繁(如每 10 分钟)创建事务日志备份。

创建事务日志备份的操作步骤与前面创建完整备份相似，只是在图 8.15 所示的【常规】界面的【备份类型】下拉列表框中选择【事务日志】选项。

2) 利用 T-SQL 语句备份数据库

(1) 完整备份。用户可以通过执行 BACKUP DATABASE 语句来创建完整备份，同时指定要备份的数据库名称和写入完整备份的备份设备。完整备份的语法格式如下。

```
BACKUP DATABASE { database_name|@database_name_var }
    [ < file_or_filegroup> [,…n] ]
    TO < backup_device> [,…n]
    [ [ MIRROR TO <backup_device> [,…n] ] […next-mirror] ]
    [ WITH
        [ [, ] COPY_ONLY ]
        [ [, ] NAME = { backup_set_name | @backup_set_name_var } ]
        [ [, ] PASSWORD = { password | @password_variable } ]
        [ [, ] DESCRIPTION = { text | @ text_variable } ]
        [ [, ] EXPIREDATE = { date | @date_var } | RETAINDAYS = { days | @days_var } ]
        [ [, ] { COMPRESSION | NO_COMPRESSION } ]
        [ [, ] { INIT | NOINIT } ]
        [ [, ] { NOSKIP | SKIP } ]
        [ [, ] { FORMAT | NOFORMAT } ]
        [ [, ] MEDIANAME = { media_name | @media_name_variable } ]
        [ [, ] MEDIADESCRIPTION = { text | @text_variable } ]
```

```
            [ [, ] MEDIAPASSWORD = { mediapassword | @mediapassword_
                             variable } ]
            [ [, ]BLOCKSIZE = { blocksize|@blocksize_variable } ]
            [ [, ] BUFFERCOUNT = { buffercount | @buffercount_variable } ]
            [ [, ] MAXTRANSFERSIZE = { maxtransfersize | @maxtransfersize_
                             variable } ]
            [ [, ] { CHECKSUM | NO_CHECKSUM } ]
            [ [, ] {STOP_ON_ERROR | CONTINUE_AFTER_ERROR } ]
            [ [, ] RESTART ]
            [ [, ] STATS [ = percentage ] ]
            [ [, ] { REWIND | NOREWIND } ]
            [ [, ] { UNLOAD | NOUNLOAD } ]
    ]
  < file_or_filegroup>:: =
      {
      FILE = { logical_file_name | @ logical_file_name_var }
      |FILEGROUP = { logical_filegroup_name | @ logical_filegroup_
                 name_var }
      }
```

参数说明如下。

- database_name：数据库名。
- @ database_name_var：数据库名称变量。
- <file_or_filegroup>：指定备份组件为"文件和文件组"，如果没有该语法块，则备份组件为"数据库"。该语法块里的参数如下。
  FILE 指定要包含在完整备份中的文件的逻辑名称。
  FILEGROUP 指定要包含在完整备份中的文件组的逻辑名称。
- backup_device：备份设备名。
- MIRROR TO：表示备份设备组是包含 2～4 个镜像服务器的镜像介质集中的一个镜像。若要指定镜像介质集，则针对第一个镜像服务器设备使用 TO 子句，后面最多可以跟 3 个 MIRROR TO 子句。
- COPY_ONLY：指定此备份不影响正常的备份序列。仅复制不会影响数据库的全部备份和还原过程。
- NAME：指定备份集的名称。名称最长可达 128 个字符。
- PASSWORD：为备份集设置密码，如果为备份集定义了密码，则必须提供此密码才能对该备份集执行还原操作。
- DESCRIPTION：此次备份数据的说明文字内容。
- EXPIREDATE：指定备份集到期和允许被覆盖的日期。
- RETAINDAYS：指定必须经过多少天才可以覆盖该备份介质集。
- COMPRESSION | NOCOMPRESSION：指定是否对此备份执行备份压缩，覆盖服务器级默认设置。

- INIT：指定覆盖所有备份集，但是保留介质标头。如果指定了 INIT，将覆盖该设备上所有现有的备份集。
- NOINIT：表示备份集将追加到指定的介质集上，以保留现有的备份集。
- NOSKIP：表示 BACKUP 语句在可以覆盖介质上的所有备份集之前先检查它们的过期日期。
- SKIP：禁用备份集的过期日期和名称检查。这些检查一般由 BACKUP 语句执行以防覆盖备份集。
- FORMAT：指定创建新的介质集。
- NOFORMAT：指定不应将介质标头写入用于此备份操作的所有卷，NOFORMAT 是默认设置。
- MEDIANAME：指定整个备份介质集的介质名称。
- MEDIADESCRIPTION：指定介质集的自由格式文本说明，最多为 255 个字符。
- MEDIAPASSWORD：为介质集设置密码。如果为介质集定义了密码，则在该介质集上创建备份集之前必须提供此密码。另外，从该介质集执行任何还原操作时也必须提供此密码。
- BLOCKSIZE：用字节数来指定物理块的大小，支持的大小为 512 字节、1024 字节、2048 字节、4096 字节、8192 字节、16384 字节、32768 字节和 65536 字节（64KB）。
- BUFFERCOUNT：指定用于备份操作的 I/O 缓冲区总数。可以指定任何正整数。
- MAXTRANSFERSIZE：指定要在 SQL Server 和备份介质之间使用的最大传输单元（字节）。可取的值是 65536 字节（64KB）的倍数，最多可达到 4194304 字节（4MB）。
- CHECKSUM | NO_CHECKSUM：是否启用校验和。
- STOP_ON_ERROR | CONTINUE_AFTER_ERROR：校验和失败时是否还要继续备份操作。
- RESTART：从 SQL Server 2008 开始不起作用。此版本接受该选项，以便与旧版本的 SQL Server 保持兼容。在以前的版本中，表示现在要做的备份是要继续前一次被中断的备份作业。
- STATS：该参数可以让 SQL Server 2012 每完成百分之多少备份的数据时就显示备份进度信息。
- REWIND：指定 SQL Server 将释放和重绕磁带。该值为默认设置。
- NOREWIND：只用于磁带设备，以便提高对已加载的磁带执行多个备份操作时的性能，指定 SQL Server 在备份操作后让磁带一直处于打开状态 。
- UNLOAD：指定在备份完成后自动重绕并卸载磁带。
- NOUNLOAD：指定在备份操作之后磁带将继续加载在磁带机中。

注意：

（1）如果已经指定了 FORMAT 子句，则不需要指定 INIT 子句。

（2）当使用 BACKUP 语句的 FORMAT 子句或 INIT 子句时，一定要慎重，因为它们会破坏以前存储在备份媒体中的所有备份。

（2）差异备份。执行 BACKUP DATABASE 语句来创建差异备份，同时指定要备份的

数据库名称及写入差异备份的备份设备及 DIFFERENTIAL 子句,通过它可以指定只对创建最后一个完整备份后数据库中发生变化的部分进行备份。差异备份的语法格式如下:

```
BACKUP DATABASE { database_name|@database_name_var }
    [ < file_or_filegroup> [,...f] ]
    TO < backup_device> [,...n]
    [ [ MIRROR TO <backup_device> [,...n] ] [...next-mirror] ]
    WITH DIFFERENTIAL
    [...other-options]
```

从上述代码可以看出,差异备份和完整备份的差别只是多了一个 DIFFERENTIAL 选项,该选项表示只做差异备份。其中 other-options 表示与完整备份中的选项相同。

(3)事务日志备份。用户可以使用 BACKUP LOG 命令来备份事务日志,指定要备份的事务日志所属的数据库的名称,以及写入事务日志备份的备份设备,同时也可以像完整备份那样指定 INIT 子句、SKIP 和 INIT 子句及 FORMAT 子句。事务日志备份的语法格式如下。

```
BACKUP LOG { database_name|@database_name_var }
    TO < backup_device> [,...n]
    [ [ MIRROR TO <backup_device> [,...n] ] [...next-mirror] ]
    WITH { { NORECOVERY | STANDBY = undo_file_name } | NO_TRUNCATE}
    [...other-options]
```

参数说明如下。

- NORECOVERY:表示备份日志的尾部并使数据库处于还原状态。
- STANDBY:指定不截断日志,并使数据库引擎尝试执行备份,而不考虑数据库的状态。
- NO_TRUNCATE:表示备份日志的尾部并使数据库处于只读和备用状态。

5. 系统数据库的备份

在第 3 章中,已经介绍了系统数据库(如 master、msdb、model、tempdb 等),其中包含了许多重要的信息,一旦这些数据丢失也会给系统带来非常严重的后果,所以需要经常备份这些系统数据库,从而可以在发生系统故障(例如硬盘故障)时还原和恢复 SQL Server 2012 系统。系统数据库的备份需求见表 8-6。

表 8-6 系统数据库的备份需求

系统数据库	说　　明	备　份　需　求
master	记录 SQL Server 2012 系统的所有系统级信息的数据库	必须经常备份 master,以便根据业务需要充分保护数据。建议使用定期备份计划,这样在大量更新之后可以补充更多的备份
model	在 SQL Server 2012 实例上创建的所有数据库的模板	仅在业务需要时备份 model,如自定义其数据库选项后立即备份。建议仅根据需要创建 model 的完整备份。由于 model 较小而且很少更改,因此无须备份日志

（续）

系统数据库	说　　明	备 份 需 求
msdb	SQL Server 2012 代理用于安排警报和作业及记录操作员信息的数据库	更新时备份 msdb
resource	包含 SQL Server 2012 附带的所有系统对象副本的只读数据库	不能备份 resource 数据库
tempdb	用于保存临时或中间结果集的工作空间。每次启动 SQL Server 2012 实例时都会重新创建此数据库。服务器实例关闭时将永久删除 tempdb 中的所有数据	无法备份 tempdb 系统数据库
distribution	只有将服务器配置为复制分发服务器时才存在此数据库，此数据库存储元数据、各种复制的历史记录数据及用于事务复制的事务	定期备份 distribution 数据库

上述数据库中，master 数据库的备份尤其重要，因为其中记录了所有的系统级信息，如登录账户、系统配置的设置、端点和凭据，以及访问其他数据库所需的信息。master 数据库还记录启动服务器实例所需的初始化信息。因此建议在数据库的维护计划中频繁地对 master 数据库进行备份。对于 master 数据库只能创建完整备份。

导致 master 数据库更新并要求进行备份的操作类型如下：

（1）创建或删除用户数据库。

（2）添加或删除文件或文件组。

（3）添加登录或其他与登录安全相关的操作。

（4）更改服务器范围的配置选项或数据库配置选项。

（5）创建或删除逻辑备份设备。

（6）配置用于分布式查询和远程过程调用（RPC）的服务器，如添加链接服务器或远程登录。

8.5.3　数据库的还原

数据库备份后，一旦系统发生崩溃或执行了错误的数据库操作，就可以从备份文件中还原数据库。数据库还原是指将数据库备份加载到系统中的操作。系统在还原数据库的过程中，自动执行安全性检查、重建数据库结构及完成填写数据库内容。

安全性检查是还原数据库时必不可少的操作，这种检查可以防止偶然使用了错误的数据库备份文件或不兼容的数据库备份覆盖已经存在的数据库。SQL Server 2012 在还原数据库时，根据数据库备份文件自动创建数据库结构，并且还原数据库中的数据。

1. 还原前的准备

还原数据库之前，首先要保证所使用的备份文件的有效性，并且在备份文件中包含所要还原的数据内容。由于数据库的还原操作是静态的，因此在还原数据库时，必须禁止其他用户对该数据库进行操作。用户可以在 Microsoft SQL Server Management Studio 的【对象资源管理器】窗口中设置数据库的访问属性。

【例 8-18】 修改数据库 TeachingData 的属性，禁止其他用户对该数据库进行操作。

操作方法如下。

步骤 1：在 Microsoft SQL Server Management Studio 中的【对象资源管理器】窗口中展

开【数据库】节点，右击要还原的数据库名 TeachingData，从弹出的快捷菜单中选择【属性】命令。

步骤 2：在【数据库属性-TeachingData】窗口中的【选择页】窗格中选择【选项】选项，设置【其他选项】区域【状态】选项中的【限制访问】下拉列表框为 SINGLE_USER。如图 8.18 所示。

图 8.18　设置数据库的访问属性

这样，就可以保证在还原操作时不会受其他操作者的干扰了。

2．数据库还原操作

现在我们可以进行还原操作了。SQL Server 2012 提供了两种方法来还原数据库：使用【对象资源管理器】窗口和使用 T-SQL 命令语句。

1）利用【对象资源管理器】窗口还原数据库

下面通过例题来说明如何在 Microsoft SQL Server Management Studio 中还原数据库完整备份、差异备份和事务日志备份。

【例 8-19】　还原数据库 TeachingData。

步骤 1：在 Microsoft SQL Server Management Studio 中的【对象资源管理器】窗口中右击数据库名 TeachingData，从弹出的快捷菜单中选择【任务】|【还原】|【数据库】命令，打开【还原数据库-TeachingData】窗口。

步骤 2：选中【源】区域的【数据库】单选按钮，并在其后下拉列表框中选中【TeachingData】选项，在【目标】区域的【数据库】下拉列表框中选择【TeachingData】选项，【还原到】文本框保留默认选项【上次执行的备份】，如图 8.19 所示。

图 8.19 【还原数据库-TeachingData】窗口

说明：

【源】区域：在该区域中可以指定用于还原的备份集的源和位置。如果选中【数据库】单选按钮，则从 msdb 数据库中的备份历史记录里查得可用的备份，并显示在【要还原的备份集】区域里。此时不需要指定备份文件的位置或指定备份设备，SQL Server 会自动根据备份记录来还原这些文件；如果选中【设备】单选按钮，则要指定还原的备份文件或备份设备。单击【...】按钮，打开如图 8.20 所示的【选择备份设备】窗口，在该窗口中的【备份介质类型】下拉列表框中可以选择是备份文件还是备份设备，选择完毕后单击【添加】按钮，选择备份设备后单击【确定】按钮将备份文件或备份设备添加进来，然后返回图 8.19 所示的窗口。

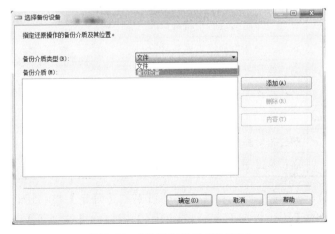

图 8.20 【选择备份设备】窗口

【目标】区域:【数据库】下拉列表框表示在该下列表框中可以选择要还原的数据库。【还原到】文本框表示如果备份文件或备份设备里的备份集有多个,还可以选择【还原到】,只要有事务日志备份支持,可以还原到某个时间的数据库状态。在默认情况下该项为【上次执行的备份】选项。

【要还原的备份集】列表框:在该列表框中列出了所有可用的备份集。如果【还原到】文本框为【上次执行的备份】选项,【源】区域中选中【数据库】单选按钮,该区域显示的是最后一次完整备份到现在的所有可用备份集;如果【还原到】文本框中为某一指定的时间点,【源】区域中选中【数据库】单选按钮,该区域显示的是从该时间点前的一个完整备份到目前为止的所有非完整备份集。如果【源】区域中选中【设备】单选按钮,该区域显示的是备份文件或备份设备中所有可用备份集;在【要还原的备份集】列表框中可以选择完整备份、差异备份或事务日志备份,SQL Server 2012 具有智能化处理功能,如果选择差异备份,系统会自动选中上一个完整备份;如果选择日志备份,系统会自动选中上一个完整备份及所需要的差异备份和日志备份。只要选择想恢复的那个备份系统就会自动选中要恢复到这个备份集的所有其他备份集。在【要还原的备份集】列表框中可以查看的相关信息及其内容说明见表 8-7。

表 8-7　用于还原的备份集信息列表说明

列　名	说　明
还原	如果复选框处于选中状态,则表示要还原相应的备份集
名称	备份集的名称
组件	已备份的组件:"数据库""文件"或<空白>(表示事务日志)
类型	执行备份的类型:"完整""差异"或"事务日志"
服务器	执行备份操作的数据库引擎实例的名称
数据库	备份操作中所涉及的数据库的名称
位置	备份集在卷中的位置
第一个 LSN	备份集中第一个事务的日志序列号。对于文件备份为空
最后一个 LSN	备份集中最后一个事务的日志序列号。对于文件备份为空
检查点 LSN	创建备份时最近一个检查点的日志序列号
完整 LSN	最新完整备份的日志序列号
开始日期	备份操作开始的日期和时间
完成日期	备份操作完成的日期和时间
大小	备份集的大小
用户名	执行备份操作的用户的名称
过期	备份集过期日期和时间

步骤 3: 如果没有其他需要,设置完后即可单击【确定】按钮进行还原操作。否则也可以在图 8.19 所示的【还原数据库-TeachingData】窗口的【选择页】窗格中选择【选项】选项,打开【选项】界面,如图 8.21 所示。

图 8.21　【选项】界面

说明：

【覆盖现有数据库】复选框：指定还原操作应覆盖所有现有数据库及其相关文件，即使已经存在同名的其他数据库或文件。

【保留复制设置】复选框：将已经发布的数据库还原到创建该数据库的服务器之外的服务器时，保留复制设置。

【限制访问还原的数据库】复选框：选中该复选框则使还原的数据仅供 db_owner、dbcreator、sysadmin 的成员使用。

【恢复状态】下拉列表框：在该下拉列表框中有 3 个选项。如果选择了【RESTORE WITH RECOVERY】选项，则数据库在还原后进入可正常使用的状态，并自动恢复尚未完成的事务；如果选择了【RESTORE WITH NORECOVERY】选项，则在还原后数据库仍然无法正常使用，也不恢复未完成的事务操作，但可再继续还原事务日志备份或差异备份，让数据库能恢复到最接近目前的状态；如果选择了【RESTORE WITH STANDBY】选项，则在还原后做恢复未完成事务的操作，并使数据库处于只读状态，为了可继续还原后的事务日志备份，还必须指定一个还原文件来存放被恢复的事务内容。

【备用文件(S)】文本框：当在【恢复状态】下拉列表框中选择了【RESTORE WITH STANDBY】选项时，会激活【备用文件】文本框，用于指定存放被恢复的事务内容的文件。

【还原前进行结尾日志备份】复选框：指定应执行结尾日志备份，当选中该复选框后，会激活【备份文件】文本框。

【备份文件(B)】文本框：当选择了【还原前进行结尾日志备份】复选框后，为日志的结尾指定备份文件。

【保持源数据库处于正在还原状态】复选框：使数据库进入还原状态，确保数据库在结尾日志备份后不会更改。

【关闭到目标数据库的现有连接】复选框：如果存在与数据库的活动连接，则还原操作可能会失败。选中该复选框，以确保关闭 Microsoft SQL Server Management Studio 和数据库之间的所有活动连接。

【还原每个备份前提示】复选框：选中该复选框，在还原每个备份设备前都会要求确认一次。

步骤 4： 设置完毕之后，单击【确定】按钮完成还原操作。

还原文件和文件组与还原完整备份、差异备份和事务日志备份略有不同。还原文件和文件组的操作方法如下。

步骤 1： 在 Microsoft SQL Server Management Studio 中的【对象资源管理器】窗口中右击要还原的数据库名，从弹出的快捷菜单中选择【任务】|【还原】|【文件和文件组】命令。

步骤 2： 在打开的【还原文件和文件组-TeachingData】窗口(见图 8.22)中，可以设置目标数据库、还原的源、选择用于还原的备份集等。

图 8.22 【还原文件和文件组-TeachingData】窗口

说明：

【目标数据库】下拉列表框：在该下拉列表框中可以选择要还原的数据库。

【还原的源】区域：在该区域中可以选择要用来还原的备份文件或备份设备，用法与还原数据库完整备份中的一样。

【选择用于还原的备份集】列表框：在该列表框中可以选择要还原的备份集，从图 8.22 中可以看出，在该区域中所列出的备份集不仅包含文件和文件组的备份，还包括完整备份、差异备份和事务日志备份，用户可以根据实际需要进行选择。

步骤 3： 选择完毕后可以单击【确定】按钮完成还原操作，也可以选择【选项】选项进行进一步的设置。

通常数据库设计人员都会在本地计算机上设计并调试数据库，在数据库调试完成后上传到服务器上。在第 4 章中我们提出可以先将数据库文件分离，然后将其传到服务器再附加。使用这种方法附加的数据库不能改名。在 SQL Server 2012 中还可以先将本地计算机上的数据库备份，再通过备份文件在服务器上创建一个新的数据库，此时新数据库的数据文件和数据库名称可以和原来的不一样。

2）利用 T-SQL 语句还原数据库

用户可以使用 T-SQL 的 RESTORE DATABASE 语句来恢复数据库备份。如果要还原日志备份则可以使用 RESTORE LOG 语句。

（1）还原完整备份。用 RESTORE DATABASE 语句还原完整备份的语法如下。

```
RESTORE DATABASE { database_name|@database_name_var }
[ < file_or_filegroup> [,...n] ]
FROM < backup_device> [,...n]
[ WITH
    [ [, ] { RECOVERY | NORECOVERY | STANDBY =
                { standby_file_name | @ standby_file_name_var } } ]
    [ [, ] MOVE 'logical_file_name_in_backup' TO 'operating_system_file_
                name' ]
                [,...n]
    [ [, ] REPLACE ]
    [ [, ] RESTART ]
    [ [, ] RESTRICTED_USER ]
    [ [, ] FILE = { backup_set_file_number | @ backup_set_file_number }
    [ [, ] PASSWORD = { password | @password_variable } ]
    [ [, ] MEDIANAME = { media_name | @media_name_variable } ]
    [ [, ] MEDIAPASSWORD = { mediapassword | @mediapassword_variable } ]
    [ [, ] BLOCKSIZE = { blocksize|@blocksize_variable } ]
    [ [, ] BUFFERCOUNT = { buffercount | @buffercount_variable } ]
    [ [, ] MAXTRANSFERSIZE = { maxtransfersize | @maxtransfersize_variable } ]
    [{ CHECKSUM | NO_CHECKSUM } ]
    [ [, ] { CONTUNUE_AFTER_ERROR | STOP_ON_ERROR } ]
    [ [, ] STATS [ = percentage ] ]
    [ [, ] { REWIND | NOREWIND } ]
    [ [, ] { UNLOAD | NOUNLOAD } ]
    [ [, ] KEEP_REPLICATION ]
    [ [, ] KEEP_CDC ]
    [ [, ] FILESTREAM ( DIRECTORY_NAME = directory_name ) ]
    [ [, ] ENABLE_BROKER ]
    [ [, ] ERROR_BROKER CONVERSATIONS]
    [ [, ] NEW_BROKER ]
    [ [, ] { STOPAT = { date_time | @date_time_var }
        | STOPATMARK = 'lsn:lsn_number' [ AFTER_datetime]
        | STOPBEFOREMARK = 'lsn:lsn_number' [ AFTER_datetime] } ]
]
    < file_or_filegroup>:: =
```

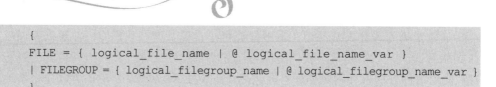

```
        {
        FILE = { logical_file_name | @ logical_file_name_var }
        | FILEGROUP = { logical_filegroup_name | @ logical_filegroup_name_var }
        }
```

其中大多数参数在讲解数据库备份的命令格式时已经介绍过了，下面介绍在这里出现的新的参数。

- RECOVERY：回滚未提交的事务，使数据库处于可以使用状态。无法还原其他事务日志。
- NORECOVERY：不对数据库执行任何操作，不回滚未提交的事务。可以还原其他事务日志。
- STANDBY：使数据库处于只读模式。撤销未提交的事务，但将撤销操作保存在备用文件中，以便可以恢复效果逆转。
- standby_file_name | @standby_file_name_var：指定一个允许撤销恢复效果的备用文件或变量。
- MOVE：将逻辑名指定的数据文件或日志文件还原到所指定的位置。
- REPLACE：会覆盖所有现有数据库以及相关文件，包括已经存在的同名的其他数据库或文件。
- RESTART：指定 SQL Server 应重新启动被中断的还原操作。RESTART 从中断点重新启动还原操作。
- RESTRICTED_USER：还原后的数据仅供 db_owner、dbcreator、sysadmin 的成员使用。
- KEEP_REPLICATION：将复制设置为与日志传送一同使用。设置该参数后，在备用服务器上还原数据库时，可防止删除复制设置。该参数不能与 NORECOVER 参数同时使用。
- KEEP_CDC：应该用于防止在其他服务器中还原数据库备份并恢复数据库时删除变更数据捕获设置。
- FILESTREAM：与 Windows 兼容的目录名称。
- ENABLE_BROKER：启动 Server Broker 以便消息可以立即发送。
- ERROR_BROKER_CONVERSATIONS：发生错误时结束所有会话，并产生一个出错提示信息指出数据库已附加或还原，此时 Service Broke 将一直处于禁用状态直到此操作完成，然后再将其启用。
- NEW_BROKER：使用该参数会在 databases 数据库和还原数据库中都创建一个新的 service_broker_guid 值，并通过清除结束所有会话端点。Server Broker 已经启用，但未向远程会话端点发送消息。
- STOPAT：将数据库还原到其在指定的日期和时间时的状态。
- STOPATMARK：恢复为已经标记的事务或日志序列号。恢复中包括带有已经命名标记或 LSN 的事务，仅当该事务最初于实际生成事务时已经获得提交才可以进行本次提交。
- STOPBEFOREMARK：恢复为已经标记的事务或日志序列号。恢复中包括带有已命名或 LSN 的事务，在使用 WITH RECOVERY 时，事务将回滚。

注意：

如果要还原"文件和文件组"组件的备份，通过在数据库名与 FROM 之间加上"FILE"或"FILEGROUP"参数来指定要还原的文件或文件组。通常情况下，在还原文件和文件组备份后还要再还原其他备份来获得最近的数据库状态。

（2）还原差异备份。还原差异备份的语法与还原完整备份的语法是一样的，只是在还原差异备份时，必须要先还原完整备份再还原差异备份。完整备份与差异备份数据在同一个备份文件或备份设备中，则必须要用 file 参数来指定备份集。无论备份集是不是在同一个备份文件（备份设备）中，除了最后一个还原操作，其他所有还原操作都必须要加上 NORECOVERY 或 STANDBY 参数。

（3）还原事务日志备份。还原事务日志备份与还原数据库备份基本相似，区别在于使用的命令改为 RESTORE LOG，但还须注意，还原事务日志备份之前须先还原在其之前的完整备份，除了最后一个操作，其他所有还原操作都必须加上 NORECOVER 或 STANDBY 参数。

8.5.4　应用实例

【例 8-20】 使用【对象资源管理器】窗口创建一个逻辑名为 mybak，物理名为 D:\db_back\mybak.bak 的备份设备。

操作步骤如下。

步骤 1：启动 Microsoft SQL Server Management Studio，在【对象资源管理器】窗口中展开【服务器对象】节点，右击【备份设备】节点，从弹出的快捷菜单中选择【新建备份设备】命令。

步骤 2：在打开的【备份设备】窗口中输入设备名称和目标文件，这里的设备名称就是设备的逻辑名，目标文件为设备的物理名称，如图 8.23 所示。设置设备的逻辑名为 mybak，物理名称为 D:\db_back\mybak.bak

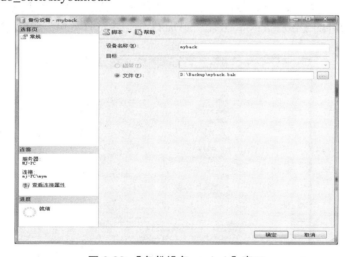

图 8.23　【备份设备-mybak】窗口

步骤 3：完成后单击【确定】按钮。此时可以在备份设备中看到所建的 mybak，如图 8.24 所示。

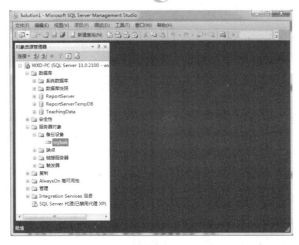

图 8.24　查看新建的备份设备

【例 8-21】　使用 T-SQL 语句创建一个逻辑名为 mybak，实际文件名为 mybak.bak，该文件的存放路径为 D:db_back 的备份设备。

```
exec sp_addumpdevice 'disk', 'mybak', 'D:\db_back\mybak.bak'
```

【例 8-22】　使用 T-SQL 语句删除前面创建的备份设备 D:\db_back\mybak.bak。

```
exec sp_dropdevice 'mybak', ' D:\db_back\mybak.bak'
```

【例 8-23】　使用【对象资源管理器】窗口将数据库 TeachingData 完整备份到备份设备 mybak 中。

操作步骤如下。

步骤 1：打开 Microsoft SQL Server Management Studio，在【对象资源管理器】窗口中展开【数据库】节点，右击【TeachingData】，从弹出的快捷菜单中选择【任务】|【备份】命令。

步骤 2：在打开的【备份数据库-TeachingData】窗口中选择备份类型为【完整】，如图 8.25 所示。

图 8.25　备份数据库

步骤 3：单击【添加】按钮，在弹出的【选择备份目标】对话框中选择【目标】为 mybak，如图 8.26 所示，然后单击【确定】按钮。

图 8.26　【选择备份目标】对话框

步骤 4：返回【备份数据库-TeachingData】窗口中，在【目标】区域的列表框中选择 mybak，如图 8.27 所示，然后单击【确定】按钮。

图 8.27　选择目标设备

步骤 5：稍候，备份完成后，系统出现图 8.28 所示的提示框，表明数据库备份已经完成，单击【确定】按钮即可。

图 8.28　提示备份成功完成

此时，在 Microsoft SQL Server Management Studio 的【对象资源管理器】窗口中展开

【服务器对象】|【备份设备】节点，右击【mybak】节点，从弹出的快捷菜单中选择【属性】命令，打开【备份设备-mybak】窗口，在该窗口的【选择页】中选择【介质内容】选项，即可看到备份在该设备中的备份集，如图 8.29 所示。

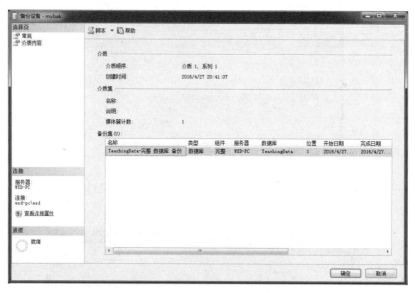

图 8.29　查看备份设备中的介质内容

注意:

只有创建完整数据库备份之后才可以创建差异数据库备份。

【例 8-24】　按例 8-23 中的要求用 T-SQL 命令语句将数据库 TeachingData 完整备份到备份设备 mybak 中，并使用 WITH FORMAT 子句初始化备份设备。

执行如下命令语句:

```
BACKUP DATABASE TeachingData
    TO DISK= 'D:\db_back\mybak.bak'
    WITH FORMAT
GO
```

这里使用了 WITH FORMAT 子句对备份设备 mybak.bak 进行初始化。

【例 8-25】　用 T-SQL 命令语句将数据库 TeachingData 差异备份到备份设备 mybak 中。

```
BACKUP DATABASE TeachingData
    TO mybak
    WITH DIFFERENTIAL
GO
```

【例 8-26】　用 T-SQL 命令语句将 Northwind 数据库中的名为 NthWd 文件组的文件组备份到名为 mybak 的备份设备上。

```
BACKUP DATABASE Northwind
    FILEGROUP = 'NthWd 文件组'
    TO mybak
```

【例 8-27】 在已经创建的备份设备 mybak 中创建 TeachingData 数据库的事务日志备份。

```
BACKUP LOG TeachingData TO mybak
```

【例 8-28】 在【对象资源管理器】窗口中还原数据库 TeachingData，要求还原后的数据库名 TeachingDB，还原后将其存放到 E 盘的 Data 目录下。

操作步骤如下。

步骤 1：在 Microsoft SQL Server Management Studio 中的【对象资源管理器】窗口中右击【数据库】节点，从弹出的快捷菜单中选择【还原数据库】命令。

步骤 2：在"还原数据库-"窗口中，先设置【源】区域，选中【设备】单选按钮，单击其右侧的【…】按钮，在打开的【选择备份设备】窗口中选择【备份介质类型】为备份设备，单击【添加】按钮，在打开对话框的【备份设备】下拉列表框中选择 mybak，完成后单击【确定】按钮，返回还原数据库窗口，然后在【数据库】下拉列表框中选择【TeachingData】；再设置【目标】区域，在【数据库】文本框中输入还原后的数据库名 TeachingDB，并选择用于还原的数据库文件备份集(这里可以看到该数据库有 3 个备份集，可以根据需要进行选择)，如图 8.30 所示。

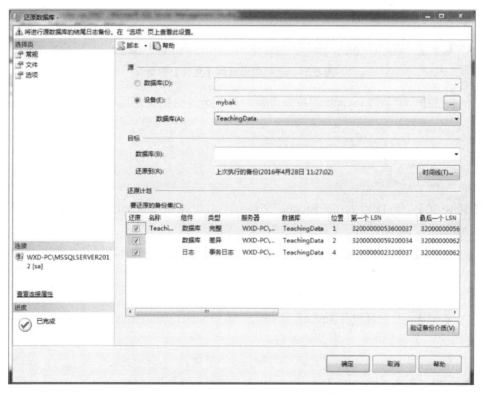

图 8.30 【还原数据库】窗口

步骤 3：选择【文件】选项，在打开的相应界面中的【将数据库文件还原为】区域内，选中【将所有文件重新定位到文件夹】复选框，然后在【数据文件文件夹】文本框和【日志文件文件夹】文本框中分别输入或选择 E:\data，如图 8.31 所示。

步骤 4：完成后单击【确定】按钮。

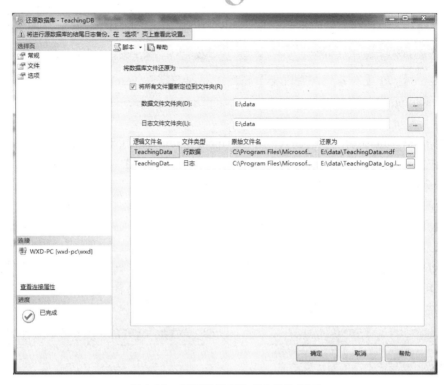

图 8.31　还原数据库的【文件】界面

【例 8-29】　用名为 mybak 的备份设备的第一个备份集来还原数据库 TeachingData。

```
USE master
RESTORE DATABASE TeachingData
FROM mybak
    WITH FILE=1
```

【例 8-30】　用 D 盘的 db_backup 文件夹中名为 TeachingData.bak 的备份文件来还原
TeachingData 数据库。

```
USE master
RESTORE DATABASE TeachingData
FROM DISK='D:\ db_backup\TeachingData.bak'
```

【例 8-31】　用备份设备 mybak 的第一个备份集来还原数据库 TeachingData 的完整备
份,再用第二个备份集来还原差异备份。

```
USE master
RESTORE DATABASE TeachingData
FROM mybak
    WITH FILE=1, NORECOVERY
    GO
    RESTORE DATABASE TeachingData
    FROM mybak
    WITH FILE=2
GO
```

如果单独还原差异备份或在本例的完整备份还原代码中没有加上 NORECOVERY 参数，系统将会提示无法还原差异备份信息。

【例 8-32】　用备份设备 mybak 还原 Northwind 数据库的 NthWd 文件组。

```
USE master
RESTORE DATABASE TeachingData
    FILEGROUP = 'NthWd 文件组'
    FROM mybak
GO
```

【例 8-33】　用备份设备 mybak 的第一个备份集来还原 TeachingData，再用第四个备份集来还原数据库 TeachingData 的事务日志备份。

```
USE master
RESTORE DATABASE TeachingData
FROM mybak
    WITH FILE=1, NORECOVERY
    GO
RESTORE LOG TeachingData
FROM mybak
    WITH FILE=4
GO
```

8.6　疑 难 分 析

通过前面的学习，我们对 SQL Server 2012 的安全体系结构和安全设置有了一定的了解，要想配置安全的数据库，还有哪些问题需要考虑，如何避免系统中的一些常见漏洞？

1．使用安全的验证方式和密码策略

SQL Server 的验证模式是把一组账户、密码与 master 数据库中系统表 Syslogins 进行匹配。Windows 是请求域控制器检查用户身份的合法性，这样可以更好地进行安全控制和安全管理。如果 SQL Server 2012 是使用混合模式，那么就需要设置 sa 账号的密码，不要太简单，而且不要将 sa 账号的密码写于应用程序或者脚本中。另外，数据库管理员应该定期查看是否有不符合密码要求的账号。

2．权限的合理分配

根据实际需要分配账号，并给账号或角色赋予仅仅能够满足应用要求和需要的权限即可。如果多数用户主要做查询，那么就给 public 角色赋予查询（SELECT）权限就可以了。要正确处理 guest 账户，防止其他登录用户获得没有直接授予他们的数据库访问权。

如果数据库管理员不希望操作系统管理员通过操作系统登录来接触数据库，可以在账号管理中把系统账号 BUILTIN\Administrators 删除，不过进行此操作一定要慎重。这样做的结果是一旦 sa 账号忘记密码的话，就无法恢复。

3．管理扩展存储过程

SQL Server 为了适应广大用户需求，提供许多系统存储过程，其中许多系统存储过程

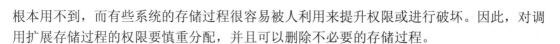

根本用不到,而有些系统的存储过程很容易被人利用来提升权限或进行破坏。因此,对调用扩展存储过程的权限要慎重分配,并且可以删除不必要的存储过程。

4. TCP/IP 端口设置

默认情况下,SQL Server 使用 1433 端口监听。如果数据库与 Internet 直接连接,应在 SQL Server 配置时把这个端口改变为一个非标准的端口数字,同时将客户端的端口号做相应地改变,将 TCP/IP 使用的默认端口变为其他端口,从而限制别人探测你的 TCP/IP 端口。

8.7 实 验 指 导

实验 5　数据库的安全

1．实验目的

(1) 掌握登录账号和用户账号的管理方法。
(2) 掌握权限管理的操作技巧。
(3) 掌握角色管理的方法。
(4) 掌握数据库备份和还原的方法。

2．实验环境

Windows 7 操作系统、Microsoft SQL Server 2012。

3．实验内容

(1) 账号管理操作。
(2) 权限管理操作。
(3) 角色管理操作。
(4) 数据库备份操作。
(5) 数据库还原操作。

4．实验步骤

1) 账号管理
(1) 利用对象资源管理器创建 Tadmin 登录账号,密码为 myteacher,默认数据库为 TeachingData。

操作:展开服务器/安全性,右击【登录名】节点,从弹出的快捷菜单中选择【新建登录名】命令,然后输入登录账号名、选择 SQL Server 身份验证、密码,选择默认数据库为 TeachingData。

思考:此时,如果使用 Tadmin 登录账号登录数据库服务是否成功?为什么?

(2) 利用【对象资源管理器】窗口在 TeachingData 数据库中,创建一个 Tadmin 登录账号下的 T_User1 用户。

操作:展开【TeachingData】数据库|【安全性】节点,右击【用户】节点,从弹出的快捷菜单中选择"新建用户"命令。

（3）利用 T-SQL 命令创建 Sadmin 登录账号，密码为 mystudent，默认数据库为 TeachingData。

```
USE TeachingData
GO
CREATE LOGIN Sadmin
    WITH  PASSWORD = 'mystudent' , DEFAULT_DATABASE = TeachingData
```

（4）利用 T-SQL 命令创建一个 Sadmin 登录账号下的 S_User1 用户。

```
USE TeachingData
GO
CREATE USER S_User1 FOR LOGIN  Sadmin
```

（5）利用 T-SQL 命令禁用 tch_admin 登录账号。

```
ALTER  LOGIN  tch_admin  DISABLE
```

（6）启用 tch_admin 登录账号，将该账号的登录名更改为 tch_login。

```
ALTER  LOGIN  tch_admin ENABLE;
ALTER  LOGIN  tch_admin with name=tch_login
```

2）权限管理

（1）将表 StuInfo 的查询权限和更新权限授予用户 T_User1，并允许 T_User1 将该权限再授予其他用户。

```
GRANT SELECT, UPDATE ON StuInfo TO T_User1
    WITH GRANT OPTION
```

（2）将对表 TchInfo 中的列 Tname、Title、Dept 的查询权限授予用户 T_User1。

```
GRANT SELECT(Tname,Title,Dept) ON TchInfo TO T_User1
```

（3）关闭 SQL-Server，以 Tadmin 登录账号重新登录（密码为 myteacher），将表 StuInfo 的查询权限授予用户 S_User1。

```
GRANT SELECT ON StuInfo TO S_User1
```

3）角色管理

（1）将登录账号 Tadmin 添加到固定服务器角色 securityadmin 中。

```
Sp_addsrvrolemember Tadmin, securityadmin
```

（2）在 TeachingData 数据库中创建用户自定义数据库角色 mydbrole。

```
USE TeachingData
GO
SP_ADDROLE mydbrole
```

（3）将表 StuInfo 的查询和更新权限授予用户自定义数据库角色 mydbrole。

```
GRANT SELECT, UPDATE ON StuInfo TO mydbrole
```

（4）添加数据库用户 S_User1，使其成为数据库角色 mydbrole 的成员。

```
SP_ADDROLEMEMBER 'mydbrole','S_User1'
```

4)数据库备份

(1)利用【对象资源管理器】窗口创建一个逻辑名为 TDataBak，物理名为 D:\db_back\TData.bak 的备份设备。

操作：展开服务器|服务器对象节点，右击【备份设备】节点，从弹出的快捷菜单中选择【新建备份设备】命令，然后输入设备名称和目标文件。

(2)利用【对象资源管理器】窗口将 TeachingData 数据库完整备份到设备 TDataBak 上。

操作：展开服务器|数据库，右击【TeachingData】节点，从弹出的快捷菜单中选择【新建备份设备】|【备份】命令，然后选择数据库名、备份类型和备份目标。

(3)利用 T-SQL 命令将 TeachingData 数据库完整备份到设备 TDataBak 上，并覆盖该设备上原有的内容。

```
BACKUP DATABASE TeachingData
    TO TDataBak
    WITH INIT
```

(4)先修改数据库 TeachingData（如添加或删除一个表），然后利用 T-SQL 命令将该数据库的 TeachingData.mdf 文件差异备份到设备 TDataBak 上。

操作：略。

```
BACKUP DATABASE TeachingData
    FILE = 'TeachingData'
    TO TDataBak
    WITH DIFFERENTIAL
```

(5)利用 T-SQL 命令将 TeachingData 数据库的事务日志备份到设备 TDataBak 上。

```
BACKUP LOG TeachingData
    TO TDataBak
```

5)数据库还原

(1)先删除 TeachingData 数据库，然后利用【对象资源管理器】窗口还原 TeachingData 数据库到完整备份状态。

操作：展开服务器|数据库，右击【TeachingData】节点，从弹出的快捷菜单中选择【删除】命令，在弹出的提示框中单击【确定】按钮，然后右击【数据库】节点，弹出的快捷菜单中选择【还原数据库】命令，选择源数据库和要还原的备份集。

(2)利用 T-SQL 命令还原 TeachingData 数据库到差异备份状态。

```
RESTORE DATABASE TeachingData
FROM TDataBak
    WITH FILE=1, NORECOVERY
    GO
RESTORE DATABASE TeachingData
FROM TDataBak
    WITH FILE=2
```

思考：如果第三行代码中没有 NO NORECOVERY 选项会怎样？

(3)利用 T-SQL 命令还原 TeachingData 数据库到事务日志备份状态。

```
RESTORE DATABASE TeachingData
FROM TDataBak
     WITH FILE=1, NORECOVERY
GO
RESTORE LOG TeachingData
FROM TDataBak
```

思考：如果没有前三行代码会怎样？

5．实验要求

(1) 记录实验过程存在的问题，书写实验报告。

(2) 完成思考题。

6．思考题

(1) 什么是角色？在上述角色管理的操作完成后，S_User1 拥有什么权限？

(2) 如果一个用户 MM 属于 A 角色的成员，A 角色拥有修改 DD 数据表的权限，但它同时又是角色 B 的成员，B 角色对 DD 数据表修改的权限被拒绝，问：此时用户 MM 是否拥有修改 BB 数据库的权限？

(3) 完整备份与差异备份的区别是什么？

本 章 小 结

随着计算机技术特别是计算机网络的发展，数据的共享日益增强，这就要求数据库管理系统的具有一套完整而有效的安全机制。

本章主要讨论了 SQL Server 2012 的安全机制，主要介绍了 SQL Server 的登录安全性、数据库的安全性、数据库对象的安全性。

登录 SQL Server 有两种验证模式及验证模式的设置。

SQL Server 提供了两种账号，一种是登录账号，用于验证用户是否是合法的服务器登录账号；另一种是用户账号，用于验证用户是否是要访问的数据库的合法用户；如果要想使用服务器上的数据库，必须有合法的登录账号和相应的有效用户账号。

登录的用户要想操作数据库，必须有适当的操作权限。SQL Server 提供了语句权限和对象权限两类。通过授权、收权或拒绝权限来防止不合法的用户使用数据库，或合法用户越权使用数据库，避免数据的泄密、更改或破坏。

为方便对用户和权限进行管理，SQL Server 2012 通过角色来管理权限。利用角色可以免除许多重复性的工作，方便地实现数据库的安全管理。

作为一个数据库系统管理员一定要仔细规划数据库管理系统的安全机制，安全策略规划的好坏将直接影响数据库中数据和应用系统的安全。

数据库备份可以创建备份完成时数据库内存在的数据的副本，这个副本能在遇到故障时恢复数据库，SQL Server 2012 提供了不同的备份方式：完整备份、差异备份和事务日志备份。数据库备份和还原数据需要占用一定量的资源，因此，可靠使用备份和还原以实现恢复需要有一个备份和还原策略。设计有效的备份策略需要计划、实现和测试。另外，除了要备份用户自己创建的数据库外，系统数据库中的 master 数据库和 msdb 数据库也应该备份，否则一旦系统崩溃，即使有用户数据库的备份也无法完全将其恢复。数据库备份后，一旦系统发生崩溃或执行了错误的数据库操作，就可以从备份文件中还原数据库，数据库还原是指将数据库备份加载到系统中的操作。系统在还原数据库的过程中，自动执行安全性检查、重建数据库结构及完成填写数据库内容。

习 题 8

一、思考题

1. 什么是数据库的安全性?

2. 试述实现数据库安全性控制的常用方法和技术。

3. SQL Server 的身份验证有哪两种模式? 二者的有何不同?

4. 在 SQL Server 中如何创建登录账号和用户账号? 试述登录账号和用户账号的区别。

5. SQL Server 可以对用户和角色进行权限管理，试述两者的区别与联系。

6. 如何查看不同用户对数据库对象的操作权限?

7. 用于权限控制的 SQL 语句有哪几条? 它们的作用分别是什么?

8. 阅读下列语句，回答问题。

```
CREATE LOGIN wang
WITH  PASSWORD = '123' , DEFAULT_DATABASE = TeachingData
USE TeachingData
CREATE USER lucky FOR LOGIN wang;
GRANT SELECT , INSERT , UPDATE  ON StuInfo  TO  PUBLIC;
GRANT  ALL  ON  StuInfo  TO  lucky;
REVOKE  SELECT  ON  StuInfo  FROM  lucky;
DENY  UPDATE  ON  StuInfo  TO  lucky;
```

(1) 第一行的'123'是什么?

(2) 第四行的 wang 表示什么? lucky 是什么?

(3) 在执行了上述命令语句之后，若以账户 wang 登录服务器，能否对 TeachingData 中的表 StuInfo 进行 SELECT 和 UPDATE 操作，为什么?

9. 数据库备份的目的是什么? 在制作备份策略时应考虑哪些因素?

10. 数据库备份方式有哪些? 分别备份什么内容?

11. 备份组件有哪几种类型? 分别是什么含义?

12. 如何查看备份设备中的介质内容?

13. 恢复数据库的过程中系统做哪些工作?

二、操作题

1. 完成本章中所有例题。

2. 为数据库 TeachingData 创建角色 datamanager，使该角色拥有 db_backupoperator 架构，并将 U1、U2 添加为该角色的成员。

3. 将数据库 TeachingData 分别进行完整备份和差异备份到 D:\db_back\tdbak.bak，再分别还原到完整备份状态和差异备份状态。

第3篇

应 用 篇

第 9 章

数据库编程

1. 了解 T-SQL 语言的产生和发展过程。
2. 掌握 T-SQL 语言的基本元素和流程控制语句。
3. 能正确理解事务、存储过程和触发器的相关概念。
4. 掌握事务、存储过程和触发器的操作方法和使用技巧，并能灵活应用。

在 SQL Server 2012 的学习中，读者通常会遇到如下问题：

- 在数据库管理系统中使用 SQL 语言能像在高级语言中那样进行编程控制吗？
- 如何把相关的命令组合起来，使烦琐的操作一次完成？
- 在数据库操作中，有些操作是不可分割的，要么全做要么全不做。我们该如何实现这样的要求呢？

通过对本章内容的学习，你会发现 T-SQL 即是助你实现以上梦想的最佳催化剂。

9.1　T-SQL 概述

9.1.1　T SQL 的产生

结构化查询语言(Structure Query Language，SQL)是被国际标准化组织(ISO)采纳的标准数据库语言，目前所有关系数据库管理系统都以 SQL 作为核心，在 Java、VC++、Visual Basic、Delphi 等程序设计语言中也可使用 SQL，它是一种真正跨平台、跨产品的语言。

SQL 是在 1974 年由 IBM 公司的两名研究员 Ray Boyce 和 Chamberlin 提出，并在该公司研制的关系数据库管理系统原型 System R 上得以实现。由于 SQL 功能强大，简洁易用，得到了业界的广泛使用和认可。1986 年 10 月，美国国家标准局(简称 ANSI)将 SQL 采纳为关系数据库管理系统的标准语言，随后公布了 SQL 标准文本(简称 SQL 86)。1987 年 SQL 被国际标准化组织采纳为关系数据库管理系统的国际标准语言。此后 SQL 标准几经修改和完善，相继公布了 SQL 89、SQL 92(或 SQL-2)、SQL 99(或 SQL-3)、SQL 2003、SQL 2008 及 SQL 2011 等。如今不同的数据库产品厂商在各自的数据库管理系统中都支持标准 SQL 语言，但又在此标准的基础上针对各自的产品对 SQL 进行了一定程度的修改和扩充。

T-SQL 为 Transact-SQL 的简称，是 Microsoft 公司针对其自身的数据库产品 Microsoft SQL Server 设计开发并遵循 SQL 99 标准的结构化查询语言，并对 SQL 99 进行了扩展。它在保持 SQL 语言主要特点的基础上，增加了变量、运算符、函数、流程控制和注释等语言元素。

T-SQL 是 SQL Server 2012 的核心，与 SQL Server 2012 实例通信的所有应用程序都是通过将 T-SQL 语句发送到服务器来实现的，与应用程序无关。对于开发人员来讲，掌握 T-SQL 及其应用编程是管理 SQL Server 2012 和开发数据库应用程序的基础。

9.1.2　T-SQL 的特点与分类

1．T-SQL 的特点

T-SQL 语言结构类似于英语，简单易懂，易学易用，初学者容易掌握。它的主要特点可以概括为以下几点。

1) 综合统一

T-SQL 语言集数据定义语言(DDL)、数据操作语言(DML)、数据控制语言(DCL)和附加语言元素等多种功能于一体，语言风格统一，可以独立完成数据库生命周期中的全部活动，同时还保证了数据库的一致性、完整性和良好的可扩展性，为数据库应用系统的开发提供了良好的环境。

2) 高度非过程化，且面向集合

用 T-SQL 语言进行数据操作，只需提出"做什么"，无须指明"怎么做"，语句的操作过程由系统自动完成，用户无须了解存储路径，即存取路径的选择及操作过程由系统自动完成，这样不仅减轻了用户的负担，而且有利于提高数据的独立性。

T-SQL 语言允许用户在高层的数据结构上工作，操作对象是记录集，而不是对单个记录进行操作；所有的 SQL 语句接受集合作为输入，返回集合作为输出，并允许一条 SQL 语句的结果作为另一条 SQL 语句的输入。

3）不同使用方式的语法结构相同

T-SQL 提供了两种使用方式，即交互式和嵌入式。交互式使用是能够独立地用于联机交互的使用方式，用户可以在终端键盘上直接输入 T-SQL 命令对数据库进行操作；嵌入式使用是指 T-SQL 语言能够嵌入到高级语言程序中，供程序员设计程序时使用。在这两种不同的使用方式下，其语法结构基本是一致的。这种以统一的语法结构提供多种不同使用方式的做法，为用户的使用提供了极大的灵活性和方便性。

4）容易理解和掌握

T-SQL 语言功能极强，由于设计巧妙，语言十分简洁，同时符合人类的思维习惯，因此便于掌握。

2．T-SQL 的分类

根据其完成的具体功能，可以将 T-SQL 语言可以分为 4 类：数据定义语言、数据操作语言、数据控制语言和附加语言元素。各种类型包含的 T-SQL 语句见表 9-1。

表 9-1 T-SQL 语言分类

T-SQL 语言类型	包含的 T-SQL 语句
数据定义语言	CREATE、ALTER、DROP
数据操作语言	SELECT、INSERT、UPDATE、DELETE
数据控制语言	GRANT、REVOKE
附加语言元素	事务管理语句、流程控制语句、变量、表达式等语言元素

1）数据定义语言

数据定义语言(Data Definition Languaged，DDL)是最基本的 T-SQL 语言类型，提供用来完成创建、修改和删除数据库和数据库中的基本表、视图、索引、存储过程、触发器、规则等各种对象的操作，包括 CREATE、ALTER、DROP 语句。

2）数据操纵语言

数据操纵语言(Data Manipulation Language，DML)提供对数据库中的数据进行查询、插入、修改和删除的操作，包括 SELETE、INSERT、UPDATE 和 DELETE 语句。

3）数据控制语言

数据控制语言(Data Control Language，DCL)主要用于数据库的安全性管理，以确保数据库中的数据和操作不允许未授权的用户使用和执行。数据控制语言是用于设置或者更改数据库用户（或角色）的权限，包括 GRANT 和 REVOKE 语句。

4）附加语言元素

除上述介绍的几种类型外，T-SQL 语言还包括了一些附加语言元素，如变量、常量、运算符、表达式、函数、流程控制语句、错误处理语句和事务控制语句等。它不是 SQL 99 的标准内容，而是 SQL Server 为了编写脚本增加的语言元素。

9.2 T-SQL 基础

9.2.1 标识符

标识符是指用户在 SQL Server 2012 中定义的服务器、数据库、数据库对象(如表、视图、列、索引、触发器、过程、约束及规则等)、变量等的名称。大多数对象要求有标识符，如在创建表时必须为表指定标识符。但是也有些对象标识符是可选的，如创建约束时用户可以不提供标识符，其约束的名称由系统自动生成。

按照标识符的使用方式，SQL Server 2012 中的标识符可以分为常规标识符和分隔标识符两类。

1. 常规标识符

常规标识符是指符合标识符命名规则的标识符，在 T-SQL 语句中无须将其用分隔符分隔。标识符的命名规则如下。

(1) 标识符长度可以为 1～128 个字符。

(2) 标识符的首字符必须为 Unicode 标准所定义的字符，包括英文字母(a～z 和 A～Z)、一些语言字符(如汉字等)，还可以是 "_" "@" "#" 符号。

(3) 标识符后续字符可以为 Unicode 标准所定义的字符，包括英文字母(a～z 和 A～Z)、一些语言字符(如汉字等)，还可以包括数字(0～9)、"_" "@" "#" "$" 符号。

(4) 标识符内不能嵌入空格或其他特殊字符。

(5) 标识符不能与 SQL Server 中的保留关键字同名。

说明：

(1) Unicode 3.2 标准所定义的字母包括拉丁字符 a~z 和 A~Z，以及来自其他语言的字母字符。

(2) 在 SQL Server 2012 中，某些位于标识符开头位置的符号具有特殊意义。例如，以 "@" 符号开头的标识符表示局部变量或参数，以 "@@" 符号开头的标识符表示系统内置的全局变量；以 "#" 开头的标识符表示临时表或过程，以 "##" 符号开头的标识符表示全局临时对象。

例如，在下面 SELECT 语句中，表标识符 "StuInfo" 和列标识符 "SID" 均为常规标识符。

```
SELECT * FROM StuInfo
WHERE SID ='05000004'
```

2. 分隔标识符

分隔标识符允许在标识符中使用 SQL Server 2012 保留关键字或常规标识符中不允许使用的一些特殊字符，这时该标识符必须包含在方括号([ ])或者双引号("")内。在默认情况下，系统使用方括号作为分隔符。符合标识符命名规则的标识符可以分隔，也可以不分隔。

例如，下列语句由于所创建的表名 My Table 中包含空格，列名 order 与 T-SQL 保留字相同，因此可使用方括号来做分隔符。

```
SELECT *
FROM [My Table]
WHERE [order] = 10
```

双引号做分隔符只有在使用 SET QUOTED_IDENTIFIER ON 命令后才有效，此时双引号只能用于分隔标识符，不能用于分隔字符串。

9.2.2 变量

在 SQL Server 2012 中，变量由系统或用户定义并赋值，是在语句间传递数据的方式之一。T-SQL 包括两种变量，一种是局部变量，另一种是全局变量。两者的主要区别是作用范围不同。

1. 局部变量

局部变量是用户可以自定义的变量，仅限于在定义该变量的程序中使用。局部变量必须先定义后使用，变量名必须以"@"开头，且必须符合 SQL Server 标识符的命名规则。局部变量在程序中常用来存储从表中查询结果，或当作程序执行过程中暂存变量使用。

1）局部变量的声明

局部变量用 DECLARE 语句声明，其语法格式如下。

```
DECLARE  @variable_name datatype [,...n]
```

参数说明如下。

(1) @variable_name：声明的变量名。

(2) Datatype：变量的数据类型，可以是除 text、ntext 和 image 类型以外所有的系统数据类型或用户定义数据类型，如果没有特殊用途，建议尽量使用系统数据类型。

2）局部变量的赋值

在 T-SQL 语言中不能像在一般程序设计语言中使用"变量名=变量值"来给变量赋值，用户可在与定义变量的 DECLARE 语句同一批处理中用 SET 语句或 SELECT 语句为其赋值。

(1) 用 SET 语句给变量赋值。其语法格式如下。

```
SET  @variable_name =expression
```

参数说明：expression 表示给变量赋值的有效表达式，与局部变量@variable_name 的数据类型相匹配。

(2) 用 SELECT 语句给变量赋值。其语法格式如下。

```
SELECT  @variable_name =expression  [,...n]
[FROM table_name
WHERE condition]
```

该赋值语句是将表达式 expression 的值赋给指定的变量。这里 SELECT 的作用是给变量赋值，而不仅仅是为了从表中检索数据。如果使用 SELECT 语句仅仅是为给变量赋值，可以省略 FROM 和 WHERE 子句。

3）局部变量的输出

局部变量可以使用 PRINT 语句或 SELECT 语句输出。PRINT 语句一次只能输出一个变量的值，而 SELECT 语句一次可以输出多个变量的值。输出语句的语法格式如下。

(1) 用 PRINT 语句输出变量。其语法格式如下。

```
PRINT  @variable_name
```

(2) 用 SELECT 语句输出变量。其语法格式如下。

```
SELECT  @variable_name [,...n]
```

【例 9-1】　定义两个变量@var1 和@course_name，使用常量直接为其赋值，并输出。

```
--声明局部变量
DECLARE  @var1 int, @course_name char(15)
--给局部变量赋值
SET @var1=100
SELECT @course_name = '数据库原理'
--输出局部变量
PRINT @var1
PRINT @course_name
```

【例 9-2】　定义两个变量@Max_Score 和@Min_Score，将 ScoreInfo 表中的最高分和最低分分别赋给这两个变量。

```
--声明局部变量
DECLARE  @Max_Score int, @Min_Score int
--为变量赋值
SELECT @Max_Score =MAX(Score),@Min_Score =MIN(Score)
FROM  ScoreInfo
SELECT  @Max_Score AS 最高分,@Min_Score AS 最低分
```

2. 全局变量

全局变量是 SQL Server 2012 内部事先定义好的变量，用户不能定义或对其赋值，对用户而言是只读的。全局变量在任何程序中可随时调用。全局变量通常存储一些 SQL Server 的配置设定值和统计数据。使用全局变量来记录 SQL Server 2012 服务器的活动状态信息。用户可以在程序中调用全局变量来测试系统的设定值或者是 T-SQL 命令执行后的状态值。全局变量的名称以 "@@" 开头。

SQL Server 2012 提供的全局变量有 33 个，一部分是与当前的 SQL Server 连接或与当前的处理相关的全局变量，如@@rowcount 表示最近一个语句影响的记录数；另一部分是与系统内部信息有关的全局变量，如@@version 表示 SQL Server 的版本信息。

有关 SQL Server 2012 中其他全局变量及其功能可参看系统帮助。

【例 9-3】在 UPDATA 语句中使用@@rowcount 变量来检测是否存在发生修改的记录。

```
USE TeachingData
GO
--将选修课程 "00000001" 的每个学生的成绩增加 5 分
UPDATE ScoreInfo
SET Score= Score +5
WHERE CID ='00100001'
--如果没有发生记录更新，则发生警告信息
IF @@rowcount=0
PRINT '警告：没有发生记录更新！'    /*PRINT 语句将字符串返回给客户端*/
```

9.2.3　运算符

运算符是一种特殊符号，用来指定要在一个或多个表达式中执行的操作。在 SQL Server

2012 中运算符分为算术运算符、赋值运算符、字符串连接运算符、比较运算符、逻辑运算符、位运算符和一元运算符。

1. 算术运算符

算术运算符对两个表达式执行数学运算，这两个表达式可以是数值数据类型中的一个或多个数据类型。T-SQL 支持的算术运算符有加(+)、减(−)、乘(*)、除(/)、取模(%)。

取模运算的返回值是一个除法运算整除的余数，因此参加取模运算的两边表达式必须是整型数据。例如，21%8 的结果为 5，这是因为 21 除以 8，余数为 5。

2. 赋值运算符

赋值运算符(=)是将表达式的值赋给一个变量。它通常用于 SET 和 SELECT 语句中。

3. 比较运算符

比较运算符用于比较两个表达式的大小，或者比较是否相同，其比较的结果是布尔数据类型，包括 TRUE、FALSE 和 UNKNOWN。比较运算符可以用于除了 text、ntext 或 image 数据类型以外的所有数据类型的表达。T-SQL 支持的比较运算符有大于(>)、等于(=)、小于(<)、大于等于(>=)、小于等于(<=)、不等于(<>)、不等于(!=或<>)、不大于(!>)、不小于(!<)。其中!=、!>、!<不是 ANSI 标准的运算符。

注意：

布尔数据类型和其他 SQL Server 数据类型不同，该类型不能指定为表列(属性)或变量的数据类型，也不能在结果集中返回布尔数据类型。

例如，要查询计算机学院的教师信息，其代码如下：

```
SELECT * FROM ScoreInfo WHERE Dept='计算机学院'
```

4. 逻辑运算符

逻辑运算符可以把多个关系表达式连接起来，用于测试条件是否为真。它与比较运算符一样，返回带有 TRUE 或 FALSE 的布尔数据类型。SQL Server 2012 的逻辑运算符及含义见表 9-2。

表 9-2　SQL Server 逻辑运算符

运算符	含　　义
AND	如果两个布尔表达式的值都为 TRUE，则为 TRUE
OR	如果两个布尔表达式中的一个为 TRUE，则为 TRUE
NOT	对任何其他布尔运算符的值取反
ALL	如果一组的比较都为 TRUE，则为 TRUE
ANY	如果一组的比较中任何一个为 TRUE，则为 TRUE
SOME	如果在一组比较中，有些为 TRUE，则为 TRUE(同 ANY)
BETWEEN	如果操作数在某个范围之内，则为 TRUE
IN	如果操作数等于表达式列表中的一个，则为 TRUE
LIKE	如果操作数与一种模式相匹配，则为 TRUE
EXISTS	如果子查询包含一些行，则为 TRUE

【例 9-4】　查询选修了许强老师所讲课程的学生学号。

```
USE TeachingData
SELECT SID
FROM ScoreInfo
WHERE TID IN ( SELECT TID FROM TchInfo
                WHERE TName='许强'
              )
```

5．字符串连接运算符

字符串连接运算符(+)用于将字符串或字符型变量串接起来。其他所有字符串操作都需要使用字符串函数进行处理。例如，下面语句实现多个字符串的连接运算。

```
SELECT  '许强' + '是' + '教师' AS 串连接
```

该语句实现将 3 个字符串连接在一起，形成一个字符串，执行结果如图 9.1 所示。

图 9.1　串连接运算符执行示例

说明：

默认情况下，对于 varchar 数据类型的数据，在连接 varchar、char 或 text 类型的数据时，空的字符串被解释为空字符串，如' abc '+' '+' def '被存储为' abcdef '。

6．位运算符

位运算符在两个表达式之间执行位操作，这两个表达式可以为整数数据类型或二进制数据类型(image 数据类型除外)。位运算符包括与(&)、或(|)、异或(^)、求反(~)等逻辑运算。

【例 9-5】　给出以下程序的运行结果。

```
DECLARE @a int,@b int
SET @a=4
SET @b=3
SELECT @a & @b AS [a&b], @a|@b AS [a|b],@a^@b AS [a^b], ~@a AS [~a]
```

运行结果如图 9.2 所示。

7．运算符优先级

当一个复杂的表达式中包含多个运算符时，运算执行的先后次序取决于运算符的优先级。具有相同优先级的运算符，根据它们

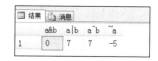

图 9.2　位运算符执行示例

在表达式中的位置对其从左到右进行求值。在 SQL Server 2012 中运算符的优先级排列如下。

(1)( )。

(2)+(正)、−(负)、~(按位 NOT)。

(3)*(乘)、/(除)、%(取模)。

(4)+(加)、+(连接)、−(减)。

(5)=、>、<、>=、<=、<>、!=、!>和!<(比较运算符)。

(6) ^(位异或)、 &(位与)、|(位或)。

(7) NOT。

(8) AND。

(9) OR、ALL、ANY、BETWEEN、IN、LIKE、SOME。

(10) =(赋值)。

9.2.4 函数

SQL Server 2012 提供了大量的内置系统函数，包括数学函数、字符串函数、数据类型转换函数和日期函数等。此外，SQL Server 2012 还支持用户定义函数，在系统函数不能满足需要的情况下，用户可以创建、修改和删除用户定义函数。

1. 系统内置函数

1) 数学函数

数学函数是对数值表达式进行数学运算，并将运算结果返回给用户的函数。数学函数可以对 SQL Server 2012 系统提供的数据类型为 decimal、integer、float、real、money、smallmoney、smallint 和 tinyint 的数据进行运算。常用的数学函数参见表 9-3。

表 9-3 常用的数学函数

函 数 名 称	说 明
ABS(n)	返回 n 的绝对值
RAND	返回 0～1 之间的随机数
EXP(n)	返回 n 的指数值
SQRT(n)	返回 n 的平方根
SQUARE(n)	返回 n 的平方
POWER(n,m)	返回 n 的 m 次方
CEILING(n)	返回大于等于 n 的最小整数
FLOOR(n)	返回小于等于 n 的最大整数
ROUND(n,m)	对 n 做四舍五入处理，保留 m 位
LOG10(n)、LOG(n)	返回 n 以 10 为底的对数、返回 n 的自然对数
SIGN(n)	返回 n 的正号(+1)、零(0)或负号(−1)
PI	返回 π 的常量值 3.141 592 653 589 79
ASIN(n)、ACOS(n)、ATAN(n)	反正弦函数、反余弦函数、反正切函数，其中 n 用弧度表示
SIN(n)、COS(n)、TAN(n)、COT(n)	正弦函数、余弦函数、正切函数、余切函数，其中 n 用弧度表示
DEGREES(n)	将指定的弧度值转换为相应角度值
RADIANS(n)	将指定的角度值转换为相应弧度值

【例 9-6】 分析比较下列语句的执行结果，正确理解 CEILING(n)、FLOOR(n)、ROUND(n,m) 3 个数学函数的功能。

在 SQL 的查询窗口中输入如下命令。

```
SELECT  'Select1',CEILING(8.4),FLOOR(8.4),ROUND(8.456,2)
SELECT  'Select2',CEILING(8.4),CEILING(-8.4)
SELECT  'Select3',FLOOR(8.6),FLOOR(-8.6)
```

运行结果如图 9.3 所示。

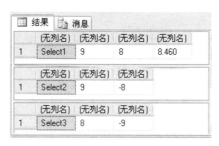

图 9.3 【例 9-6】的运行结果

2）字符串函数

字符串函数是对二进制数据、字符串和表达式执行不同的运算。字符串函数作用于 char、varchar、binary、varbinary 数据类型，以及可以隐式转换为 char 或 varchar 的数据类型。通常在 SELECT 和 WHERE 子句以及表达式中使用，常用的字符串函数参见表 9-4。

表 9-4　常用的字符函数

种　　类	函 数 名 称	说 明 描 述
转换函数	ASCII（<字符表达式>）	返回字符串表达式最左边字符的 ASCII 码值
	CHAR（<整型表达式>）	把 ASCII 码值转换成字符
	STR（<浮点型表达式>[,<长度[,<小数长度>]>]）	将数值数据转换为字符数据
	LOWER（<字符表达式>）	把大写字母转换成小写字母
	UPPER（<字符表达式>）	将小写字母转换成大写字母
取子串函数	SUBSTRING（<字符串表达式>,<起始位置>,<长度>）	在目标字符串或列值中，返回指定起始位置和长度的子串
	LEFT（<字符串表达式>,n）	从字符串的左边取 n 个字符
	RIGHT（<字符串表达式>,n）	从字符串的右边取 n 个字符
去空格函数	LTRIM（<字符串表达式>）	删除字符串头部的空格
	RTRIM（<字符串表达式>）	删除字符串尾部的空格
字符串比较函数	CHARINDEX（<字符串 2>,<字符串 1>）	返回字符串 2 在字符串 1 表达式中出现的起始位置
	PATINDEX（%<模式>%,<字符串>）	返回指定模式在字符串中第一次出现的起始位置；若未找到，则返回零
基本字符串函数	SPACE（n）	返回由 n 个空格组成的字符串
	REPLICATE（<字符串>,n）	返回一个按指定字符串重复 n 次字符串
	LEN（<字符串>）	返回指定字符串的字符个数
	STUFF（<字符串 1>,<起始位置>,<长度>,<字符串 2>）	用字符串 2 替换字符串 1 中指定起始位置、长度的子串
	REPLACE（<字符串 1>,<字符串 2>,<字符串 3>）	在字符串 1 中，用字符串 3 替换字符串 2
	REVERSE（<字符串>｜<列名>）	取字符串的逆序

【例 9-7】 分析下列语句的执行结果，正确理解字符串函数的功能。

```
SELECT REPLICATE('abc',3)
SELECT REPLACE('abcdefgbcd','bcd','12')
SELECT STUFF('abcdefgbcd',2,4,'12')
```

运行结果如图 9.4 所示。

图 9.4 【例 9-7】的运行结果

3）日期时间函数

日期和时间函数用于对 date、datetime 和 smalldatetime 类型的数据进行操作，并返回一个字符串数据值或日期时间值。日期时间函数参见表 9-5。

表 9-5 日期时间函数

函 数 名 称	说 明
GETDATE( )	以 datetime 数据类型的标准格式返回当前系统的日期和时间
DAY（日期）	返回指定日期的天数
MONTH（日期）	返回指定日期的月份
YEAR（日期）	返回指定日期的年份
DATEADD(<日期格式>,n,<日期表达式>)	返回在指定日期按指定方式加上一个时间间隔 n 后的新日期时间值
DATEDIFF(<日期格式>,<日期 1>,<日期 2>)	以指定的方式给出日期 2 和日期 1 之差
DATENAME(<日期格式>,<日期表达式>)	返回指定日期中指定部分所对应的字符串
DATEPART (<日期方式>,<日期表达式>)	返回指定日期中指定部分所对应的整数值

在日期时间函数中，参数"日期格式"经常被使用，是用来指定构成日期类型数据的各组成部分，如年、月、日、星期等，其取值参见表 9-6。

表 9-6 日期时间函数中参数 DATEPART 的取值

日期组成部分	缩 写	取 值
year	yy、yyyy	1753～9999
month	mm、m	1～12
Day of year	dy、y	1～366
day	dd、d	1～31
week	wk、ww	1～54
weekday	dw、w	1～7
hour	hh	0～23

(续)

日期组成部分	缩 写	取 值
minute	mi、n	0~59
second	ss、s	0~59
millisecond	ms	0~999
quarter	qq、q	1~4

【例 9-8】 获取当前系统日期和当前月份。

```
SELECT GETDATE() AS 当前日期, MONTH(GETDATE()) AS 月份
```

运行结果如图 9.5 所示。

图 9.5 【例 9-8】的运行结果

【例 9-9】 在 StuInfo 表中，查询学生的学号、姓名、性别、年龄和所在系部。

```
SELECT  SID,Sname,Sex,DATEDIFF(yy,Birthday,GETDATE()) AS Sge,Dept
FROM StuInfo
```

运行结果如图 9.6 所示。

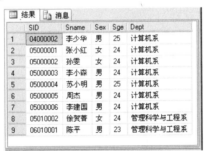

图 9.6 【例 9-9】的运行结果

4）数据转换函数

SQL Server 能够自动处理某些数据类型的转换，如 char 和 varchar、int 和 smallint 的转换可以实现自动转换，也称为隐性转换。但是有些类型的转换 SQL Server 无法自动实现，或者自动转换结果不符合预期结果，就需要使用转换函数进行显示转换。数据转换函数参见表 9-7。

表 9-7 数据转换函数

函 数 名 称	功 能
CAST(<表达式> AS <数据类型>)	将某种数据类型的表达式显式转换为另一种数据类型
CONVERT(<数据类型>[<长度>],<表达式>[,style])	将某种数据类型的表达式显式转换为另一种数据类型，可以指定长度；Style 为日期格式样式，见表 9-8

表 9-8 style 数字在转换时间时的含义

style 年份用 2 位数据表示	style 年份用 4 位数据表示	输出格式
0	100	mm dd yyyy hh:miAM 或 PM
1	101	mm/dd/yy
2	102	yy.mm.dd
3	103	dd/mm/yy
4	104	dd.mm.yy
5	105	dd-mm-yy
6	106	dd mm yy
7	107	mm dd, yy
8	108	hh:mi:ss
9	109	mm dd yy hh:mi:ss:mmmmAM（或 PM）
10	110	mm-dd-yy
11	111	yy/mm/dd
12	112	yymmdd
13	113	dd mm yy hh:mi:ss:mmmm(24 小时制）
14	114	hh:mi:ss:mmmm(24 小时制）

表 9-8 中，yy 表示年份，mm 表示月份，dd 表示日期，hh 表示小时，mi 表示分钟，ss 表示秒，mmmm 表示百分秒。

例如，执行命令：SELECT CONVERT(varchar(40), GETDATE(),0);

如果当前日期为 2017 年 2 月 26 日下午 5 点 14 分，则运行得到的结果是：02 26 17 5:14PM。

【例 9-10】 使用 CAST 数据类型转换函数 Score 转换为字符型，并实现字符串连接运算。

```
SELECT SID AS 学号,'成绩是：' + CAST(Score AS varchar(12))
FROM ScoreInfo
WHERE Score > 85
```

运行结果如图 9.7 所示。

图 9.7 【例 9-10】的运行结果

5) 系统函数

系统函数用于获取有关 SQL Server 系统、用户、数据库和数据库对象的信息。用户可以根据返回信息，使用条件语句进行不同的操作。系统函数参见表 9-9。

表 9-9　系统函数

函 数 名 称	说　　明
COALESCE	返回其参数中第一个非空表达式
DATALENGTH	返回任何表达式所占用的字节数
HOST_NAME	返回工作站名称
ISNULL	使用指定的替换值替换 NULL
NEWID	创建 UNIQUEIDENTIFIER 类型的唯一值
NULLIF	如果两个指定的表达式相等，则返回空值
USER_NAME	返回给定标识号的用户数据库用户名

【例 9-11】　查询数据库所在的计算机名。

```
SELECT HOST_NAME() AS 计算机名
```

2. 用户自定义函数

用户在编写程序的过程中，除了可以调用系统函数外，还可以根据应用需要自定义函数，以便用在允许使用系统函数的任何地方。用户自定义函数包括标量值函数和表值函数两类，其中表值函数又包括内联表值函数和多语句表值函数。

(1) 标量值函数：返回一个确定类型的标量值。其返回类型为除 text、ntext、image、cursor、timestamp 和 table 类型以外的其他数据类型。函数体语句定义在 BEGIN…END 语句内。

(2) 内联表值函数：返回值是一个表。内联表值函数没有用 BEGIN…END 语句括起来的函数体，其返回的表是由一个位于 RETURN 语句中的 SELECT 语句从数据库中筛选出来。内联表值函数的功能相当于一个参数化的视图。

(3) 多语句表值函数：返回值是一个表。函数体包括多个 SELECT 语句，并定义在 BEGIN…END 语句内。

可以利用 T-SQL 语句在查询分析器中直接输入代码来创建自定义函数。现以创建一个求两个数中的最大值的标量函数为例，学习用户自定义函数创建的两种方法。

1) 标量值函数

创建标量值函数的语法格式如下。

```
CREATE  FUNCTION  function_name
    (@Parameter  scalar_ parameter_data_type[=default] [,...n])
RETURNS  scalar_ return_data_type
AS
BEGIN
    Function  body
    RETURN  scalar _expresstion
END
```

参数说明如下。

(1) function_name：要创建的函数名。

(2) @Parameter：指定一个或多个标量参数的名称。

(3) scalar_parameter_data_type：指定标量参数的数据类型。

(4) default：指定标量参数的默认值。

(5) scalar_return_data_type：指定标量值函数返回值的数据类型。

(6) Function body：实现函数功能的函数体。

(7) scalar_expresstion：标量值函数返回的标量值表达式。

【例 9-12】 创建一个标量值函数，实现返回两个参数的最大值。

```
CREATE FUNCTION My_Max(@X REAL,@Y REAL)
RETURNS REAL
AS
BEGIN
    DECLARE @Z REAL
    IF @X>@Y
     SET @Z=@X
    ELSE
     SET @Z=@Y
    RETURN(@Z)
END
```

当调用用户自定义的标量值函数时，提供由两部分组成的函数名称，即所有者.函数名，自定义函数的默认所有者为 dbo。可以利用 PRINT、SELECT 和 EXEC 语句调用标量值函数。

【例 9-13】 使用不同的方式调用 my_Max 标量值函数。

(1) PRINT 语句调用标量值函数。

```
PRINT dbo.my_Max(3,6)
```

(2) SELECT 语句调用标量值函数。

```
SELECT dbo.my_Max(3,6)
```

(3) EXEC 语句调用标量值函数。

```
DECLARE @m REAL
EXEC @m=dbo.my_max 3,6
PRINT @m
GO
```

说明：

在使用 EXEC 调用自定义函数时,调用参数的次序与函数定义中的参数次序可以不同,此时必须用赋值号为函数的标量参数指定相应的实参。例如:

```
DECLARE @m REAL
EXEC @m=dbo.my_max @y=15,@x=2
PRINT @m
GO
```

2）内联表值函数

创建内联表值函数的语法格式如下。

```
CREATE FUNCTION function_name
    (@Parameter scalar_ parameter_data_type[=default] [,…n])
RETURNS TABLE
AS
RETURN select_stmt
```

参数说明如下。

（1）TABLE：指定返回值为一个表。

（2）select_stmt：单条 SELECT 语句，确定返回表的数据。

（3）其余参数与标量值函数相同。

【例 9-14】 在 TeachingData 数据库中创建一个内联表值函数，该函数返回高于指定成绩的查询信息。

```
CREATE FUNCTION Score (@cj float)
RETURNS TABLE
AS
RETURN SELECT  *
       FROM ScoreInfo
       WHERE Score>=@cj
```

调用表值函数只能通过 SELECT 语句实现，在调用时可以省略函数的所有者。

【例 9-15】 利用内联表值函数 Score，查询成绩大于 90 分的成绩信息。

```
SELECT * FROM Score(90)
```

3）多语句表值函数

创建多语句表值函数的语法格式如下。

```
CREATE FUNCTION function_name
     (@Parameter scalar_ parameter_data_type[=default] [,…n])
RETURNS table_varible_name TABLE
(<colume_definition>)
AS
BEGIN
    function_body
    RETURN
END
```

参数说明如下。

（1）table_varible_name：返回的表变量名。

（2）colume_definition：返回表中各个列的定义。

【例 9-16】 在 TeachingData 数据库中，创建一个多语句表值函数，根据给定的学号作为实参，查询显示该学生各门课程的成绩和学分。

```
USE teachingData
GO
CREATE FUNCTION Stu_Score(@sno char(10))
RETURNS @Mark TABLE
 ( SID char(10),
    Sname char(10),
    Cname char(20),
    Score tinyint,
    CCredit tinyint
)
AS
BEGIN
  INSERT INTO @Mark
    SELECT  StuInfo.SID,Sname, Cname,Score, CCredit
    FROM StuInfo,ScoreInfo,CourseInfo
    WHERE StuInfo.SID=ScoreInfo.SID AND ScoreInfo.CID= CourseInfo.CID
      And StuInfo.SID=@sno
  RETURN
END
```

内联表值函数和多语句表值函数的调用方法相同。

【例 9-17】利用多语句表值函数 stu_score，查询学号 06010001 学生的各科成绩及学分。

```
select * from Stu_Score('06010001')
```

运行结果如图 9.8 所示。

	SID	Sname	Cname	Score	CCredit
1	06010001	陈平	高等数学	85	5
2	06010001	陈平	大学英语	73	4

图 9.8 【例 9-17】的运行结果

4）删除自定函数

对于不再使用的自定义函数，可以将其删除，具体操作有如下两种方法。

（1）利用【对象资源管理器】窗口删除函数。在 Microsoft SQL Server Management Studio 的【对象资源管理器】窗口中，展开相应的【数据库】|TeachingData|【可编程性】|【函数】节点；若删除标量值函数，则展开【标量值函数】节点，若删除表值函数，则展开【表值函数】节点；在进一步展开的函数列表中右击需要删除的用户自定义函数，从弹出的快捷菜单中选择【删除】命令；在打开的【删除对象】窗口单击【确定】按钮完成操作。

（2）利用 SQL 命令删除函数。利用 SQL 命令删除用户自定义函数的语法格式如下。

```
DROP FUNCTION function_name
```

【例 9-18】 输出前面创建的多语句表值函数 Stu_Score。

```
DROP FUNCTION Stu_Score
```

9.2.5　应用实例

【例 9-19】　小黄在创建课程表 Course 时，想利用用户自定义函数为每门课程增加一个平均成绩的计算列，问该如何实现？

首先，创建一个用户自定义函数，实现计算全体学生某门课程的平均成绩。

```
USE TeachingData
GO
CREATE FUNCTION AVERAGE(@cno char(10))
  RETURNS  int
  AS
  BEGIN
    DECLARE @aver int
    SELECT  @aver=
      ( SELECT avg(Score)
        FROM ScoreInfo
        WHERE CID= @cno )
    RETURN @aver
  END
GO
```

然后，创建 Course 表，并将存放平均值的属性 aver 指定为计算列，由上面创建的用户自定义函数 AVERAGE 计算获得。

```
CREATE TABLE Course
( CID char(8),
  Cname char(20),
  Ccredit int,
  aver AS ( dbo.average(CID)  )
)
```

9.3　T-SQL 编程

9.3.1　批处理

批处理是指将一条或多条 T-SQL 语句归纳为一组，以便一起提交到 SQL Server 执行。SQL Server 将批处理语句编译成一个可执行单元，此单元称为执行计划，由客户机一次性地发送给服务器，批处理以 GO 语句作为结束符。

在批处理中，如果由于语法错误等问题而造成编译错误，执行计划无法编译，而且批处理中的所有语句都不被执行。例如：

```
INSERT
    INTO ScoreInfo (SID,CID,TID,Score)
    VALUES('06010001','00000002','01000001',87)
```

```
INSERT
    INTO ScoreInfo (SID,CID, TID,Score)
GO
```

上述批处理被执行时，首先进行批处理编译，第一条 INSERT 语句被编译，第二条 INSERT 语句由于缺少 VALUES 子句存在语法错误而不被编译。因此整个批处理中的每条语句都不会被执行。

如果是由于数据溢出或违反约束等原因造成的运行时错误，则处理方式如下：

（1）大多数的运行时错误会停止执行发生错误的语句，而且当前批处理中该语句之后的所有语句也不执行。

（2）少数的运行时错误(如违反约束)仅会停止执行发生错误的语句，当前批处理中该语句之后的所有语句仍会继续执行。例如：

```
INSERT
    INTO ScoreInfo (SID,CID,TID,Score)
    VALUES('06010001','00000002','01000001',87)
INSERT
    INTO ScoreInfo (SID,CID, TID,Score)
    VALUES('05010002','00000001','01000001','男')
GO
```

上述批处理被执行时，首先能成功进行编译，接下来由于第二条 INSERT 语句在执行时失败，则第一条语句的执行结果不受影响，因为它已经执行。

使用批处理时，首先应注意一个注释必须在一个批处理中开始并结束，其次为一个批处理的创建不能引用另一个批处理中声明的任何变量，也就是说，用户定义的局部变量的作用域限制在一个批处理中。

【例 9-20】 下列代码是否正确？并分析原因。

```
(1)  USE teachingData
(2)  GO                        --第一个批处理结束
(3)  DECLARE @aver int
(4)  SELECT @aver=avg(Score)
(5)  FROM ScoreInfo
(6)  WHERE CID= 'C001'
(7)  GO                        --第二个批处理结束
(8)  PRINT @aver
(9)  GO                        --第三个批处理结束
```

运行该代码不能输出预期结果。这主要是因为在批处理中声明的局部变量，其作用域只是在声明它的批处理语句中。该段代码中包含 3 个批处理语句，而@aver 局部变量是在第二个批处理中声明并赋值的，它在第三个批处理中无效，该代码运行后出现图 9.9 所示的运行结果。

```
消息
消息 137，级别 15，状态 2，第 1 行
必须声明标量变量 "@aver"。
```

图 9.9 【例 9-20】的运行结果

解决方案：将上述代码段中的第七行的 GO 语句去掉，把第二个批处理和第三个批处理合并为一个批处理即可。

9.3.2 流程控制语句

流程控制语句是指那些用来控制程序执行流程的语句。使用控制流程语句可以提高编程语言的处理能力，完成较复杂的操作。T-SQL 语言使用的流程控制命令与常见的程序设计语言类似，主要有以下几种。

1. BEGIN…END 语句

BEGIN…END 语句用于将多个 T-SQL 语句组合成一个逻辑块(类似于 C 语言中的复合语句或语句块)，以便将它们视为一个整体来处理。在条件语句和循环语句等控制流程中，当满足指定条件的执行语句有两条或两条以上时，需要使用 BEGIN…END 语句将它们组合成一个语句块。其语法格式如下。

```
BEGIN
    { sql_statement | statement_block }
END
```

其中，sql_statement | statement_block 是指所包含的 T-SQL 语句或语句块。例如：

```
DECLARE @sn char(10)
BEGIN
   SELECT @sn=Sname FROM StuInfo WHERE SID='06010001'
   PRINT @sn
END
```

BEGIN…END 语句经常在 WHILE 语句、CASE 函数、IF…ELSE 语句中使用，而且BEGIN…END 语句允许嵌套使用。

2. IF…ELSE 语句

IF…ELSE 语句是条件判断语句。利用该语句使程序具有不同条件的分支，以完成执行不同条件下的功能操作。其语法格式如下。

```
IF Boolean_expression
    { sql_statement1 | statement_block1 }
[ ELSE
    { sql_statement2 | statement_block2 } ]
```

其中 Boolean_expression 为条件表达式，如果条件表达式值为 TRUE，则执行 sql_statement1 或 statement_block1 部分；如果条件表达式值为 FALSE，则执行 sql_statement2 或 statement_block2 部分。

说明：

(1) ELSE 子句可选，最简单的 IF 语句没有 ELSE 子句，称为单分支 IF 语句。

(2) 如果不使用 BEGIN…END 语句，IF 或 ELSE 只执行其后的第一条语句。

(3) IF…ELSE 语句可以嵌套，可实现多重条件的选择。在 T-SQL 中最多可嵌套 32 级。

【例 9-21】 从 ScoreInfo 表中查找学号为'06010001'的同学的成绩，如果选修课程全部及格，则输出"该同学的各门课程全部及格！"，否则输出该同学不及格课程的门数。

```
DECLARE @n int;
IF ( SELECT MIN(Score) FROM ScoreInfo
        WHERE SID='06010001'
    GROUP BY SID
  ) >= 60
    PRINT '该同学的各门课程全部及格！'
ELSE
  BEGIN
    SELECT @n=COUNT(CID) FROM ScoreInfo
        WHERE SID='06010001' AND Score<60
    PRINT '该同学有'+CAST(@n AS VARCHAR)+'门课程不及格！'
  END
```

想一想，如果上例中没有 BEGIN…END 语句，运行结果会怎样？

3. CASE 函数

虽然使用 IF 语句嵌套可以实现多重条件的选择，但是比较烦琐。SQL Server 提供了一个简单的方法，即 CASE 函数。CASE 函数按其使用形式的不同，可以分为简单 CASE 函数和搜索 CASE 函数。

1）简单 CASE 函数

简单 CASE 函数必须以 CASE 开头，以 END 结束。它能够将一个指定表达式与一系列简单表达式进行比较，并且返回符合条件的结果表达式。其语法格式如下。

```
CASE input_expression
    WHEN when_expression THEN result_expression
    [ ...n ]
    [ELSE else_result_expression ]
END
```

参数说明如下。

（1）input_expression：计算表达式。

（2）when_expression：比较表达式。将 input_expression 值依次与每个 WHEN 子句中的 when_expression 值进行比较。

（3）result_expression：结果表达式。当 input_expression 值与 when_expression 值相等时，返回与之对应的 result_expression 值。

（4）else_result_expression：当 input_expression 值与所有的 when_expression 值比较结果均为假时，返回的表达式值。

注意：

（1）CASE 函数中的各 when_expression 的数据类型必须与 input_expression 的数据类型相同，或者是可以隐式转换的数据类型。

（2）CASE 函数中如果多个 WHEN 子句 when_expression 值与 input_expression 值相

同，则只会返回第一个与 input_expression 值相同的 when_expression 对应的 result_expression 值。

CASE 函数可以嵌套到 SQL 命令中使用。

【例 9-22】 从 StuInfo 表中，显示学生的学号(SID)、姓名(Sname)和性别(Sex)，如果性别是"男"显示为"M"，性别是"女"则显示为"F"。

```
SELECT SID,Sname,性别=
    CASE Sex
        WHEN '男' THEN 'M'
        WHEN '女' THEN 'F'
    END
FROM StuInfo
```

2) 搜索 CASE 函数

搜索 CASE 函数的语法格式如下。

```
CASE
    WHEN Boolean_expression THEN result_expression
    [ ...n ]
    [ELSE else_result_expression ]
END
```

参数说明：Boolean_expression 为条件表达式，结果为逻辑值，其他参数的含义同简单 CASE 函数。

搜索 CASE 函数的执行顺序：

(1) 首先按指定顺序依次计算每个 WHEN 子句的 Boolean_expression 的值。

(2) 返回第一个取值为 TRUE 的 WHEN 子句对应的 result_expression 值，然后跳出 CASE 语句。

(3) 如果所有 WHEN 子句后的 Boolean_expression 都为 FALSE，SQL Server 检查是否有 ELSE 子句，如果有则返回 else_result_expression 的值，否则返回 NULL。

【例 9-23】 从 ScoreInfo 表中查询所有同学选课成绩情况，将百分制转换为五分制：凡成绩不小于 90 分时显示"优秀"；80～89 分显示"良好"；70～79 分显示"中等"；60～69 分显示"及格"；小于 60 分显示"不及格"；为空者显示"未考"。

```
SELECT SID, CID,Score, 等级=
    CASE
        WHEN Score >=90 THEN '优秀'
        WHEN Score >=80 THEN '良好'
        WHEN Score >=70 THEN '中等'
        WHEN Score >=60 THEN '及格'
        WHEN Score <60 THEN '不及格'
        WHEN Score IS NULL THEN '未考'
    END
FROM ScoreInfo
```

4. WHILE 语句

WHILE 语句用于设置重复执行 SQL 语句或语句块的条件。只要设定的条件为 TRUE，就重复执行语句块，其语法格式如下。

```
WHILE Boolean_expression
    BEGIN
        { sql_statement | statement_block }
        [ BREAK ]
        [ CONTINUE ]
        { sql_statement | statement_block }
    END
```

其中，CONTINUE 和 BREAK 语句可以控制 WHILE 循环中语句的执行。CONTINUE 语句可以让程序跳过 CONTINUE 命令之后的所有语句，回到 WHILE 循环的第一行，继续进行下一次循环。BREAK 语句则使程序跳出循环，结束 WHILE 语句的执行。

【例 9-24】 编写 T-SQL 程序，计算 1～100 的累加和，如果累加和大于等于 2000，则结束循环，并输出结果。

```
DECLARE @sum int,@i int
SET @sum=0
SET @i=1
WHILE  @I<=100
  BEGIN
    SET @sum=@sum+@i
    IF @sum>=2000
      BREAK
    SET @i=@i+1
  END
PRINT '1～'+CAST(@i as VARCHAR(2))+'的累加和 sum='+STR(@sum)
```

其运行结果如图 9.10 所示。

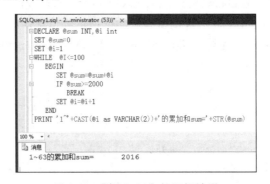

图 9.10 【例 9-24】的运行结果

注意：

如果嵌套了两个或多个 WHILE 循环，则内层循环的 BREAK 语句将使程序退出到上一层外层循环。此时首先运行内层循环结束之后的所有语句，然后重新开始下一次外层循环。

5. WAITFOR 语句

WAITFOR 语句又称为延迟语句，用于指定触发器、存储过程或事务执行的时间或时间间隔；还可以暂停程序的运行，直到所设定的等待时间已过或所设定的时间已到才继续往下执行。其语法格式如下。

```
WAITFOR
    { DELAY 'time_to_pass' | TIME 'time_to_execute' }
```

参数说明如下。

（1）DELAY：表示继续执行批处理、存储过程或事务之前的等待时间间隔。

（2）time_to_pass：指定等待的时间间隔，最长设定为 24 小时。

（3）TIME：表示运行批处理、存储过程或事务的时间点。

（4）time_to_execute：指定 WAITFOR 语句的执行时间。

注意：

time_to_pass 和 time_to_execute 必须是 datetime 数据类型。如"1:10:00"，但不能包括日期。

6. GOTO 语句

GOTO 语句可以实现无条件的跳转。其语法格式如下。

```
GOTO label
```

其中，label 为要跳转到的语句标号，其名称要符合标识符的规定。label 可以是数字与字符的组合，但必须以"："结尾，在 GOTO 语句行，标识符后不必跟"："。

GOTO 语句的执行方法：执行到 GOTO 语句后，直接跳转到 label 标号处继续执行，而 GOTO 语句后面的语句不再执行。使用形式如下：

```
10: …
    …
    GOTO 10
    …
```

7. RETURN 语句

RETURN 语句用于从查询或过程中无条件退出。此时位于该语句后的语句将不再被执行，返回到上一个调用它的程序或其他程序。其语法格式如下。

```
RETURN [ integer_expression ]
```

参数说明：integer_expression 指定一个返回值，要求是整型表达式。integer_expression 部分可选，如果省略，SQL Server 系统会根据程序执行的结果返回一个内定值。内定值及相应的含义参见表 9-9。

说明：

（1）如程序运行过程产生了多个错误，SQL Server 系统将返回内定值中绝对值最大的那个数值。

(2) 如果用户定义了返回值，则优先返回用户定义的值。RETURN 语句不能返回 NULL 值。

表9-9 RETURN 语句返回的内定值

返回值	含　　义	返回值	含　　义
0	程序执行成功	−8	非致命的内部错误
−1	找不到对象	−9	已达到系统的极限
−2	数据类型错误	−10	致命的内部不一致性错误
−3	死锁	−11	致命的内部不一致性错误
−4	违反权限原则	−12	表或指针破坏
−5	语法错误	−13	数据库破坏
−6	用户造成的一般错误	−14	硬件错误
−7	资源错误，如磁盘空间不足		

9.3.3 错误捕获语句

为了增强程序的健壮性，必须对程序中可能出现的错误进行及时的处理。在 T-SQL 语句中，可以使用 TRY…CATCH 语句和@@ERROR 函数两种方式处理发现的错误。

1. TRY…CATCH 语句

TRY…CATCH 语句类似于 C++中的异常处理。T-SQL 语句组可以包含在 TRY 块中，当执行 TRY 语句组中的语句出现错误时，系统将会把控制传递给 CATCH 块中包含的另一个语句组处理。其语法格式如下。

```
BEGIN TRY
    { sql_statement | statement_block }
END TRY
BEGIN CATCH
    { sql_statement | statement_block }
END CATCH
```

参数说明如下。

sql_statement | statement_block：表示任何 T-SQL 语句、批处理，或包括于 BEGIN…END 块中的语句组。

【例 9-25】 向 StuInfo 表中插入两条记录，其中第二条记录学号 SID 在 StuInfo 表中已经存在，观察捕捉的错误信息。

```
BEGIN TRY
    INSERT StuInfo(SID,Sname)
        VALUES('09011101','汪洋')
    INSERT StuInfo(SID,Sname)
        VALUES('04000002','李少华')
END TRY
BEGIN CATCH
    SELECT  ERROR_NUMBER() AS ErrorNumber,        --返回错误号
            ERROR_SEVERITY() AS ErrorSeverity,    --返回严重性
```

```
        ERROR_STATE() AS ErrorState,          --返回错误状态号
        ERROR_LINE() AS ErrorLine,            --返回导致错误的例程中的行号
        ERROR_MESSAGE() AS ErrorMessage;      --返回错误消息的完整文本
END CATCH;
```

运行结果如图 9.11 所示。

	ErrorNumber	ErrorSeverity	ErrorState	ErrorLine	ErrorMessage
1	2627	14	1	2	违反了 PRIMARY KEY 约束"PK_StuInfo"。不能在对象"dbo.StuInfo"中插入重复键…

图 9.11　TRY…CATCH 语句的错误捕捉

说明：

（1）必须在 BEGIN TRY…END TRY 语句块后紧跟着相关的 BEGIN CATCH…END CATCH 语句块。如果有位于这两个语句块之间的语句，将会产生错误。

（2）每个 BEGIN TRY…END TRY 语句块只能与一个 BEGIN CATCH…END CATCH 语句块相关联。

2．@@ERROR 函数

@@ERROR 函数用于捕捉上一条 T-SQL 语句执行的错误号。由于@@ERROR 函数在每一条语句执行后均被重置，因此应在语句执行后立即查看它，或将其保存到一个局部变量中以备以后查看。

如果上一条 T-SQL 语句执行没有错误，则返回 0。否则返回错误代号。

【例 9-26】假设 ScoreInfo 表中的 CID 与 CourseInfo 表中的 CID 建立了外码约束，且 CourseInfo 表中不存在 70000004 课号。用@@ERROR 在 UPDATE 语句中检测约束检查冲突（错误#547）。

```
USE TeachingData
GO
UPDATE ScoreInfo
    SET CID ='70000004'
    WHERE SID='04000002'AND TID='01000003'
IF @@ERROR = 547
    PRINT N'违反了约束冲突！'
GO
```

其运行结果如图 9.12 所示。

图 9.12　【例 9-26】的运行结果

9.3.4 注释

注释是指程序中用来说明程序内容的语句，它不执行而且也不参与程序的编译。通常是对代码功能给出简要解释或提示的一些说明性的文字，有时也用于标注暂时禁用的部分 T-SQL 语句或语句块。在程序中能合理地使用注释是一个程序员的良好编程习惯，它不但有助于帮助他人了解程序的具体内容，而且还便于对程序总体结构的掌握。SQL Server 2012 支持两种语法格式表示注释语句。

1. 单行注释

使用两个连字符"--"作为注释的开始标志，直到本行行尾结束（即最近的回车符）之间的所有内容为注释信息。该注释符可与要执行的代码处在同一行，也可另起一行。例如：

```
USE TeachingData     --打开 TeachingData 数据库
GO
--查询 StuInfo 表中的数据
SELECT *
FROM  StuInfo
GO
```

2. 块注释

块注释的格式为/*……*/，其间的所有内容均为注释信息。块注释与单行注释不同的是它可以跨越多行，并且可以插入在程序代码中的任何地方。例如：

```
USE TeachingData
DECLARE @Cname varchar(8)  /*定义变量@Cname */
/*查询 00000001 课号的课程名并把查询的结果赋给变量*/
SELECT @Cname=Cname FROM CourseInfo
  WHERE CID='00000001'
GO
```

9.4 事　务

数据库系统的主要特点之一是实现数据共享，允许多个用户同时对数据库进行访问。当多个用户同时操作相同的数据时，如果不采取措一定的措施，则会造成数据异常。事务就是为了避免这些异常情况的发生而引入的一个概念。因此，SQL Server 可通过事务来保证数据的一致性和可恢复性,正确的使用事务处理可以有效控制这类问题的发生。

9.4.1 事务概述

1. 事务的概念

事务(Transaction)是用户定义的一个数据库操作的序列，这些操作要么全做要么全不做，绝不能出现只完成其中的部分操作，而另一部分操作没有执行。事务中任何一条语句执行时出错，事务都会返回到事务开始前的状态。因此，事务是一个不可分割的逻辑工作单元。

例如，在银行的转账过程中，从账户 A 转 1000 元钱到账户 B，这是一个非常简单的问题，完成这一功能需要进行两步操作：

第 1 步：将账户 A 的余额–1000。

第 2 步：将账户 B 的余额+1000。

如果在成功完成第 1 步操作后，由于机器故障、软件故障或其他原因使第 2 步没能操作成功，那么在系统恢复运行后，将会出现什么结果？显然只完成第 1 步操作，账户 A 的余额减少了 1000 元；而第 2 步操作没有操作成功，账户 B 并没有增加 1000 元。这样账户信息发生逻辑错误，账面上少了 1000 元，这时数据库处于不一致性状态，这也是我们不希望看到的情况。也就是说，当第 2 步操作没有完成时，系统应该将第 1 步操作撤销，相当于第 1 步操作没有做。这样当系统恢复正常时，账面数值才是正确的。

要让系统知道哪几个操作属于一个事务，必须显式地告诉系统，这可以通过标记事务的开始和结束来实现。

2．事务的特性

事务作为一个逻辑工作单元具有 4 个特性，即原子性(Atomicity)、一致性(Consistency)、隔离性(Isolation)和持久性(Durability)，这 4 个特性简称为事务的 ACID 特性。

1) 原子性

事务是数据库的逻辑工作单元，也是工作的最小单位。一个事务包括的所有操作在逻辑上是一个不可分割的整体，所以它包含的操作要么全都执行，要么全都不执行。

2) 一致性

事务执行的结果必须是使数据库从一个一致性状态转换到另一个一致性状态。如果数据库中只包括成功事务提交的结果，数据库就处于一致性状态。如果数据库系统运行中发生故障，有些事务尚未完成就被迫中断，这些未完成的事务对数据库所做的修改有一部分已经写入物理数据库，这时数据库就处于一种不正确状态。为了保证数据库处于一致性状态，所有的规则都必须应用于事务的修改，以保证数据的完整性和一致性。可见数据库的一致性和原子性是密不可分的。

3) 隔离性

一个事务的执行不能被其他事务干扰，即一个事务内部操作和使用的数据对其他并发事务是隔离的。并发执行的各个事务之间不能相互干扰，即事务操作数据时数据所处的状态，要么是另一并发事务修改它之前的状态，要么是其他事务完成后的状态，事务不会操作中间状态的数据。

4) 持久性

事务的持久性也称永久性，是指一个事务一旦提交，它对数据库中数据的改变将是永久的。接下来的其他操作或故障不应该对其执行结果有任何影响。

保证事务 ACID 特性是事务管理的重要任务。可以说对数据库中的数据保护是围绕着实现事务的特性来达到的。

3．事务模式

根据事务的运行模式，SQL Server 2012 将事务分为以下几类。

1）自动提交事务

自动提交事务是 SQL Server 默认的事务管理模式，是指每条 T-SQL 语句都被认为是一个事务，即在每条 T-SQL 语句成功执行后自动提交；如果遇到错误，则自动回滚。

2）显式事务

显式事务是指由用户显式地定义事务的开始和结束。可用 BEGIN TRANSACTION 语句显式地定义事务开始，COMMIT 语句或 ROLLBACK 语句显式地定义事务的结束。

3）隐式事务

当连续以隐式事务模式进行操作时，SQL Server 将在提交或回滚当前事务后自动启动新事务，即在前一个事务完成(提交或回滚)时新事物隐式启动。用户无须描述事务的开始，只需用 COMMIT 语句提交事务或以 ROLLBACK 语句回滚事务，以显式定义事务的结束。

9.4.2　事务处理语句

在 SQL Server 中，对事务的管理是通过事务控制语句和全局变量结合起来实现的。事务的控制语句如下。

（1）BEGIN TRANSACTION。

（2）COMMIT TRANSACTION。

（3）ROLLBACK TRANSACTION。

（4）SAVE TRANSACTION。

1．启动事务

使用 BEGIN TRANSACTION 语句启动事务，即显式定义事务的开始。执行该语句会将@@TRANCOUNT 变量加 1，其语法格式如下。

```
BEGIN { TRAN[SACTION] }
    [ { transaction_name |tran_name_variable }[ WITH MARK [ 'description' ] ] ]
```

参数说明如下。

（1）transaction_name：表示事务名，事务名可以省略。

（2）tran_name_variable：用户定义的、含有有效事务名的变量名，该变量必须是 char、varchar、nchar 或 nvarchar 数据类型。

（3）description：用于在日志中标记事务的字符串。可使用表级事务替代日期和时间。如果使用了 WITH MARK，则事务名不能省略。

2．提交语句

如果在执行过程中事务成功完成，可使用 COMMIT TRANSACTION 语句提交事务，即标志着一个成功的显式事务或隐性事务的结束。提交当前事务，事务中所有数据的改变在数据库中都将永久有效，事务占用的资源将被释放。其语法格式如下。

```
COMMIT { TRAN[SACTION] } [ transaction_name |tran_name_variable]
```

参数说明：各参数的含义与 BEGIN TRANSACTION 语句相同。

3．回滚事务

如果事务在执行过程中出现错误或者用户决定取消事务，可使用 ROLLBACK

TRANSACTION 语句回滚事务，即将显式事务或隐式事务回滚到该事务执行前的状态或事务内的某个保存点。它也标志一个事务的结束。其语法格式如下。

```
ROLLBACK { TRAN[SACTION] } [ transaction_name | savepoint_name]
```

参数说明：savepoint_name 表示检查点的名称。

【例 9-27】　分析以下代码的执行结果。

```
USE teachingData
GO
BEGIN TRAN stu_add                                --启动事务
  INSERT INTO StuInfo(SID,Sname,Sex,Dept,Major)   --插入学生记录
    VALUES('07011103','林敏', '女','管理科学与工程学院','多媒体');
  UPDATE StuInfo                                   --修改学生记录
    SET Dept = '计算机学院'
    WHERE SID = '07011103';
  ROLLBACK TRAN stu_add                            --回滚事务
GO
SELECT * FROM StuInfo
GO
```

分析：在上述代码中定义了一个事务，包括向 StuInfo 表插入一条学生记录和修改该学生的就读系部两个操作。由于在事务结束时进行了回滚，因此该事务对 StuInfo 表中进行的所有操作被依次撤销，直至恢复到事务开始前的状态，因此，StuInfo 表中的数据没有变化。

4. 在事务中设置检查点

SAVE TRANSACTION 语句是在事务内设置检查点，其语法格式如下。

```
SAVE { TRAN[SACTION] } { savepoint_name }
```

用户可以在事务内部设置检查点或标记，检查点允许程序在遇到小错误时回滚事务的一部分，到检查点为止，即检查点是设置了能回滚的一个事务断点。

【例 9-28】　分析以下代码的执行结果。

```
USE teachingData
GO
BEGIN TRAN stu_add_sp
    INSERT INTO StuInfo(SID,Sname,Sex,Dept,Major)
        VALUES('07011103','林敏', '女','管理科学与工程学院','多媒体') ;
    SAVE TRAN sp1;                        --设置了 sp1 检查点
    UPDATE StuInfo
        SET Dept = '计算机学院'
        WHERE SID = '07011103';
    ROLLBACK TRAN sp1
COMMIT TRAN stu_add_sp
```

```
GO
SELECT * FROM StuInfo
GO
```

结果分析：此段代码与例 9-27 的区别：在 UPDATE 语句前增加了一条 SAVE TRAN 语句，设置了一个检查点 sp1。当执行 ROLLBACK TRAN sp1 语句时，只是回滚到检查点 sp1，即撤销了修改操作，并没有撤销插入学生记录的操作，紧接着 COMMIT TRAN 语句进行了事务提交。所以该事务对 StuInfo 表仅插入一条学生记录，并没有修改学生就读的系部。

对上述代码的执行结果进行分析可知，在事务的回滚语句中如果指定了检查点名称，则事务回滚到设置检查点的位置；如果指定了事务名称，则回滚到该事务执行前的状态；如果没有指定事务名称和检查点名称，则事务默认为回滚到事务执行前的状态；如果是嵌套事务，则该语句将所有内层事务回滚到最外面的 BEGIN TRANSACTION 语句。

说明：

全局变量@@TRANCOUNT 记录了当前连接的活动事务数。每条 BEGIN TRAN 语句都使@@TRANCOUNT 变量值加 1。每条 COMMIT TRAN 语句都使@@TRANCOUNT 变量值减 1，但 ROLLBACK TRAN savepoint_name 除外，它不影响@@TRANCOUNT 的值。

9.4.3 应用实例

【例 9-29】 小黄同学想编写一个事务 score_ manager，实现将选修课程号为 00100002 学生的成绩每人提高 5 分，同时判断修改操作的执行情况，如果成功，则提交事务；出现错误，则撤销事务。

```
USE TeachingData
GO
BEGIN TRAN score_manager
UPDATE ScoreInfo
SET Score = Score+5 WHERE CID = '00100002'
IF @@ERROR!=0
   BEGIN
      ROLLBACK TRAN score_manager
   PRINT '该事务已回滚！'
   END
ELSE
   BEGIN
      COMMIT TRAN score_manager
   PRINT '该事务已提交！'
   END
```

9.5 存 储 过 程

存储过程是 SQL Server 2012 程序设计中的重要内容之一。它是一种高效、安全访问数据库的方法，主要用于提高数据库检索速度，也经常被用来访问数据或管理被修改的数据。本节主要介绍存储过程的概念和使用。

9.5.1　存储过程概述

1. 存储过程的概念

在开发基于 SQL Server 的应用程序时，SQL 语句是应用程序和数据库之间的重要编程接口。为了提高执行效率，便于修改和维护，通常会将实现某种功能的语句集中起来独立存储，以便能够重复使用，这些独立存放的语句称为存储过程。

存储过程(Stored Procedure)是一组完成特定功能的 SQL 语句的集合，经编译后存储在数据库中。用户通过指定存储过程的名称和参数来执行存储过程。

2. 存储过程的优点

存储过程可以提高应用程序的处理能力，降低编写难度等。归纳起来具有以下优点。

1) 模块化程序设计

存储过程只需创建一次并存储在数据库中，可被应用程序反复调用，用户可以独立于应用程序而对存储过程进行修改。

2) 提高执行速度

当执行 T-SQL 程序代码时，SQL Server 必须先通过语法检查，然后进行编译、优化，最后执行操作，因此每条 SQL 语句在执行前都要耗费一定的时间。

在创建存储过程时，需要对存储过程中的代码进行 SQL 语法的正确性检查、编译和优化；在执行存储过程时，无须再重复这些步骤。存储过程在第一次调用后就常驻内存，每次执行时不需要再将存储过程从磁盘调入内存，因此执行速度更快。

3) 降低网络流量

如果建立了一个为完成某项操作而包括了数百行 T-SQL 语句的存储过程，客户端应用程序只需要通过网络向服务器发送一条包含存储过程名称和参数的执行语句，就可以在 SQL Server 服务器端执行存储过程中包括的 SQL 语句并进行数据处理；否则，在客户端应用程序使用 T-SQL 语句完成的话，需要在网络中发送完成此项操作的数百行的代码。

4) 更强的安全性

数据库系统管理员通过设置用户对存储过程的操作权限，实现对相应的数据访问权的限制，避免非授权用户对数据的访问。这样可以减少单独对象级别授予权限的操作，简化了安全层。

3. 存储过程的类型

SQL Server 2012 有 4 种存储过程，即系统存储过程、用户自定义存储过程、临时存储过程和扩展存储过程。

1) 系统存储过程

系统存储过程是由 SQL Server 提供的，主要用于管理 SQL Server 和显示有关数据库及用户的信息。从物理意义上讲，系统存储过程主要存储在 master 数据库中，名称以"sp_"做前缀。从逻辑上看，系统存储过程显示在每个系统数据库和用户定义数据库的 sys 构架中。在 SQL Server 2012 中，可将 GRANT、REVOKE 和 DENY 权限应用于系统存储过程。

启动 SQL Server 2012 的 Microsoft SQL Server Management Studio 管理器,通过在【对象资源管理器】窗口中逐级展开【服务器】|【数据库】|用户数据库(如 TeachingData)|【可编程性】|【存储过程】|【系统存储过程】节点,在【系统存储过程】节点下可以看到 SQL Server 提供的所有系统存储过程列表。

2)用户自定义存储过程

用户自定义存储过程是由用户为完成某一特定功能自行创建并存储在用户数据库中的存储过程。用户自定义存储过程的名称在当前数据库中必须唯一,可以带参数。它完全由用户创建和管理。

在 SQL Server 2012 中,按编写语言的不同又将用户自定义存储过程分为 T-SQL 存储过程和 CLR 存储过程。T-SQL 存储过程是指保存的 T-SQL 语句的集合,可以接受和返回用户提供的参数;CLR 存储过程是指对 Microsoft.NET Framework Common Language Runtime(CLR)方法的一个引用,可以接受并返回用户所提供的参数。它们在.NET Framework 程序集中是作为类的公共静态方法实现的。

注意:

建议用户自定义存储过程的名称不要以"sp_"开头,因为用户自定义存储过程与系统存储过程重名时,用户自定义存储过程永远不会被调用。

3)临时存储过程

临时存储过程是用户自定义过程的一种形式,临时存储过程与永久过程相似,只是临时存储过程存放在 tempdb 数据库中。临时存储过程有两种类型,一种是本地存储过程,名称以"#"开头,仅对当前用户连接可见,当用户关闭连接时被删除;另一种是全局存储过程,名称以"##"开头,对用户均可见,并且在使用该过程的最后一个会话结束时被删除。

4)扩展存储过程

扩展存储过程允许使用外部程序设计语言(如 C 语言)创建自己的外部例程,可以由 SQL Server 2012 的实例动态加载和运行。以动态链接 DLL 的形式存在,直接在 SQL Server 实例地址空间中运行,可以使用 SQL Server 扩展存储过程 API 完成编程。扩展存储过程的名称以"xp_"开头。

说明:

当初引入扩展存储过程的目的是通过外部程序语言来扩充 SQL Server 的功能和弥补 T-SQL 的不足。现在 SQL Server 提供了完整的.NET Framework CLR 集成功能后,可以使用更健全和安全的替代方案来编写存储过程,因此扩展存储过程的使用在减少。

9.5.2 存储过程的创建

在 SQL Server 中创建存储过程与创建其他对象一样,既可以使用【对象资源管理器】窗口创建,也可以使用 CREATE PROCEDURE 语句创建。使用语句创建比较快捷,但是对于初学者使用【对象资源管理器】窗口创建比较简单。

1. 使用【对象资源管理器】窗口创建存储过程

下面通过一个简单的示例说明利用【对象资源管理器】窗口创建存储过程的具体步骤。

【例 9-30】 在 TeachingData 数据库中创建存储过程 Tch_Proc，实现查询计算机学院教师的基本信息。

操作步骤如下。

步骤 1：在 Microsoft SQL Server Management Studio 的【对象资源管理器】窗口中，逐级展开【数据库】|【TeachingData】|【可编程性】|【存储过程】节点。

步骤 2：右击【存储过程】节点，从弹出的快捷菜单中选择【新建存储过程】命令。

步骤 3：打开存储过程代码编辑窗口，其中含有一个存储过程的模板。用户可以参照模板内容在其中输入当前存储过程的 T-SQL 语句。本例代码如下：

```
CREATE PROCEDURE Tch_Proc
AS
    SELECT * FROM TchInfo
        WHERE Dept='计算机学院'
```

步骤 4：单击工具栏中的【执行】按钮，将其保存在数据库中。此时选中【对象资源管理器】窗口中【TeachingData】数据库下的【存储过程】节点右击，从弹出的快捷菜单中选择【刷新】命令，可以看到新建的存储过程，如图 9.13 所示。

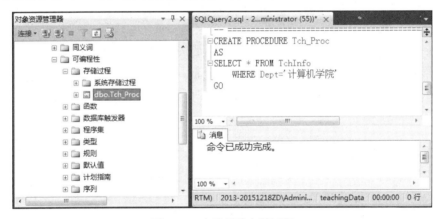

图 9.13 查看新建存储过程

2. 使用 T-SQL 语句创建存储过程

用户也可以使用 CREAT PROCEDURE 语句创建存储过程。其语法格式如下。

```
CREATE { PROC[EDURE] } procedure_name
    [ { @parameter data_type } [ = default ] [OUT[PUT ] ] [READONLY]
    ] [ ,...n ]
    [ WITH { RECOMPLIE | ENCRYPTION | RECOMPLIE,ENCRYPTION } ]
AS
    { <sql_statement> [ ...n ] }
```

参数说明如下。

(1) procedure_name：表示存储过程的名称。

(2) @parameter data_type：指定存储过程的参数及数据类型。参数名必须以"@"开头，且符合标识符的命名规则。

（3）default：指定参数的默认值，它可以是一个常量或 NULL，省略时默认为 NULL。

（4）OUTPUT：表示该参数为输出参数，使用 OUTPUT 参数可以将参数值返回给存储过程的调用处。

（5）READONLY：表示该参数值不能在存储过程中进行更新或修改。如果参数为值表类型，则必须指定 READONLY。

（6）RECOMPLIE：表示 SQL Server 不会缓冲该存储过程的执行计划，强制过程在每次执行时都需重新编译。

（7）ENCRYPTION：表示 SQL Server 对该存储过程的源代码加密，因此无法直接查看创建该存储过程的语句文本。

（8）sql_statement：表示在存储过程中需要执行的 T-SQL 语句操作的集合。

【例 9-31】 创建一个不带参数的存储过程 Sc_Proc，实现从 ScoreInfo 数据表中查询所有选修了 00000001 课程号的学生选课信息。

```
USE TeachingData
GO
CREATE PROCEDURE Sc_Proc
AS
SELECT * FROM ScoreInfo WHERE CID='00000001'
GO
```

创建带参数的存储过程，在实际应用中很多见，这样可以增加存储过程的灵活性。

【例 9-32】 创建一个存储过程 Sc_Proc1，实现从 ScoreInfo 表中查询某个学生某门课程的成绩。

```
USE TeachingData
GO
CREATE PROCEDURE Sc_Proc1 (@sid varchar(8),@cid varchar(8))
AS
    SELECT SID,CID,Score
        FROM ScoreInfo
        WHERE SID=@sid AND CID=@cid
GO
```

9.5.3 存储过程的执行

1. 在【对象资源管理器】窗口中执行存储过程

【例 9-33】 利用【对象资源管理器】窗口执行 Tch_Proc 存储过程。

操作步骤如下。

步骤 1： 在【对象资源管理器】窗口中，逐级展开【数据库】|【teachingData】|【可编程性】|【存储过程】| Tch_Proc 节点。

步骤 2： 右击 Tch_Proc 存储过程，从弹出的快捷菜单中选择【执行存储过程】命令，在弹出的【执行过程】对话框中，单击【确定】按钮，即可执行该存储过程。执行结果如图 9.14 所示。

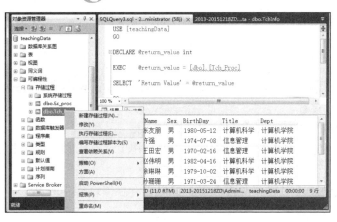

图 9.14　执行存储过程 Tch_Proc

2. 使用 T-SQL 语句执行存储过程

用户可以使用 EXECUTE 语句来执行存储过程。在执行存储过程时，建议使用架构名来限定存储过程的名称。其语法格式如下。

```
EXEC[UTE] [schema_name.] procedure_name  value,[,...n]
```

参数说明如下。

(1) schema_name：表示存储过程所属架构的名称。

(2) procedure_name：表示要执行的存储过程名称。

(3) value：用于指定传递给存储过程的参数值列表。

【例 9-34】 用 T-SQL 语句执行存储过程 Sc_Proc。

```
EXEC Sc_Proc
```

在调用带参数的存储过程时，有两种方法。

(1) 在调用时，给定的实参顺序与定义时的形参顺序一致，其语法格式如下。

```
EXEC 存储过程名 实参列表
```

(2) 在调用时，采用"参数名=值"的形式，此时各参数的顺序可以任意排列，其语法格式如下。

```
EXEC 存储过程名 参数 1=值 1，参数 2=值 2，…
```

【例 9-35】 用 T-SQL 语句调用存储过程 Sc_Proc1，显示学号为 05000001 的学生选修课号为 00100002 的考试成绩。

由例 9-32 可知，创建存储过程 Sc_Proc1 时的形参顺序是@sid 和@cid，分别用以下两种方法执行该存储过程。

方法 1：按位置传递参数值。

```
EXEC Sc_Proc1 '05000001', '00100002'
```

方法 2：按参数名传递参数值。

```
EXEC Sc_Proc1 @cid='00100002', @sid='05000001'
```

9.5.4 存储过程的管理

1. 查看存储过程

在使用存储过程时，有时根据存储过程的名称很难了解存储过程的功能，这就需要对该过程的代码进行查看。

1) 使用【对象资源管理器】窗口查看存储过程

下面以查看存储过程 Tch_Proc 为例，说明使用【对象资源管理器】窗口查看存储过程的步骤。

【例 9-36】 使用【对象资源管理器】窗口查看存储过程 Tch_Proc。

具体步骤如下。

步骤 1：在 Microsoft SQL Server Management Studio 的【对象资源管理器】窗口中，逐级展开【数据库】|【teachingData】|【可编程性】|【存储过程】节点。在【存储过程】节点下可看到该数据库的所有存储过程。

步骤 2：右击要查看的存储过程 Tch_Proc，从弹出的快捷菜单中选择【编写存储过程脚本为】|【CREATE 到】|【新查询编辑器窗口】命令。

步骤 3：在右侧的代码编辑器窗口中即可显示 Tch_Proc 存储过程的代码，如图 9.15 所示。

图 9.15　利用【对象资源管理器】窗口查看存储过程

2) 使用系统存储过程查看

使用系统存储过程 sp_helptext 可以查看存储过程的源代码，其语法格式如下。

```
sp_helptext procedure_name
```

例如，查看 Tch_Proc 存储过程的源代码，输入以下语句执行即可。

```
EXEC sp_helptext Tch_Proc
```

注意：

在创建存储过程时，如果使用了 WITH ENCRYPTION 参数，使用系统存储过程 sp_helptext 是无法查看存储过程的源代码。

2. 修改存储过程

修改存储过程不会影响存储过程已经设定的权限，这是与删除后重建存储过程最大的不同。修改存储过程可以使用【对象资源管理器】窗口或 ALTER PROCEDURE 语句来实现。

1）使用【对象资源管理器】窗口修改存储过程

下面以修改存储过程 Tch_Proc 为例，说明其操作步骤。

步骤 1： 在 Microsoft SQL Server Management Studio 的【对象资源管理器】窗口中，逐级展开【数据库】|【tcachingData】|【可编程性】|【存储过程】|Tch_Proc 节点。

步骤 2： 右击 Tch_Proc 节点，从弹出的快捷菜单中选择【修改】命令，在右侧代码窗口中显示存储过程的源代码，按照需要编辑代码。

步骤 3： 编辑完成后，单击标准工具栏中的【执行】按钮，执行修改代码。此时可以在编辑窗口下方的【消息】窗格中看到执行结果。

2）使用 T-SQL 语句修改存储过程

使用 ALTER PROCEDURE 语句修改存储过程，其语法格式如下。

```
ALTER { PROC | PROCEDURE }procedure_name
    [ { @parameter data_type } [ = default ] [ [ OUT [ PUT ] ] [ ,...n ]
[ WITH { RECOMPLIE | ENCRYPTION | RECOMPLIE,ENCRYPTION } ]
AS
    { <sql_statement> [ ...n ] }
```

参数说明：与 9.5.2 节的 CREATE PROCEDURE 语句的参数说明相同。

注意：

如果在创建存储过程时使用了 WITH ENCRYPTION 或 WITH RECOMPILE 等选项，那么只有在 ALTER PROCEDURE 语句中也包含这些选项时，这些选项才有效。

3．删除存储过程

1）使用【对象资源管理器】窗口删除存储过程

下面以删除存储过程 Tch_Proc 为例，说明其操作步骤。

步骤 1： 在 Microsoft SQL Server Management Studio 的【对象资源管理器】窗口中，逐级展开【数据库】|【teachingData】|【可编程性】|【存储过程】|Tch_Proc 节点。

步骤 2： 右击要删除的 Tch_Proc 存储过程，从弹出的快捷菜单中选择【删除】命令，在弹出的【删除对象】对话框中单击【确定】按钮即可。

2）使用 T-SQL 语句删除存储过程

使用 DROP PROCEDURE 语句可以从当前数据库中删除一个或多个存储过程，其语法格式如下。

```
DROP { PROC[EDURE] } { procedure_name } [ ,...n ]
```

例如，从数据库中删除 Sc_proc 和 Sc_proc1 存储过程，可执行语句：

```
DROP PROC Sc_proc, Sc_proc1
```

9.5.5　应用实例

【例 9-37】创建输入参数带默认值的存储过程。小黄同学想创建一个用于向 CourseInfo 表中插入新课程信息的存储过程 Add_proc，为了使用时方便，希望将学分默认值设置为 3，课程类别的默认值设置为基础课，同时还想掌握存储过程带默认值的调用。

按上述要求创建带默认值的存储过程 Add_proc 具体代码如下：

```
USE TeachingData
GO
CREATE PROC Add_proc(@cid char(8),@cname char(20),@ccredit
    TINYINT=3,@cproperty char(10)='基础课')
AS
    INSERT INTO CourseInfo
    VALUES(@cid,@cname,@ccredit,@cproperty)
```

执行存储过程 Add_proc 的方法如下。

1）无默认值的调用

调用该存储过程插入一条课程记录，其中课程号为 00000004、课程名为大学计算机基础、学分为 3，课程类型为基础课，使用按位置传递参数值和按参数名传递参数值的调用语句均可。

```
EXEC Add_proc '00000004','大学计算机基础',3,'基础课'
```

或

```
EXEC Add_proc @cid= '00000004',@cname='大学计算机基础', @ccredit =3,
    @cproperty='基础课'
```

2）默认@cproperty 参数的调用

调用该存储过程插入一条课程记录，其中课程号为 00000005，课程名为大学体育，学分为 2，其调用语句如下。

```
EXEC Add_proc '00000005','大学体育', 2
```

或

```
EXEC Add_proc @cid= '00000005', @cname='大学体育', @ccredit =2
```

打开 CourseInfo 表可以看到在调用存储过程时，没有指定参数值时就自动使用相应的默认值，即这里的 cproperty 自动设为默认值基础课。

3）默认@ccredit 参数的调用

调用该存储过程插入一条课程记录，其中课程号为 00211003，课程名为软件工程，课程类型为专业课，其调用语句如下。

```
EXEC Add_proc @cid= '00211003', @cname='软件工程', @cproperty='专业课'
```

由于该调用默认的中间参数，只能使用按参数名传递参数值的形式进行调用。

【例9-38】创建带输出参数的存储过程。小黄同学想创建一个存储过程 GetCredit_proc，实现从 CourseInfo 数据表中返回某门课程的学分，但是总是得不到期望的返回值。

首先，在创建储存过程时，需要在形参列表中指定两个参数@cid 和@ccredit，其中@cid 为输入参数，用于传入课程号；@ccredit 为输出参数，用于返回学分，因此需要在该参数后面加上 OUTPUT，以表示此参数为输出参数。具体代码如下。

```
CREATE PROC GetCredit_proc (@cid varchar(8), @ccredit TINYINT OUTPUT)
AS
    SELECT @ccredit = Ccredit FROM CourseInfo
```

```
        WHERE CID =@cid
GO
```

执行该存储过程，来查询课程号 CID 为 00000004 的课程学分：

```
DECLARE @cre INT
EXEC GetCredit_proc '00000004', @cre OUTPUT
PRINT @cre
```

返回结果为：3。

下面对存储过程的创建与执行进行总结：

（1）在建立存储过程时，SQL Server 首先需要对存储过程中的语句进行语法检查。如果存储过程中的定义语句存在语法错误，将返回错误提示，并不创建该存储过程；如果语句正确，则存储过程的文本将存储在 syscomments 系统表中。

（2）在执行存储过程时，查询处理从 syscomments 系统表中读取该存储过程中的文本，并检查存储过程所使用的对象是否存在，这一过程称为延迟名称解释。存储过程中引用的对象只需在执行该存储过程时存在，而不需要在创建该存储过程时就存在。在解析阶段，SQL Server 还将执行数据类型检查和变量兼容性等其他验证活动。如果执行存储过程时出现存储过程所引用的对象丢失，则存储过程在到达引用丢失对象的语句时将停止执行并返回错误信息。如果存储过程顺利通过解释，SQL Server 将分析存储过程的语句，并创建一个执行计划。

（3）分析存储过程各因素表中的数据量后，将执行计划置于内存，优化后的执行计划将用来执行该查询。执行计划将驻留在内存中，直到重新启动 SQL Server 或需要空间以存储另一个对象为止。

9.6　触　发　器

触发器是数据库中较高级的应用，灵活使用触发器可以大大增强应用程序的健壮性、数据库的可恢复性和可管理性。触发器可以帮助开发人员和数据库管理员实现一些复杂的功能，简化开发步骤，降低开发成本，提高数据库的可靠性。本节将主要介绍触发器的基本概念，以及触发器的创建和管理。

9.6.1　触发器概述

1．触发器的概念

触发器是数据库服务器中发生事件时自动执行的一种特殊的存储过程，为数据库提供了有效的监控和处理机制，确保了数据的完整性和一致性。触发器基于一个表创建，但可以针对多个表进行操作，所以触发器常被用来实现复杂的商业规则。

在 SQL Server 中，一张表可以有多个触发器，用户可以根据数据操作语句对触发器进行设置。它不同于我们前面学过的一般存储过程，触发器定义后，任何用户对表的操作均由服务器自动激活相应的触发器，执行该触发器所定义的 T-SQL 语句。它不像存储过程那样需要通过存储过程名称显式调用。触发器不能通过触发器名称直接调用，更不允许设置参数和返回值。

2. 触发器的优点

触发器能够实现由主码、外码和 CHECK 约束所不能保证的数据完整性和一致性，可以解决高级形式的业务规则、复杂的行为限制及实现定制记录等方面的问题。触发器具有如下优点。

(1) 强化完整性约束。触发器能够实现比 CHECK 语句更为复杂的约束。与 CHECK 约束相比，触发器可以引用其他表中的列，更适合在大型数据库管理系统中用来约束数据的完整性。

(2) 实现表的级联操作。触发器可以侦测数据库内的操作，并自动地级联影响整个数据库的各项内容。

(3) 可以禁止和回滚违反约束的操作。触发器可以侦测数据库内的操作，从而可以取消数据库未经许可的更新操作，并返回自定义的错误信息。这样可以使数据库的修改、更新操作更安全，数据库的运行也更加稳定。

3. 触发器的分类

触发器必须由触发事件触发使用。根据触发事件的类型不同，SQL Server 2012 的触发器大致分为两类，即 DML 触发器、DDL 触发器。

1) DML 触发器

DML 触发器是在执行数据操纵语句(DML)时被执行的触发器。DML 事件包括对指定表或者视图进行修改数据的 INSERT、UPDATE 和 DELETE 操作。在 DML 触发器中可以查询其他表，可以包含复杂的 T-SQL 语句。我们可以将触发器和触发它的语句作为整体被看作一个事务，如果检测到错误，则整个事务自动回滚。

DML 触发器根据触发器执行的时间点不同，又可以分为以下两种。

(1) AFTER 触发器。AFTER 触发器是在执行了 INSERT、UPDATE 和 DELETE 触发事件操作之后，才执行的触发器。该触发器要求只有执行某一操作之后，触发器才被触发，这类触发器只能定义在表上。在一个表上可以定义多个触发器，还可以使用系统存储过程 sp_settriggerorder 设置触发器的触发顺序。

(2) INSERTED OF 触发器。INSERTED OF 触发器是在触发事件发生前被触发，即 INSERTED OF 触发器执行时并不执行其发出触发事件的 INSERT、UPDATE 或 DELETE 操作，仅仅执行触发器中的语句。用户可为带有一个或多个基表的视图定义 INSERTED OF 触发器，而这些触发器能够扩展视图可支持的更新类型。

2) DDL 触发器

DDL 触发器与 DML 中 AFTER 触发器类似。当服务器或数据库中发生数据定义语言(DDL)事件时将触发此类触发器。与 DML 不同的是，它响应的触发事件是由数据定义 CREATE、ALTER 或 DROP 操作触发的。DDL 触发器通常用于执行数据库的管理任务，如调节和审计数据库运转等。

9.6.2 触发器的创建

在 SQL Server 2012 中，可以使用【对象资源管理器】窗口或 T-SQL 语句创建触发器。在创建触发器前需要注意以下几个问题。

(1) CREATE TRIGGER 语句必须是批处理的第一个语句，并且只能应用在一个表上。

(2) 创建触发器的权限默认为表的所有者，且不能把该权限授予其他用户。

(3) 触发器只能在当前的数据库中创建，但是可以引用当前数据库的外部对象。

(4) 在同一条 CREATE TRIGGER 语句中，可以为多种用户操作（如 INSERT 和 UPDATE）定义相同的触发器操作。

(5) 如果一个表的外码设置为 DELETE/UPDATE 的级联操作，则不能再为该表定义 INSTEAD OF DELETE/UPDATE 触发器。

(6) 在 DML 触发器中不允许使用的 T-SQL 语句有 CREATE DATABASE、ALTER DATABASE、DROP DATABASE、LOAD DATABASE、LOAD LOG、RECONFIGURE、RESTORE DATABASE、RESTORE LOG。

1. 使用【对象资源管理器】窗口创建 DML 触发器

下面以一个简单的示例，说明使用【对象资源管理器】窗口创建 DML 触发器的步骤。

【例 9-39】 在 teachingData 数据库的 StuInfo 表中创建一个触发器 Stu_t1，实现在进行 INSERT 操作后给出提示信息，并显示 StuInfo 表中的全部信息。

具体的操作步骤如下。

步骤 1：在 Microsoft SQL Server Management Studio 的【对象资源管理器】窗口中，逐级展开【数据库】|【teachingData】|【表】|【StuInfo 表】|【触发器】节点。

步骤 2：右击【触发器】节点，从弹出的快捷菜单中选择【新建触发器】命令，打开新建触发器代码编辑窗口，如图 9.16 所示。

图 9.16　新建触发器代码编辑窗口

步骤 3：在代码编辑窗口的相应位置填入创建触发器的 T-SQL 语句。本例的代码如下：

```
CREATE TRIGGER Stu_t1
ON StuInfo
FOR INSERT
AS
    BEGIN
        SELECT  '欢迎新同学！'
        SELECT * FROM StuInfo
    END
```

步骤 4：单击【执行】按钮完成触发器的创建。如需保存创建触发器的 T-SQL 代码，则单击【保存】按钮进行保存。

在触发器 Stu_t1 创建完成后，执行如下语句：

```
INSERT INTO StuInfo(SID,Sname,Sex,BirthDay,Dept )
VALUES('05000010','田苗','女','1992-5-1','计算机学院')
```

当对 StuInfo 表插入记录时，INSERT 操作触发 Stu_t1 触发器的执行，因此输出 "欢迎新同学！" 和学生表 StuInfo 中所有记录。

2. 用 T-SQL 语句创建 DML 触发器

使用 CREATE TRIGGER 语句创建 DML 触发器，其语法格式如下。

```
CREATE TRIGGER trigger_name
ON { tablename | viewname }
[ WITH ENCRYPTION]
{{ FOR | AFTER | INSTEAD OF }
{ [ INSERT ] [ , ] [ UPDATE ] [ , ] [ DELETE ] }
AS
   sql_statements
}
```

参数说明如下。

(1) trigger_name：表示要创建的触发器名称，该名称在当前数据库中必须唯一，不能以 "#" 或 "##" 开头。

(2) tablename|viewname：指其上创建触发器的表或视图，即触发器的作用对象。

(3) WITH ENCRYPTION：选用此项，对创建的触发器代码文本进行加密。

(4) FOR | AFTER | INSTEAD OF：指定触发器的类型，如果使用 FOR，默认为 AFTER 触发器。若触发器的作用对象是视图名，则只能创建 INSTEAD OF 触发器。

(5) [UPDATE] [,] [INSERT] [,] [DELETE]：指定在表或视图上执行哪些操作时将激活触发器的关键词，至少要指明一个选项。在触发器的定义中，三者的顺序不受限制，且各选项之间要用逗号隔开。

(6) sql_statements：指定 DML 触发器被触发后的判断条件和操作，可以是一条或多条 T-SQL 语句。

【例 9-40】 为数据表 StuInfo 创建一个触发器 Stu_t2，实现在更新操作中禁止修改学生姓名。

```
CREATE TRIGGER Stu_t2
ON StuInfo
FOR UPDATE
AS
   IF UPDATE(Sname)
     BEGIN
       PRINT '学生姓名不允许修改！'
       ROLLBACK TRANSACTION        --回滚操作
     END
```

在触发器 Stu_t2 创建完成后，执行如下语句：

```
UPDATE StuInfo
SET Sname='田小苗'
WHERE SID='05000010'
```

当对 StuInfo 表修改数据时，触发触发器 Stu_t2 的执行；当修改 StuInfo 表中的姓名属性值时，该触发器自动被执行，执行结果如图 9.17 所示。如果修改其他属性，由于判断条件不成立，因此输出提示信息和回滚操作不会被执行。

图 9.17　修改 Sname 时触发器的执行情况

3. 创建 DDL 触发器

DDL 触发器与 DML 触发器一样，在响应事件时执行存储过程，但是它们的响应事件不同。DDL 触发器主要在响应数据定义语言(DDL)语句时执行存储过程，触发事件包括 CREATE、ALTER、DROP、GRANT、DENY、REVOKE 等语句。它可以用于在数据库中执行管理任务。

创建 DDL 触发器，可以在 Microsoft SQL Server Management Studio 的【对象资源管理器】窗口，逐级展开【数据库】|【teachingData】|【表】|【StuInfo 表】|【触发器】节点，右击【触发器】节点，从弹出的快捷菜单中选择【新建触发器】命令，打开新建触发器的代码编辑器窗口来创建 DDL 触发器；也可以直接利用 T-SQL 语句来创建 DDL 触发器。

以上两种方法创建 DDL 触发器的核心都是 CREATE TRIGGER 语句,其语法格式如下。

```
CREATE TRIGGER trigger_name
ON { ALL SERVER | DATABASE }
[ WITH ENCRYPTION]
{{ FOR | AFTER } { event_type|event_group}[ , ...n]
AS
  sql_statements
}
```

参数说明如下。

(1) trigger_name：表示 DDL 触发器的名称。

(2) ALL SERVER| DATABASE：ALL SERVER 表示 DDL 或登录触发器的作用域是当前服务器。DATABASE 表示 DDL 触发器的作用域是当前数据库。

(3) event_type |event_group：表示 T-SQL 语句事件的名称或事件组的名称。

(4) sql_statements：触发后的判断条件和操作。

【例 9-41】　在数据库 teachingData 上创建 DDL 触发器 DB_del_tr，当删除该数据库中的表时，触发器给出不能删除表操作的提示信息，并回滚删除表的操作。

```
CREATE TRIGGER DB_del_tr
ON DATABASE
FOR DROP_TABLE
```

```
AS
    PRINT'不能删除表!'
    ROLLBACK TRANSACTION
GO
```

在触发器 DB_del_tr 创建完成后,执行如下语句:

```
DROP TABLE StuInfo
```

当在数据库 teachingData 中删除 StuInfo 表时,其执行结果如图 9.18 所示。

图 9.18 删除表时触发器的执行情况

9.6.3 DML 触发器的工作原理

理解 DML 触发器的工作过程,有助于用户更好地设计和利用触发器。我们首先来认识两个特殊的表,即 Inserted 表和 Deleted 表。这两个表是在触发器执行时产生的临时表,驻留在内存中,它们的结构和触发器所在表或视图的结构相同,由 SQL Server 自动创建和管理。这两个表对用户是只读的。

1) Inserted 表

Inserted 表用于存储被 INSERT 和 UPDATE 语句操作所影响的新数据行的副本。在 INSERT 操作或 UPDATE 操作时,新的数据行被存储到基本表的同时,这些数据行的副本也被添加到 Inserted 表中。

2) Deleted 表

Deleted 表用于存储被 DELETE 和 UPDATE 语句操作所影响的操作前的数据行。在执行 DELETE 操作或 UPDATE 操作时,指定的数据行从基本表中删除,并转移到 Deleted 表中。在基本表和 Deleted 表中一般不会出现相同的行。

Inserted 表和 Deleted 表仅在触发器执行时存在,它们在某一特定时间与某一特定的表或视图相关。一旦某个触发器结束执行,相应的两个表都会消失。如果想将这两个表中的数据永久保存,需要在触发器内把这些表中的数据复制到一个永久表中。

在对具有触发器的表进行操作时,其执行过程如下:

(1) 执行 INSERT 操作时,将新记录插入到数据表,同时插入到 Inserted 表。

(2) 执行 DELETE 操作时,从数据表中删除记录的同时,又将其插入到 Deleted 表中。

(3) 执行 UPDATE 操作时,先从数据表中删除更新前的数据行,然后插入新的数据行。其中删除的数据行被插入到 Deleted 表中,插入的数据行同时也插入到 Inserted 表中。

因此,在设置触发器条件时,应该能合理地使用触发器操作所产生的 Inserted 表或 Deleted 表。在 INSERT 操作时引用 Deleted 表或在 DELETE 操作时引用 Inserted 表不会产生错误,但在上述情况下,这些触发器产生的测试表将不包含任何数据行。

【例 9-42】 为教师表 TchInfo 创建一个触发器 Tch_del_t1,防止删除工号为 01000003 的教师。

```
CREATE TRIGGER Tch_del_t1
ON TchInfo
```

```
FOR UPDATE,DELETE
AS
IF ((SELECT TID FROM Deleted)=' 01000003')
  BEGIN
     PRINT '不允许删除该教师, 操作失败!'
     ROLLBACK
  END
GO
```

【例 9-43】　创建一个 INSTEAD OF 触发器 Tch_del_t2，防止删除教师表 TchInfo 中有授课任务的教师。

```
CREATE TRIGGER Tch_del_t2
ON TchInfo
INSTEAD OF DELETE
AS
IF  EXISTS ( SELECT * FROM ScoreInfo
               WHERE TID IN (SELECT TID FROM Deleted)
             )
  BEGIN
     PRINT '不允许删除该教师, 操作失败!'
     ROLLBACK
  END
ELSE
  BEGIN
     DELETE FROM TchInfo WHERE TID=(SELECT TID FROM Deleted)
     PRINT '该教师删除成功!'
  END
GO
```

9.6.4　触发器的管理

SQL Server 允许用户根据应用需要灵活的管理触发器。触发器管理主要包括查看、修改、删除、禁用和启用触发器。

1. 使用【对象资源管理器】窗口管理触发器

在数据库中创建的每一个触发器在系统表 sys.triggers 中都对应一条记录，如果要查看数据库 teachingData 中已经创建的触发器，可使用以下语句。

```
USE teachingData
GO
SELECT * FROM sys.triggers
```

如果想进一步查看触发器的作用对象和具体操作，可进一步查看触发器的代码信息。查看触发器的代码信息可通过【对象资源管理器】窗口和相关的系统存储过程实现。

【例 9-44】　利用【对象资源管理器】窗口查看触发器 Tch_del_t2 的信息。

步骤 1：在 Microsoft SQL Server Management Studio 的【对象资源管理器】窗口中，逐级展开【数据库】|【teachingData】|【表】|【TchInfo 表】|【触发器】|【Tch_del_t2】节点。

步骤 2: 右击 Tch_del_t2 触发器,在弹出的快捷菜单中逐级选择【编写触发器脚本为】|
【CREATE 到】|【新查询编辑器窗口】命令,如图 9.19 所示。

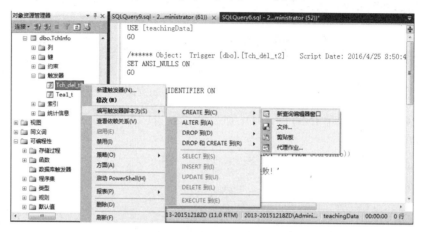

图 9.19 利用【对象资源管理器】窗口查看触发器

步骤 3: 显示 Tch_del_t2 触发器编辑器窗口,可在其中查看触发器的源代码。

从右击触发器弹出的快捷菜单看出,还可以对触发器进行如下管理:

(1) 选择【修改】命令,则显示要修改的触发器代码信息,用户可以直接修改其中的
T-SQL 语句。最后单击【执行】按钮,重新生成修改后的触发器。

(2) 选择【查看依赖关系】命令,则显示依赖该触发器的作用对象和该触发器依赖于
其他数据库对象的名称。

(3) 选择【启用】命令、【禁用】命令,可以设置触发器的有效性。

(4) 选择【删除】命令,在弹出的【删除对象】对话框中显示了当前要删除触发器的
相关信息,如果确认删除,则单击【确定】按钮,即删除该触发器。

2. 使用 T-SQL 语句管理触发器

1) 使用 T-SQL 语句查看触发器

在 SQL Server 中,可以使用系统存储过程 sp_help、sp_helptext 和 sp_depends 查看触
发器的相关信息,也可以使用 sp_rename 系统存储过程来为触发器更名。

(1) sp_help。系统存储过程 sp_help 用于查看指定触发器的一般信息,其语法格式如下。

```
EXEC sp_help trigger_name
```

(2) sp_helptext。系统存储过程 sp_helptext 用于查看指定触发器的正文信息,其语法
格式如下。

```
EXEC sp_helptext trigger_name
```

(3) sp_depends。系统存储过程 sp_depends 用于查看指定触发器所引用的表或指定表
所涉及的触发器。其语法格式如下。

```
EXEC sp_depends {trigger_name |table_name}
```

【例 9-45】 使用系统存储过程查看 TchInfo 表上 Tch_del_t2 触发器的相关信息。

具体代码如下:

```
USE teachingData
GO
EXEC sp_help 'Tch_del_t2'
EXEC sp_helptext 'Tch_del_t2'
```

执行结果如图 9.20 所示。

图 9.20　用 T-SQL 语句查看触发器信息

2）使用 T-SQL 语句修改触发器

要修改触发器执行的代码信息，也可使用 ALTER TRIGGER 语句实现。

（1）修改 DML 触发器。其语法格式如下。

```
ALTER TRIGGER trigger_name
ON ( table | view )
[ WITH ENCRYPTION ]
( FOR | AFTER | INSTEAD OF ) { [ DELETE ] [,] [ INSERT ] [,] [ UPDATE ] }
AS
    sql_statements
```

参数说明：其中各参数的含义与创建 DML 触发器语句中参数的含义相同。

（2）修改 DDL 触发器。其语法格式如下。

```
ALTER TRIGGER trigger_name
ON { ALL SERVER | DATABASE }
[ WITH ENCRYPTION ]
{ FOR | AFTER } { event_type[ , ...n]|event_group}
AS
    sql_statements
```

参数说明：其中各参数的含义与创建 DDL 触发器语句中参数的含义相同。

3）使用 T-SQL 语句删除触发器

触发器是存在于表中的，因此，当删除一个表时，表中的触发器也将一起被删除。如果只想单独删除触发器，可以使用 DROP TRIGGER 语句。若要删除 DML 触发器，其语法格式如下。

```
DROP TRIGGER trigger_name [ , ...n ]
```

若删除 DDL 触发器, 其语法格式如下。

```
DROP TRIGGER trigger_name [ , ...n]
ON { ALL SERVER | DATABASE }
```

其中, ALL SERVER | DATABASE 指出 DDL 触发器的作用域, 如果在创建或修改触发器时指定了 ALL SERVER, 则删除时必须指定 ALL SERVER; 如果在创建或修改触发器时指定了 DATABASE, 则删除时必须指定 DATABASE。

4) 禁用和启用触发器

(1) 禁用 DML 触发器。使用 DISABLE TRIGGER 语句可以禁用触发器, 其语法格式如下。

```
DISABLE TRIGGER trigger_name ON { tablename | viewname }
```

例如, 将 StuInfo 表中的触发器 Stu_t1 设为禁用, 具体代码如下。

```
USE TeachingData
GO
DISABLE TRIGGER Stu_t1 ON StuInfo
GO
```

(2) 启用 DML 触发器。使用 ENABLE TRIGGER 语句可以启用触发器, 其语法格式如下。

```
ENABLE TRIGGER trigger_name ON { tablename | viewname}
```

例如, 再将 StuInfo 表上的触发器 Stu_t1 设置为启用, 具体代码为:

```
USE TeachingData
GO
ENABLE TRIGGER Stu_t1 ON StuInfo
GO
```

9.6.5　应用实例

【例 9-46】 小黄同学在使用数据库 TeachingData 时发现, 调离本单位的教师信息不能简单地删除, 而是应该将其以历史记录保存下来, 但他又想不增加相关人员的工作。他该如何实现呢?

首先, 应该创建一个教师信息的历史记录表 TchInfo_his, 表的结构与 TchInfo 表基本相同, 只是增加一个属性用于记录该操作的时间。

```
CREATE TABLE TchInfo_his
  ( TID char(8),
  TName char(10),
  Sex char(2),
  BirthDay date,
  Title nchar(10),
  Dept char(20) ,
  Rqdate datetime          --该记录的操作时间
  )
```

然后，在 TchInfo 表上编写触发器，实现从 TchInfo 表中删除的记录插入到 TchInfo_his 表中，并记录操作的时间。

```
CREATE TRIGGER Tch_bak_t
ON TchInfo
FOR DELETE
AS
  INSERT INTO TchInfo_his
  SELECT GETDATE(),TID,TName,Sex,Birthday,Title,Dept
  FROM deleted
GO
```

创建 TchInfo_his 表和 Tch_bak_t 触发器后，执行以下代码：

```
USE TeachingData
GO
DELETE FROM TchInfo
WHERE TID='008'              --该教师没有授课任务
GO
```

执行上述的 DELETE 操作后，观察 TchInfo 表和 TchInfo_his 表中的信息可以看出，从 TchInfo 表中删除这名教师的同时，将删除记录存放到 TchInfo_his 表中。

【例 9-47】 在成绩输入时，小黄同学为了使相关信息的显示直观明了，设计了一个视图 score_v1，其中包括学号、姓名、课号、课程名、教师号和成绩属性，具体代码如下。

```
CREATE VIEW score_v1
AS
SELECT StuInfo.SID,Sname, CourseInfo.CID,Cname, TID,Score
FROM StuInfo,ScoreInfo,CourseInfo
WHERE StuInfo.SID=ScoreInfo.SID
  AND ScoreInfo.CID=CourseInfo.CID
```

这样在视图 score_v1 的基础上，输入成绩时非常方便，但小黄不知为什么在插入一条选课记录时总是提示图 9.21 所示的错误，接下来他该怎么做呢？

图 9.21 视图 score_v1 更新失败提示

原因分析：创建视图 score_v1 时是基于 StuInfo、ScoreInfo 和 CourseInfo 3 个表的。当输入一名学生的成绩时，只涉及对 ScoreInfo 一个表中的一个 Score 属性值进行修改，此时该视图允许更新。当插入一条选课记录时，会涉及 3 个表的信息发生变化，而 SQL Server 中规定，修改影响多个基表的视图是不可更新的。因此，该视图不允许插入更新。

解决办法：在视图 score_v1 上创建一个 INSTEAD OF 触发器，当向视图 score_v1 插入数据时，转换为向基本表插入数据，同时可以完成数据的有效性检查。创建触发器的代码如下。

```
CREATE TRIGGER ins_score_t
ON score_v1
INSTEAD OF INSERT
AS
  DECLARE @SID char(10),@Sn char(8),@CID char(10),@Cn char(20),
          @TID char(10),@Score int
  SELECT @SID=SID,@Sn=Sname,@CID=CID,@Cn=Cname,@TID=TID, @Score=Score
      FROM inserted
  IF EXISTS (SELECT * FROM StuInfo WHERE SID=@SID) AND
      EXISTS (SELECT * FROM CourseInfo WHERE CID=@CID) AND
      EXISTS (SELECT * FROM TchInfo WHERE TID=@TID)
      BEGIN
          INSERT INTO ScoreInfo(SID,CID,TID,Score)
              VALUES (@SID,@CID,@TID,@Score)
              PRINT '插入成功!'
      END
  ELSE
      PRINT '学生、课程或教师不存在，操作失败!'
GO
```

9.7 实 验 指 导

实验 6 数据库编程

1. 实验目的

(1) 掌握变量的声明、赋值及输出方法。

(2) 掌握函数的定义和调用方法。

(3) 掌握 T-SQL 编程流程、批处理及控制语句。

(4) 掌握存储过程的操作方法及应用。

(5) 掌握触发器的操作方法及应用。

(6) 掌握常用函数、变量等的综合运用。

2. 实验前的准备

将数据库 teachingData 附加到当前服务器中。

3. 实验内容

(1) 变量的定义和使用。

(2) 函数的定义和调用。

(3) 流程控制语句的操作。

(4) 事务管理。

(5) 触发器的管理。

(6) 存储过程的创建与调用。

4. 实验步骤

1）变量的定义与使用

(1) 定义变量@name 为 varchar(20)，使用常量直接将其赋值为上海商学院，并输出。

(2) 定义变量@Avg_Score 为 int，将 ScoreInfo 表中的平均分赋给这个变量，并输出。

(3) 将所有选修高等数学且成绩低于 60 分的同学全部增加 5 分，并用@@rowcount 变量来检测是否存在发生更改的记录，如不存在符合要求的学生则显示"没有学生需要加分"。

2）函数的定义和调用

(1) 使用系统函数显示当前日期，要求以×年×月×日格式显示，如 2010 年 1 月 16 日。

(2) 创建一个内联表值函数 Greater_score，该函数返回 ScoreInfo 表中高于指定成绩的学生学号、姓名、所在班级、课程名及考试成绩，并要求通过调用该函数查询成绩在 75 分以上的学生的学号、姓名、所在班级、课程名及考试成绩。

说明：

考试成绩 score 字段的类型为 numeric(3,0)。

3）流程控制语句的操作

(1) 查询 ScoreInfo 表中课程 00000001 是否有学生成绩是否低于 60 分，如果低于 60 分，则显示这些学生的学号、姓名和成绩，否则，显示"该门课程学生成绩全部合格"。

(2) 要求在 14:20 分从 StuInfo 表中取出表的所有记录。

4）事务管理

(1) 定义一个事务，将表 CourseInfo 和 ScoreInfo 中的课程编号 00200002 均修改为 10200002，成功则提交事务，失败则取消事务。

(2) 定义一个带检查点的事务，将表 CourseInfo 和 ScoreInfo 中的课程编号 00200002 均修改为 10200002，在两条 UPDATE 语句之间设置检查点，成功则提交事务，失败则取消事务。观察并分析不同情况的执行结果。

5）触发器的创建

(1) 创建一个触发器 CID_Update，要求当表(CourseInfo)中的 CID 字段值被修改时，该字段在另一张表(ScoreInfo)中的对应值也做相应的修改。

(2) 创建一个触发器 stu_count，要求当表 StuInfo 中相同年级中的任一班级的人数达到 45 人时，不允许继续在这个班级插入新的记录。

(3) 创建一个触发器 Tch_t2，实现禁止删除 TchInfo 表中职称为教授的记录的功能。

(4) 创建一个学生历史表 StuInfo_his，其属性除包含学生表 StuInfo 中的所有属性外，再增加一个 date 类型属性，用于记录操作日期。然后创建一个触发器 stu_del，当学生表 StuInfo 中的信息被修改或删除时，将修改前或删除的学生记录添加到的 StuInfo_his 表中，并且记录该操作发生的日期。

6）存储过程的创建与调用

(1) 创建一个存储过程 sc_unpass，其功能是输入某一门课的课程名后，即可查看某一门课程不及格学生的学号、姓名、班级及任课教师。

(2) 创建一个存储过程 tch_dept,其功能是输入某一个院系(Dept)名后,即可查看该系中教师的姓名、性别、年龄和职称。

(3) 创建一个存储过程 pass_state,其功能是输入某一个学生姓名和课程名,查看该学生成绩,如果其成绩低于 60 分,则在一列中显示"很遗憾!"+学生姓名+课程名+"未及格";如果其成绩大于等于 60 分,则在一列中显示"很高兴,"+学生姓名+课程名+"已合格"。调用该存储过程,查询学生张小红高等数学的成绩。

5. 思考题

(1) 如何实现根据某一门课的课程名,查看该课程的课程名、选课人数、不及格人数和及格率。

(2) 如果在 StuInfo 表中增加总学分(sum_cre)列,其数据类型为 numeric(5,1)。当在 ScoreInfo 表中插入、删除记录时,或修改某学生的 Score 属性值时,在 StuInfo 表中对应学生的总学分随着变化,这一功能该如何实现?

本 章 小 结

本章介绍了 T-SQL 语言中编程的语法规范和基本编程方法。在此基础上,介绍了自定义函数、事务、存储过程和触发器的创建和使用。

用户在编写程序的过程中,除了可以调用系统函数外,还可以根据应用需要自定义函数,以便用在允许使用系统函数的任何地方。用户自定义函数包括标量值函数和表值函数两类,其中表值函数又包括内联表值函数和多语句表值函数。利用自定义函数可以弥补不能实现带参数视图的不足。

批处理是一组 T-SQL 语句的集合,一个批处理以 GO 语句结束,批处理可以在 T-SQL 的各种应用环境下交互运行,也可以被编译成可执行文件。T-SQL 语言中的流程控制语句与其他程序设计语言一样,有 IF、WHILE、CASE、RUTURN 等语句。

事务是作为单个逻辑单元执行的一系列操作;它是并发控制和恢复技术的基本单位。

存储过程是存储在服务器上的 T-SQL 语句的预编译集合,能实现特定数据操作功能。用户可以像使用函数一样重复调用这些存储过程,实现它所定义的操作。

触发器是一种特殊的存储过程,在数据表或视图被修改时自动执行,利用触发器可以实现更为复杂的数据完整性约束。SQL Server 2012 中主要有 DML 和 DDL 两类触发器。DML 触发器在数据表执行修改操作时执行,而 DDL 触发器在执行数据定义语句时执行。

习 题 9

一、思考题

1. T-SQL 语言可以分为哪 4 类?它们各自包含哪些语句?

2. 什么是批处理?它有哪些特点?

3. 用户自定义函数分哪两类?它们之间有什么区别?

4. 什么是事务?若取消一个事务用什么语句?

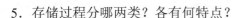

5．存储过程分哪两类？各有何特点？

6．使用存储过程的主要优点有哪些？存储过程和批处理有什么不同？

7．删除再重建存储过程和修改存储过程两者相比，后者有什么好处？

8．触发器与一般存储过程的主要区别是什么？

9．触发器的类型有哪些？

10．什么是触发器？触发器与存储过程有什么异同？

二、操作题

在 teachingDate 数据库中有以下数据表。

课程表 Course：课程编码(CouNo)、课程名称(CouName)、课程属性(cProperty)、学分(Grade)。

学生表 Student：学号(StuNo)、学生姓名(StuName)、班级(Class)。

学生选课表 StuCou：学号(StuNo)、课程编码(CouNo)，成绩(Score)。

(1) 创建一个触发器 Cname_ck，当向 Course 表插入或更新课程记录时，先检查是否存在与该课程同名的课程，如果存在则不允许插入或更新该记录，并提示"该课程名已经存在，请重新输入课程名"。

(2) 使用 T-SQL 语句在 teachingDate 数据库中创建一个名为 p_number 的存储过程。该存储过程能够根据指定的课程返回选修该课程的学生人数和不及格(成绩低于 60 分)人数，并调用该存储过程查询选修课程为 20000001 的学生人数和不及格人数。

说明：

● 假定课程编号 CouNo 的字段类型为 char(8)。

● 要求调用存储过程后显示结果为选修人数：××人，不及格人数：××人。

第 10 章

数据库设计

教学目标

1. 了解数据库设计的方法和基本过程。
2. 了解需求分析的基本步骤及描述用户需求的主要方法。
3. 掌握利用 E-R 图描述系统概念结构的方法。
4. 掌握从 E-R 图到关系模型的转换方法。
5. 了解数据库物理结构设计的内容。
6. 了解数据库的实施、运行和维护。

对于初学者来讲，可能会想到这样一些问题：

- 数据库设计的结果对信息系统的运行效果有怎样的影响？
- 数据库设计的过程与软件的开发过程有怎样的联系？
- 成为一名数据库设计人员，应掌握哪些基本的数据库设计技术？

通过本章的学习，理解并掌握数据库设计工作中各阶段的主要任务和所采取的技术措施，特别是概念结构设计和逻辑结构设计。相信依据本章理论在以后的应用系统开发中可以设计出一个性能良好的数据库，并具备一名数据库设计人员的基本知识。

【微课视频】

【微课视频】

10.1 数据库设计概述

数据库设计是建立数据库及其应用系统的技术的基础，是信息系统开发和建设中的核心技术和重要组成部分。具体来讲，数据库设计是指对于一个给定的应用环境，构造最优的数据库模式，建立数据库及其应用系统，使之能够有效地存储数据，满足各种用户的应用需求(信息要求和处理要求)。

以数据库为基础的信息系统常称为"数据库应用系统"，数据库是数据库应用系统的核心，是数据库应用系统的各部分紧密结合及如何结合的关键。因此，只有对数据库进行合理地设计才能开发出完善而高效的数据库应用系统。

10.1.1 数据库设计的要求、特点与方法

数据库设计是涉及许多学科的综合技术，具有开发周期长、耗资多和风险大等特点，也是一项庞大的工程项目。因此，必须把软件工程的原理和方法应用到数据库的建设中来。

1. 对数据库设计人员的要求

为了保证设计出地数据库能很好地满足实际应用的需要，对从事数据库设计的专业人员来讲，应具备以下几个方面的技术和知识，主要包括如下几个方面：

(1) 计算机的基础知识和程序设计的方法与技巧。

(2) 软件工程的原理和方法。

(3) 数据库的基础知识和设计技术。

(4) 应用领域的知识。

其中应用领域的知识随着应用系统所属领域的不同而不同。数据库设计人员必须深入实际与用户密切接触，对应用环境、专业知识有具体深入地了解才能设计出符合具体领域要求的数据库应用系统。

2. 数据库设计的特点

俗话说"三分技术，七分管理，十二分基础数据"，这反映了数据库建设的基本规律。由此可见，数据库设计的特点之一是将技术和管理相结合。

在20世纪70年代末80年代初，人们为了研究数据库设计方法学，曾主张将结构设计和行为设计两者分离(图10.1)。随着数据库设计方法学的成熟、结构化分析与设计方法的普及使用，人们主张将两者一体化，这样可以缩短数据库的设计周期，提高数据库的设计效率。

数据库设计的特点之二，就是强调结构(数据)设计和行为(处理)设计相结合。一个性能优良的数据库不可能一次性地完成设计，需要经过"反复探寻，逐步求精"的过程。首先从数据模型开始设计，以数据模型为核心进行展开，将数据库设计和应用系统设计相结合，建立一个完整、独立、共享、冗余小和安全有效的数据库系统。

3. 数据库设计的方法

数据库设计的方法目前可分为4类：直观设计法、规范设计法、计算机辅助设计法和自动化设计法。这些设计方法大都是数据库设计在不同阶段所使用的具体技术和方法。

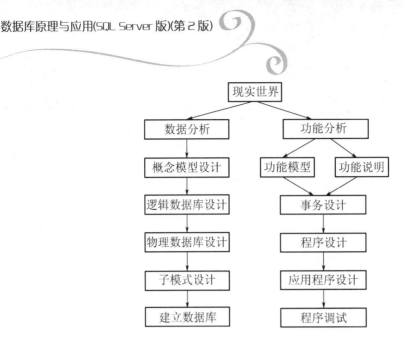

图 10.1　结构和行为设计分离的设计

1) 直观设计法

现实世界的复杂性及用户需求的多样性，决定了在相当长的一段时间内数据库设计主要采用手工与经验相结合的方法，这种设计方法称为直观设计法(也叫手工试凑法)，它是最早使用的数据库设计方法。这种方法设计的数据库依赖于设计者的经验和技巧，缺乏科学理论和工程原则的支持，设计的质量很难保证，数据库运行中常常会出现各种问题，增加了系统维护成本。因此，这种方法已不适应信息管理发展的需要。

2) 规范设计法

要想设计一个优良的数据库，减少系统开发的成本及运行后的维护代价、延长系统的使用周期，必须以科学的数据库设计理论为基础，在具体的设计原则指导下，采用科学的数据库设计方法来进行数据库的设计。人们经过多年的努力探索，提出了各种数据库设计方法。它们运用软件工程的思想和方法，根据数据库设计的特点，提出了各自的设计准则和设计规程。

在规范设计法中比较著名的有新奥尔良方法。该方法将数据库设计分为 4 个阶段：需求分析、概念结构设计、逻辑结构设计、物理结构设计，并采用一些辅助手段实现每个过程。它符合软件工程的思想，是按一定设计规程用工程化的方法设计数据库。

针对不同的数据库设计阶段，人们提出了具体的实现技术与实现方法。例如，针对概念结构设计阶段的基于 E-R 模型的数据库设计方法、基于 3NF 的设计方法和基于抽象语法规范的设计方法。

3) 计算机辅助设计法

为了提高数据库的设计速度和质量，在数据库设计的某些过程中模拟某一规范化设计方法，并以人的知识或经验为主导，使用一些计算机辅助设计工具来帮助或辅助设计人员完成数据库设计中的某些任务。这些工具统称计算机辅助软件工程(Computer Aided Software Engineering，CASE)，如 SYSBASE 公司的 PowerDesigner、Oracle 公司的 Design 2000、Rational 公司的 Rational Rose、Microsoft 公司的 Vision 等。

4）自动化设计法

自动化设计法完全由计算机完成数据库设计。

10.1.2 数据库设计的基本步骤

按照规范的设计方法，考虑数据库及其应用系统开发的全过程，将数据库设计分为以下 6 个阶段，各阶段需要完成的任务有需求分析、概念结构设计、逻辑结构设计、物理结构设计、数据库实施、数据库的运行和维护，如图 10.2 所示。

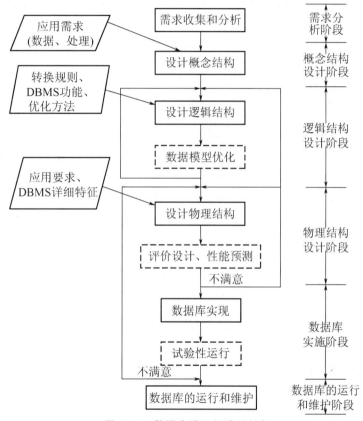

图 10.2　数据库设计的阶段任务

1. 需求分析

进行数据库设计首先必须准确了解与分析用户需求，这是整个数据库设计的基础。需求分析要收集数据库所有用户的信息内容和处理要求，并加以归纳和分析，建立系统说明文档。这是最费时、最复杂的一步，同时也是最重要的一步，是后续设计的依据。它相当于待构建的数据库大厦的地基，决定了以后每步设计的速度与质量，需求分析做得不好，可能会导致整个数据库设计返工重做。

2. 概念结构设计

概念结构设计通过对用户的需求进行综合、归纳与抽象，形成一个独立于具体 DBMS 的概念模型，是整个数据库设计的关键。

3. 逻辑结构设计

在概念模型的基础上，根据实际应用的需要导出某种 DBMS 支持的逻辑数据模型，并进行优化。该模型应满足数据库存取、一致性及运行等各方面的用户需求。

4. 物理结构设计

物理结构设计的目标是从一个满足用户需求的已确定的逻辑模型出发，在限定的软件、硬件环境下，利用 DBMS 提供的各种手段设计一个可实现的、运行高效的物理数据库结构，包括选择数据库文件的存储结构、选择索引、分配存储空间及形成数据库的内模式。

5. 数据库实施

设计人员运用 DBMS 提供的数据定义语言及宿主语言，根据逻辑设计和物理设计的结果建立数据库，编制与调试应用程序，组织数据入库，并进行试运行。

6. 数据库的运行和维护

数据库应用系统经过试运行后，即可投入正式运行。在数据库系统运行过程中需要不断地对其进行评价、调整与修改。

需要指出的是，数据库的设计步骤既是数据库设计的过程，也包括了数据库应用系统的设计过程。设计一个完善的数据库应用系统是不可能一蹴而就的，它往往是上述 6 个阶段的不断反复。

10.2 需 求 分 析

需求分析就是分析用户对数据库的具体要求，是整个数据库设计的起点。它的结果需要准确地反映用户的实际要求，因为这将影响到后面各个阶段的设计和最终结果是否合理和实用。

10.2.1 需求分析的任务

需求分析的任务是通过详细调查现实世界要处理的对象(如一个部门或企业)，充分了解原系统的工作概况，明确不同用户的各种需求，在此基础上确定新系统的功能。新系统的设计不仅要考虑现时的需求，还要为今后的扩充和改变留有余地，要有一定的前瞻性。

需求分析的重点是通过调查、收集和分析，获得用户对数据库的如下要求。

(1) 信息要求：用户需要从数据库中获取信息的内容与性质。由用户的信息要求可以导出数据要求，即在数据库中需要存储哪些数据。

(2) 处理要求：用户要求完成什么样的处理功能，对处理的响应时间有什么要求，处理方式是批处理还是联机处理。

(3) 安全性和完整性要求：安全性是指用户需要如何保护数据不被未授权的用户破坏，完整性是指用户需要如何检查和控制不合语义的、不正确的数据，防止它们进入数据库。

确定用户的最终需求是很困难的，主要原因：一是，用户缺少计算机知识，开始时无法确定计算机究竟能为自己做什么，不能做什么，因此往往不能准确表达自己的需求，致使所提出的需求不断地变化；二是，设计人员缺少用户的专业知识，不易理解用户的真正需求，甚至误解用户的需求；三是，新的硬件、软件技术不断出现，也会导致用户需求不断发生变化。因此，设计人员必须采用有效的方法与用户不断深入地进行交流，才能逐步确定用户的实际需求。

10.2.2　需求分析的方法

进行需求分析首先要调查清楚用户的实际需求并初步进行分析，然后与用户达成共识，最后进一步分析与表达用户的需求。

1. 需求分析的步骤

(1) 调查组织机构情况。调查组织机构情况时主要了解该组织的部门组成情况、各部门的职责，为分析信息流程做准备。

(2) 调查各部门的业务活动情况。调查各部门的业务活动情况时主要了解各部门输入和使用什么数据、如何加工和处理这些数据、输出什么信息、输出到什么部门、输出结果的格式是什么，这是调查的一个重点。

(3) 在熟悉了业务活动的基础上，协助用户明确对新系统的各种要求，包括信息要求、处理要求、完整性与安全性要求，这是调查的又一个重点。

(4) 最后对前面调查结果进行初步分析，确定系统的边界，即确定哪些工作由人工完成，哪些工作由计算机系统来完成，由计算机完成的功能就是新系统应该实现的功能。

在调查过程中，可以根据实际的问题和条件，采用不同的调查方法。

2. 需求调查的常用方法

做需求调查时，可以采用多种方法，但无论使用哪种调查方法，都必须有用户的积极参与和配合。设计人员应该和用户取得共同的语言，帮助不熟悉计算机的用户建立数据库环境下的共同概念，并对设计工作的最后结果共同承担责任。常用的调查方法有以下几种：

(1) 跟班作业。跟班作业是通过亲身参与业务工作来了解业务活动情况的方法。这种方法能比较准确地理解用户的需求，但比较耗时。

(2) 开调查会。开调查会是通过与用户座谈来了解业务活动情况及用户需求的方法。这种方法有利于双方相互启发。

(3) 请专人介绍或询问。可以请专业人员专门讲解来了解用户的需求；在调查过程中，对于某些具体问题也可以请教管理人员和具体操作人员等。

(4) 查阅档案资料。查阅档案资料是通过查阅企业的各种报表、总体规划、工作总结、条例规范等了解用户需求的方法。

(5) 设计调查表请用户填写。这种方式的关键是调查表要设计合理。

在实际需求分析过程中，往往需要综合采用上述多种调查方法。在与用户沟通中，最好与那些懂点计算机知识的用户多交流，因为他们更能清楚地表达实际需求。

3. 需求分析的方法

了解用户需求后，还需要进一步分析和表达用户的需求，使之转换为后续各设计阶段可用的形式。分析和表达用户需求的方法很多，其中结构化分析(Structured Analysis，SA)方法是一个简单实用的方法。SA 方法从最上层的系统组织机构入手，采用逐层分解的方式分析系统，并且把每一层用数据流图和数据字典进行描述。

数据流图表达了数据和处理的关系。处理过程的处理逻辑通常借助判定表或判定树来描述，而系统中的数据则借助数据字典来描述。

图 10.3 给出的只是最高层次抽象的系统概貌，要反映更详细的内容，可将处理功能分解为若干子功能，每个子功能还可以进一步分解，直到把系统工作过程表示清楚为止。

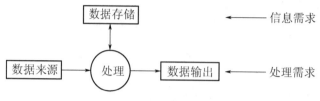

图 10.3　系统高层数据流图

需求分析阶段的工作结果是数据库设计的重要基础，因此对用户需求进行分析和表达后，必须要交给用户，征得用户的认可。

10.2.3　数据流图和数据字典

1. 数据流图

数据流图(Data Flow Diagram，DFD)是描述各处理活动之间数据流动的有力工具，是一种从数据流的角度描述一个组织业务活动的图示。数据流图被广泛用于数据库设计中，并作为需求分析阶段的重要文档资料——系统需求说明书的重要内容，也是数据库信息系统验收的依据。

1) 数据流图的绘制

数据流图是软件工程中专门描述信息在系统中流动和处理过程的图形化工具。由于数据流图是逻辑系统的图形表示，非计算机的专业技术人员也很容易理解，因此是技术人员和用户之间很好的交流工具。数据流图的基本符号及其含义如图 10.4 所示。

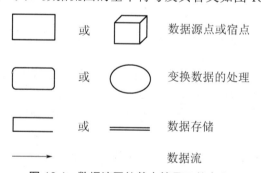

图 10.4　数据流图的基本符号及其含义

从原则上讲，只要有足够大的纸，一个软件系统的数据流图可以画在一张纸上。然而，一个复杂的软件系统可能涉及几百个加工和数据流，甚至更多。如果将它们画在一张图上，不易阅读。因此，当系统比较复杂时，为了便于理解，控制其复杂性，根据自顶向下逐层分解的思想，可以将数据流图进行分层绘制，如图 10.5 所示。

在分层数据流图中，顶层图只有一张图，其中只有一个处理，代表整个软件系统。该处理描述了软件系统与外界(源或宿)之间的数据流；顶层图中的加工经过分解后的图称为 0 层图，也只有一张，它描述系统的全貌，揭示了系统的组成部分及各部分之间的关系；1 层图分别描述各子系统的结构。如果系统结构还比较复杂，那么可以继续细化，直到表达清楚为止。在处理功能逐步分解的同时，它们所用的数据也逐级分解，形成若干层次的数据流图。

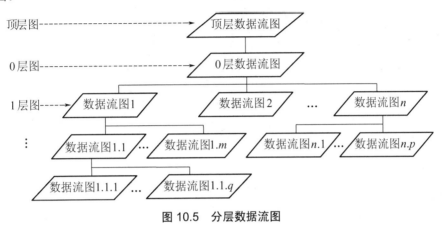

图 10.5　分层数据流图

2）数据流图应用举例

针对图书管理系统，在调查用户需求的基础上，经过抽象、综合后可将用户的活动归类为注册、借书、还书和图书查询等活动。在此基础上我们可以将业务活动描述如下。

（1）注册：工作人员对读者进行信息注册，发放借书证。

（2）借书：首先输入读者的借书证号，检查借书证是否有效；如借书证有效，则查阅借还书登记文件,检查该读者所借图书是否超过可借图书数量(不同类别的读者具有不同的可借图书数量)。若超过，拒绝借阅；未超过，再检查图书的库存数量，在有库存的情况下办理借书，修改库存数量，并记录读者借书信息。

（3）还书：根据所还图书编号及借书证编号，从借还书登记文件中，查阅与读者有关的记录，查阅所借日期。如果超期，做罚款处理；否则，修改库存信息与借还书记录。

（4）图书查询：根据一定的条件对图书进行查询，并可查看图书详细信息。

通过以上描述可以把握用户的工作需求，要进一步分析系统范围内的用户活动所涉及数据的性质、流向和所需的处理，用数据流图进行描述。下面图 10.6 给出了图书管理系统的顶层数据流图。

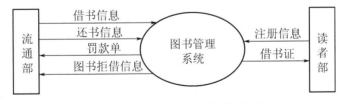

图 10.6　图书管理系统顶层数据流图

从图 10.6 可以看到，图书管理系统输入的数据流有 3 个：注册信息、借书信息和还书信息；输出的数据流也是 3 个：借书证、图书拒借信息和罚款单。图 10.7 给出图书管理系统的 0 层数据流图，用虚线框起来的是图书管理系统，虚线框对外的输入、输出与图 10.6

所示的顶层数据流图必须吻合。在 0 层数据流图中可以看到有 3 个模块，即注册模块、借书模块和还书模块。

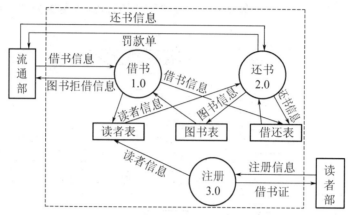

图 10.7　图书管理系统 0 层数据流图

由于还书模块比较复杂，因此需要进一步细化。在做还书处理时，流通部工作人员需要从借还表中查询读者的借书信息，如有超期的图书进行超期处理，出具相应的罚款单，然后登记入库；若未超期，直接登记入库；再登记还书，所以需要更新"图书表"和"借还表"中的信息。这样，我们在图 10.7 的基础上得到对还书处理进行进一步细化的数据流图，如图 10.8 所示。从图 10.8 可以看到虚线框起来的还书模块输入、输出的数据流与图 10.7 的还书模块相吻合。借书处理的数据流图在这里就不再细化，请大家自己完成。

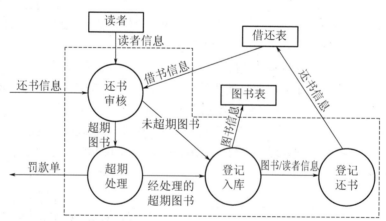

图 10.8　还书 2.0 处理的第 1 层数据流图

从上述分析可以看出，将处理功能的具体内容分解为若干子功能，再将每个子功能继续分解，直到把系统的工作过程表达清楚为止。在处理功能逐步分解的同时，它们所用的数据也逐级分解，形成若干层次的数据流图。

2. 数据字典

数据流图表达了数据和处理过程之间的关系，其中对数据的描述是笼统的、粗糙的，并没有表述数据组成各部分的确切含义。数据流图中的数据流、文件、加工等元素的确切描述是借助数据字典(Data Dictionary，DD)来完成的。数据流图和数据字典密不可分，两者结合起来构成了软件的逻辑模型。

数据字典是进行数据收集和数据分析所获得的主要成果。数据字典是各类数据描述的集合，是数据库设计中的又一个有力工具。它与 DBMS 中的数据字典在内容上有所不同，DBMS 中的数据字典用来描述数据库系统运行中所涉及的各种对象，这里的数据字典对数据流图中出现的所有数据元素给出逻辑定义和描述，可供系统设计者、软件开发者、系统维护者和用户参照使用。

数据字典通常包括数据项、数据结构、数据流、数据存储和处理过程 5 个部分。

1）数据项

数据项是不可再分的数据单位。对数据项的描述通常包括以下内容。

数据项描述＝｛数据项名称,别名,数据项含义说明,数据类型,长度,取值范围,
取值含义,与其他数据项的逻辑关系｝

其中，取值范围、与其他数据项的逻辑关系定义了该数据项的完整性约束条件，是设计数据检查功能的依据。当然不是每个数据项描述都包含上述所有内容。

图书管理系统涉及很多数据项，其中"借书证号"数据项可以描述如下。

(1) 数据项：借书证号。

(2) 别名：卡号。

(3) 含义说明：唯一标识一个借书证。

(4) 类型：字符型。

(5) 长度：10。

(6) 取值范围：[S|T]000000000 至[S|T]999999999。

(7) 取值含义：第一位是字母，代表学生(S)或老师(T)；第二、三位标识该学生所在年级，第四、五位标识该学生所在系部，后五位按顺序编号。

2）数据结构

数据结构反映了数据项之间的组合关系。一个数据结构可以由若干个数据项组成，也可以由若干个数据结构组成，或由若干个数据项和数据结构混合组成。对数据结构的描述通常包括以下内容。

数据结构描述＝｛数据结构名,含义说明,组成:｛数据项或数据结构｝｝

在图书管理系统中，"读者"是核心数据结构之一，它可以描述如下。

(1) 数据结构名：读者。

(2) 含义说明：图书管理系统的主体数据结构之一，定义了一个读者的有关信息。

(3) 组成：={[学号|工号]＋姓名＋性别＋年龄＋所在系＋年级＋借书证号}。

3）数据流

数据流是数据结构在系统内传输的路径。对数据流的描述通常包括以下内容。

数据流描述＝｛数据流名称,说明,数据流来源,数据流去向,
组成:｛数据结构｝,平均流量,高峰期流量｝

其中，数据流来源说明该数据流来自哪里，可以是一个处理、源或文件；数据流去向说明该数据流将到哪个处理、宿或文件中；平均流量是指在单位时间(每天、每周、每月等)里的传输次数；高峰期流量是指在高峰时期的数据流量。

"罚款单"是图书管理系统中的一个数据流，具体描述如下。

(1) 数据流名：罚款单。

(2) 说明：超期归还图书的结果。

(3) 数据流来源：超期处理。

(4) 数据流去向：流通部(或读者)。

(5) 组成：={借书证号＋姓名＋图书编号＋书名＋超期天数＋罚款金额 }。

(6) 平均流量：……

(7) 高峰期流量：……

4) 数据存储

数据存储是数据流在加工过程中产生的临时文件或加工过程中需要查找的信息。数据以某种格式记录在计算机内部或外部存储介质上。数据存储要命名，其命名要反映信息特征的组成含义。数据流反映了系统中流动的数据，表现出动态数据的特征；数据存储反映系统中静止的数据，表现出静态数据的特征。数据存储是数据结构停留或保存的地方，也是数据流的来源和去向之一。对数据存储的描述通常包括以下内容。

$$数据存储描述＝\{数据存储名,说明,编号,写文件加工,读文件加工,$$
$$组成:\{数据结构\},数据量,存取方式\}$$

其中，流入的数据流要指出其来源；流出的数据流要指出其去向；数据量是指每次存取多少数据，每天(或每小时、每周等)存取几次等信息；存取方式包括是批处理还是联机处理，是检索还是更新，是顺序检索还是随机检索等。

"图书借阅表"是图书管理系统中的一个数据存储，具体描述如下。

(1) 数据存储名：借还表。

(2) 说明：记录图书借阅的基本信息。

(3) 写文件的处理：登记借书、登记还书。

(4) 流出数据流：还书审核。

(5) 组成：={借书证号＋图书编号＋借阅日期＋应归还日期＋实际归还日期……}。

(6) 数据量：平均每年 60000 条。

(7) 存取方式：随机存取。

5) 处理过程

数据字典中只需要描述处理过程的说明性信息，通常包括以下内容。

$$处理过程描述＝\{处理过程名,说明,输入:\{数据流\},输出:\{数据流\},$$
$$处理逻辑:\{简要说明\}\}$$

其中，简要说明中主要描述该处理过程的功能及处理要求。功能是指该处理过程用来做什么(而不是怎么做)，处理要求包括处理频度要求，如单位时间里处理多少事务、多少数据量，响应时间要求等。这些处理要求是后面物理设计的输入及性能评价的标准。

处理过程"还书审核"可描述如下。

(1) 处理过程名：还书审核。

(2) 说明：认定该图书借阅是否超期。

（3）输入：还书信息、借书信息、读者信息。

（4）输出：超期图书或未超期图书。

（5）处理逻辑：根据借阅表和读者表，如果借阅图书没有超过规定的期限，认定未超期图书，否则认定为超期图书。要求从借阅之日起，学生借阅时间不能超过 3 个月，教师不能超过 6 个月。

由此可见，数据字典是关于数据库中数据的描述，而不是数据本身。数据本身将存放在物理数据库中，由数据库管理系统管理。数据字典有助于这些数据的进一步管理和控制，为设计人员和数据库管理员在数据库设计、实现和运行阶段控制有关数据提供依据。

10.2.4　应用实例

为学生信息管理系统设计一个学生信息数据库，该系统主要实现对学生基本信息、班级、课程、教师等的管理，学生选课管理及数据的综合查询统计等功能。学生信息管理系统功能需求包括基本信息管理、课程设置与选课管理、查询与统计。

1）基本信息管理

基本信息管理模块包括班级信息、学生基本信息、课程基本信息、教师基本信息的输入、维护、删除功能。

2）课程设置与选课管理

课程设置与选课管理模块包括学期课程设置、编制课程表、学生选课。学期课程设置设定本学期所开设课程并安排相应的教师；编制课程表根据学期课程安排编制课程表；学生根据学期的课程安排和课程表进行选课。

3）查询与统计

查询和统计学生、教师、课程的基本信息、课表信息、学期课程安排信息、课程表、学生选课信息等。

通过对上述系统的功能需求分析和对学生管理的流程分析，得到如下的数据需求。

（1）班级信息：班级编号、班级名称、专业、所属院系、入学年度、学制、备注。

（2）学生基本信息：学号、姓名、性别、出生日期、政治面貌、毕业学校、照片、籍贯、备注。

（3）课程信息：课程编号、课程名、类别、学分、开课学期、备注。

（4）教师信息：工号、姓名、性别、所在院系、专业、学历、职称。

（5）教室信息：教室编号、所在楼、室号、容纳人数、备注。

（6）班级学生表：班级、学号、状态、备注。

（7）学期课程安排表：安排编号、学年、学期、课程编号、教师编号、周课时数、上课周数、开始时间、结束时间、考试方式、学分、班级编号、备注。

（8）课程表：课程表编号、安排编号、教室编号、星期、节次、备注。

（9）学生选课表：课程安排编号、学号、成绩、备注。

下面我们对部分数据项、数据结构、数据流、数据存储、处理过程进行描述。

数据项"班级编号"描述如下。

数据项：班级编号。

别名：班级号。

含义说明：唯标识一个班级。

类型：字符型。

长度：10 位。

取值范围：0000000001～9999999999。

取值含义：前 4 位为该班建立的年度号；第 5 位标注入学季节，0 为春季入学，1 为秋季入学；第 6、7 位为所在二级学院序列号；第 8 位为所在系序列号；第 9 位为所学专业序列号；第 10 位为相关专业的班级序列号。

数据项"学制"的描述如下。

数据项：学制。

含义说明：标识该班级招收的是几年制的学生。

类型：字符型。

长度：1 位。

取值范围：4～8。

取值含义：4 年、5 年制的为本科生，6 年制及 6 年制以上的为研究生。

数据项"开课学期"的描述如下。

数据项：开课学期。

含义说明：标识该课程每学期开设的时间。

类型：字符型。

长度：1 位。

取值范围：1～2。

取值含义：1 表示该课程是在单学期开设，2 表示该课程安排在双学期开设。

"课程信息"的数据结构描述如下。

数据结构名：课程信息。

含义说明：它是学生选课的依据之一，定义了一门课程的相关信息。

组成：={课程编号+课程名+类别+学分+开课学期+备注}。

"教室信息"的数据结构描述如下。

数据结构名：教室信息。

含义说明：是教务人员排课的依据之一，定义了在一个教室排课所需的相关信息。

组成：={教室编号+所在楼+室号+容纳人数+备注}。

"学期课程安排表"的数据流描述如下。

数据流名：学期课程安排表。

说明：下学期授课的安排信息。

数据流来源：授课计划、教室信息表、教师信息表、课程信息表。

数据流去向：听课学生、任课教师、教务处。

组成：={安排编号+学年+学期+课程编号+教师编号+周课时数+上课周数+开始时间+结束时间+考试方式+班级编号+学分+备注}。

平均流量：10000 条/年。

高峰期流量：300 条/天。

"学生基本信息表"数据存储描述如下。

数据存储名：学生基本信息表。

说明：记录学生的基本信息。

写文件的处理：新生入学报到后从新生登记表中获取信息并输入。

流出数据流：为所有学生相关的表如成绩表登记、选课表登记等提供学生基本信息，也为学生基本信息查询、统计模块提供原始数据。

组成：={学号+姓名+性别+出生日期+政治面貌+毕业学校+照片+籍贯+备注}。

数据量：10000 条/年。

存取方式：随机存取。

10.3　概念结构设计

概念结构设计是指将需求分析得到的用户需求抽象为信息结构及概念模型的过程，是对现实世界中实际的人、物、事和概念进行模拟和抽象，抽取人们关心的共同特性，忽略非本质的细节，并把这些特性用各种概念精确地加以描述。概念结构是现实世界与机器世界的中间层次。

概念结构既独立于数据库逻辑结构，也独立于支持数据库的 DBMS。概念结构的主要特点如下。

- 能真实、充分地反映现实世界。概念结构包括事物和相互之间的联系，能满足用户对数据的处理要求，是现实世界的一个真实模型。
- 易于理解。便于和不熟悉计算机的用户交换意见，使用户易于参与。
- 易于更改。当现实世界需求改变时，概念结构又可以很容易地做相应调整。
- 易于向关系、网状、层次等各种数据模型转换。

概念结构设计是整个数据库设计的关键所在，描述概念模型的常用工具是 E-R 模型。

10.3.1　概念结构设计的方法和步骤

1. 概念结构设计的方法

设计概念结构通常有以下 4 种方法。

(1) 自顶向下。首先定义全局概念结构的框架，然后逐步细化。

(2) 自底向上。首先定义各局部应用的概念结构，然后将它们整合起来，得到全局概念结构。

(3) 逐步扩张。首先定义最重要的核心概念结构，然后向外扩充，以滚雪球的方式逐步生成其他概念结构，直至形成总体概念结构。

(4) 混合策略。将自顶向下和自底向上的设计方法相结合，用自顶向下策略设计一个全局概念结构的框架，以它为骨架集成由自底向上策略中设计的各局部概念结构。

但无论采用哪种设计方法，一般都以 E-R 模型为工具来描述概念结构。

2. 概念结构设计的步骤

在概念结构设计中经常采用的是自底向上的设计策略，即自顶向下地进行需求分析，再自底向上地设计概念结构。自底向上方式的主要设计步骤如下：

(1) 进行数据抽象和局部概念结构的设计。

(2) 将局部概念结构综合成全局概念结构。

最后将概念设计的结果返回给用户，征求用户的意见并进行修改，直到用户满意为止。设计过程如图 10.9 所示。

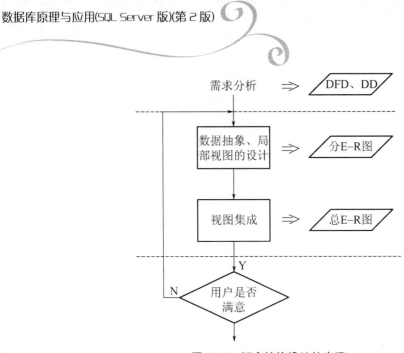

图 10.9　概念结构设计的步骤

10.3.2　数据抽象与局部视图设计

利用需求分析阶段得到系统分析报告、数据流图和数据字典，对应用环境和要求有了较详尽地了解，根据设计系统的具体情况，在多层数据流图中选择一个适当层次的数据流图，让这组图中每一部分对应一个局部应用，即以这一层次的数据流图为出发点，设计局部 E-R 图。一般而言，中层的数据流图能较好地反映系统中各局部应用的子系统组成，因此人们往往以中层数据流图作为设计分 E-R 图的依据。

1. 数据抽象

数据抽象用来确定实体与实体之间的联系。所谓抽象是指对实际的人、物、事和概念进行人为处理，抽取所关心的共同特性，忽略非本质的细节，并把这些特征用各种概念精确地加以描述，这些概念即组成了某种模型。概念结构就是对现实世界的一种抽象，一般有以下 3 种抽象。

1) 分类

分类定义现实世界中一组具有某些共同特征和行为的对象的类型，即实体的抽象。对象和实体之间是"is member of"的关系。例如，在图书管理系统中，可以把张三、李四、王五等对象抽象为读者实体。

2) 聚集

聚集定义某一对象类型的组成成分。组成成分与对象类型之间是"is part of"的关系。例如，学号、姓名、专业、年级、借书证号等可以抽象为读者实体的属性。其中借书证号为标识读者实体的码。

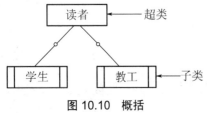

图 10.10　概括

3) 概括

概括定义类型之间的一种子集关系。例如，读者是一个实体型，其包括的学生和教工也是实体型，并且是读者实体的子集，如图 10.10 所示。

图 10.10 中用双竖线边的矩形表示子类,用直线上加小圆表示超类和子类的联系。

2. 逐一设计分 E-R 图

选定合适的中间层局部应用后,通过对各局部应用所涉及的数据进行分类、组织(聚集),形成实体和实体的属性,标识实体的码,确定实体间的联系类型(包括 $1:1$、$1:n$、$m:n$),来完成分 E-R 图的设计。

实际上实体与属性是相对而言的,没有截然划分的界限。通常将现实中的事物能做"属性"处理的就不要做"实体"对待,这样有利于 E-R 图的处理简化。同一事物,在一种应用环境中作为"属性",在另一种应用环境中就可能为"实体",因为人们讨论问题的角度发生了变化。例如,在"图书管理系统"中,"读者类型"是读者实体的一个属性,但考虑读者类型有借阅册数、借阅天数等,这时读者类型就是一个实体。

一般来讲,可以用以下两条准则来区分实体和属性。

(1) 属性是最小的描述性质的单位,即属性必须是不可分的数据项。

(2) 属性不能与其他实体具有联系。联系只发生在实体之间。

在图书管理系统中的实体,参照局部应用中的数据流图和数据字典,可以初步确定为读者、读者类型、图书和图书类别。由于一本图书可以借给多个学生阅读,而一个学生又可以借阅多本图书,因此图书与读者之间是 $m:n$ 的联系;由于一个读者属于一种读者类型,一种读者类型包括多名读者,因此读者类型与读者之间是 $1:n$ 的联系。

这样,得到"注册"局部应用的分 E-R 图和"借还"局部应用的分 E-R 图,分别如图 10.11 和图 10.12 所示。

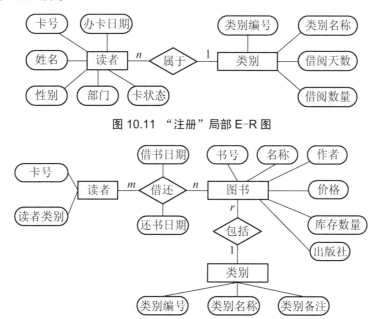

图 10.11　"注册"局部 E-R 图

图 10.12　"借还"局部 E-R 图

10.3.3　全局概念结构的集成

当所有的局部 E-R 图设计完毕后,就可以对局部 E-R 图进行集成。集成即把各局部

E-R 图加以综合连接在一起，使同一实体只出现一次，消除不一致和冗余。局部 E-R 模型的集成一般需要经过两个步骤：

(1) 合并，解决各局部 E-R 图之间的冲突问题，生成初步的 E-R 图。

(2) 修改和重构，消除不必要的冗余，生成基本的 E-R 图。

1. 消除冲突，合并局部 E-R 图

把局部 E-R 图集成为全局 E-R 图的方法有两种，即一次集成法和逐步集成法。

一般采用逐步集成法，即先将具有相同实体的两个 E-R 图，以该相同实体为基准进行集成。如果还有相同实体的 E-R 图，再次集成，这样一直下去，直到所有的具有相同实体的局部 E-R 图都被集成，从而初步得到总的 E-R 图。

无论采用哪一种方法，将局部的 E-R 图集成为全局的 E-R 图时，可能存在以下 3 类冲突。

1) 属性冲突

属性冲突包括属性域冲突和属性取值单位冲突。

(1) 属性域冲突：在不同的局部 E-R 模型中同一属性有不同的数值类型、取值范围或取值集合。例如，学生的年龄，在有的局部 E-R 图中用出生日期表示，有的局部 E-R 图中用整型表示。

(2) 属性取值单位冲突：同一属性在不同的局部 E-R 模型中具有不同的单位。例如，身高在有的局部 E-R 图中单位用米，有的局部 E-R 图中单位用厘米。

2) 命名冲突

命名冲突可能发生在属性、实体和联系之间，主要有以下两种情况。

(1) 异名同义：如果两个对象有相同的语义则应归为同一对象，使用相同的命名以消除不一致。例如，在学生宿舍管理中，学生处称之为宿舍，后勤处称之为房间。

(2) 同名异义(一名多义)：如果两个对象在不同局部 E-R 图中采用了相同的命名，但表示的却是不同的对象，则可以将其中一个更名来消除名称冲突。例如，在"注册"局部应用中"类别"代表读者类别，在"还书"局部应用中"类别"代表图书类别(见图 10.11 和图 10.12)。

属性冲突和命名冲突需要各部门之间通过讨论、协商来解决。

3) 结构冲突

(1) 同一对象在不同的局部应用中具有不同的抽象。例如，"读者类别"在"注册"局部应用中被当作实体，而在"借还"局部应用中则被当作属性。

(2) 同一实体在不同的局部 E-R 模型中所包含的属性不完全相同，或属性的排列次序不完全相同。这时我们可以采用各局部 E-R 模型中属性的并集作为实体的属性，再将实体的属性做适当地调整。

(3) 实体之间的联系在不同的局部 E-R 模型中具有不同的联系类型。例如，在一个局部应用中的某两个实体联系类型为一对多，而在另一个局部应用中它们的联系类型变为多对多。这时我们应该根据实际的语义加以调整。

结构冲突可以根据应用的语义对实体联系的类型进行综合或调整。

我们在将"注册"功能局部 E-R 图与"借还"功能局部 E-R 图进行合并时，这两个分 E-R 图存在着以下冲突。

(1) 存在结构冲突。读者类别在两个视图中具有不同的抽象，在"注册"管理中的读者类别是实体，在"借还"管理中的读者类别是属性，这种结构冲突可以通过将借还书管理中的读者类别属性转换为实体来解决。

在上述两个局部 E-R 图中，读者实体属性组成存在差异，应将所有属性综合。

(2) 存在命名冲突。在"注册"管理和"借还"管理局部 E-R 图中，都有"类别"实体，而且该实体都有类别编号和类别名称等属性，但它们代表的不是同一个实体，这属于同名异义，通过对其进行更名来加以区分，如分别改为"读者类别"和"图书类别"。

解决上述冲突后，"注册"管理局部 E-R 图与"借还"管理局部 E-R 图合并成为所有用户共同理解和接受的初步 E-R 图，如图 10.13 所示。

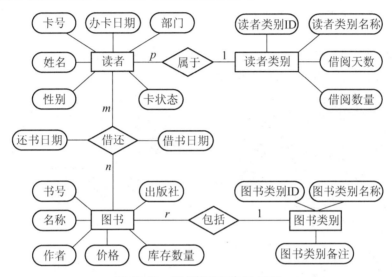

图 10.13　图书管理初步 E-R 图

2．修改与重构，生成基本 E-R 图

在上述设计基础上形成的初步 E-R 图中可能存在冗余的数据和冗余的联系。所谓冗余数据是指可由基本数据导出的数据。所谓冗余联系是可由其他联系导出的联系。冗余的存在容易破坏数据库的完整性，给数据库维护增加困难，应当加以消除。修改与重构初步 E-R 图，主要包括合并具有相同键的实体类型，消除冗余属性、消除冗余联系等。消除冗余后的初步 E-R 图称为基本 E-R 图。

消除冗余主要采用分析法，即以数据流图和数据字典为依据，通过分析数据字典中关于数据项之间逻辑关系的说明来消除冗余。有时也会用到规范化理论来消除冗余。在规范化理论中，函数依赖的概念提供了消除冗余联系的形式化工具。具体方法前面已经介绍，这里不再赘述。

在生成基本 E-R 图的过程中，并不是所有的冗余数据和冗余联系都必须加以消除，有时为了提高效率，不得不以冗余信息作为代价。因此，在设计数据库概念结构时，哪些冗余信息必须消除，哪些冗余信息允许存在，需要根据用户的整体需求来确定。例如，在"借还"联系中，"应还日期"属性是冗余信息，它可以根据借书时间、读者信息和借阅天数导出"应还日期"，但该属性经常使用，为了提高操作效率而将它保留。

视图集成后形成一个整体的数据库概念结构，对该整体概念结构还必须进行进一步验证，确保它能够满足下列条件：

(1) 整体概念结构内部必须具有一致性，即不能存在互相矛盾的表达。

(2) 整体概念结构能准确地反映原来的每个视图结构，包括属性、实体及实体间的联系。

(3) 整体概念结构能满足需要分析阶段所确定的所有要求。

整体概念结构最终还应该提交给用户，征求用户和有关人员的意见，进行评审、修改和优化，然后把它确定下来，作为进一步设计数据库的依据。

10.3.4 应用实例

在 10.2.4 节对学生信息管理系统的数据库进行分析的基础上对该系统的数据库进行概念结构设计。

经过分析、归纳、整理，可以得到的具体实体有学生、教师、课程、班级、教室等。学生、教师、课程、班级、教室实体的属性如图 10.14 所示，各实体间的 E-R 图如图 10.15 所示。

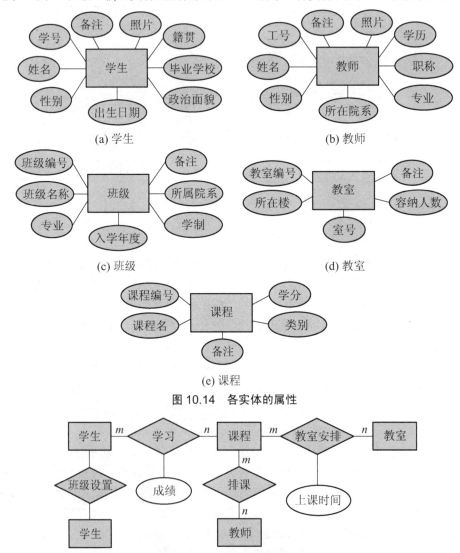

图 10.14　各实体的属性

图 10.15　各实体间的 E-R 图

10.4 逻辑结构设计

概念结构是独立于任何一种数据模型的信息结构，它与 DBMS 无关。对于系统的实现还需要将概念结构进一步转换为逻辑结构，再通过计算机来加以实现。逻辑结构设计的任务就是把概念结构设计阶段产生的系统基本 E-R 图转换为某种具体的 DBMS 所支持的数据模型相符合的逻辑结构。逻辑结构设计一般分 3 步：

(1) 将概念结构转换为一般的关系、网状或层次模型。

(2) 将转换来的关系模型、网状模型、层次模型向 DBMS 支持下的数据模型转换，变成合适的数据库模式。

(3) 对模式进行调整和优化。

从理论上讲，设计逻辑结构应该选择最适用于相关概念结构的数据模型，但是由于目前使用的数据库管理系统基本上都是关系型的，因此，我们主要学习将概念结构转换为 RDBMS 的关系模型的方法。

10.4.1 E-R 图向关系模型的转换

E-R 图由实体、实体的属性、实体之间的联系 3 个要素组成，因此 E-R 图向关系模型的转换就是解决如何将这 3 个要素转换成关系模型中的关系和属性，以及如何确定关系的码。在 E-R 图向关系模式的转换中，一般遵循下列几个原则。

1. 实体的转换

原则 1：一个实体型转换为一个关系模式，实体名成为关系名，实体的属性成为关系的属性，实体的码就是关系的码。

图书管理系统基本 E-R 图中的实体可以转换为如下的关系模型：

(1) 读者(卡号,姓名,性别,部门,办卡日期,卡状态)。

(2) 读者类别(读者类别 ID,读者类别名称,借阅数量,借阅天数)。

(3) 图书(书号,书名,作者,价格,出版社,库存数量)。

(4) 图书类别(图书类别 ID,图书类别名称,类别备注)。

2. 联系的转换

由于实体间的联系存在一对一、一对多、多对多 3 种联系类型，因此实体间的联系转换时，采取不同的原则。

1) 一对一联系的转换

原则 2：一个一对一(1∶1)联系，可以将联系转换成一个独立的关系模式，也可以与联系的任意一端对应的关系模式合并。如果转换成独立的关系模式，则与该联系相连的各实体的码及联系本身的属性均转换成新关系的属性，每个实体的码均是该关系的候选码；如果将联系与其中的某端实体对应的关系模式合并，则需在该关系模式中加上另一关系模式的码及联系自身的属性。

2) 一对多联系的转换

原则 3：一个一对多(1∶n)联系，可以将联系转换成一个独立的关系模式，也可以与

n 端对应的关系模式合并。如果转换为一个独立的关系模式，则与该联系相连的各实体的码及联系自身的属性均转换成新关系模式的属性，n 端实体的码成为新关系的码；如果将其与 n 端实体对应的关系模式合并，则将 1 端关系的码和联系的自身的属性加入到 n 端实体对应的关系模式中，这时 n 端实体对应的关系模式的码仍然保持不变。

例如，图 10.13 所示的读者和读者类型之间存在 $1:n$ 的联系，如果转化为独立的关系模式，其具体的内容如下。

属于(卡号,读者类别 ID)

由于联系自身没有属性，最好将其与 n 端合并，可以转化为如下关系模式：

读者(卡号,姓名,性别,部门,办卡日期,卡状态,读者类别 ID)

3）多对多联系的转换

原则 4：对于多对多($m:n$)联系，将其转换成一个独立的关系模式。与该联系相连的各实体的码及联系自身的属性均转换成新关系的属性，而新关系模式的码为各实体的码的组合。

例如，图 10.13 所示的读者和图书实体之间存在 $m:n$ 的联系，可以转化为下列关系模式：

借还(卡号,图书编号,借书日期,应还日期,实还日期)

4）多元联系的转换

原则 5：对于 3 个或 3 个以上实体的多元联系可以转换成一个独立的关系模式。与该联系相连的各实体的码及联系本身的属性均转换成新关系的属性，而新关系模式的码为各个实体的码的组合。

3．关系模式的合并

原则 6：具有相同码的关系模式可以合并。

为减少系统中的关系个数，如果两个关系模式具有相同的主码，可以考虑将它们合并为一个关系模式，合并时将其中一个关系模式的全部属性加入到另一个关系模式，然后去掉其中的同义属性，并适当调整属性的次序。

例如，在转换中得到的关系模式中得到"属于"和"读者"两个关系模式：

属于(卡号,读者类别 ID)

读者(卡号,姓名,性别,部门,办卡日期,卡状态)

两者的码均是"卡号"，因此可以将这两个关系模式进行合并，合并后的关系模式如下：

读者(卡号,姓名,性别,部门,办卡日期,卡状态,读者类别 ID)

10.4.2 逻辑结构的优化

数据库逻辑结构设计的结果不是唯一的。为了进一步提高数据库应用系统的性能，还应该适当地修改、调整数据模型的结构，这就是数据模型的优化。关系数据模型的优化通常以规范化理论为指导。常用的优化步骤如下。

(1)确定各属性间的数据依赖。从 E-R 图转换而来的关系模式还只是逻辑结构的雏形，根据需求分析阶段得到的语义，用数据依赖的概念分析和表示数据之间的联系，写出每个关系模式的各属性之间的函数依赖及不同关系模式各属性之间的数据依赖关系。

（2）对于各个关系模式之间的数据依赖进行极小化处理，消除冗余联系。

（3）根据数据依赖的理论逐一分析各关系模式，考查是否存在部分函数依赖，传递函数依赖等，确定它们分别属于第几范式。

（4）按照需求分析阶段得到的处理要求，分析这些模式对于这样的应用环境是否合适，确定是否要对某些模式进行合并和分解。

必须注意的是，虽然规范化设计的优点是有效消除数据冗余，保持数据的完整性，但是并非规范化程度越高的关系就越好。例如，当查询经常涉及两个或多个关系模式的属性时，系统进行连接运算，大量的 I/O 操作使得连接的代价相当高，可以说关系模型低效率的主要原因就是由连接运算引起的。这时可以考虑将几个关系进行合并，甚至可以在表中适当增加冗余数据列，此时第 2 范式甚至第 1 范式也是合适的；另一方面，非 BCNF模式从理论上分析存在不同程度的更新异常和冗余，但实际应用中若对此关系模式只是查询，并不执行更新操作，就不会产生实际影响。有时分解带来的消除更新异常的好处与经常查询需频繁进行自然连接所带来的效率降低相比是得不偿失的，对于这些情况就不必进行分解。

对于一个具体的应用来说，到底规范化到什么程度，需要权衡响应时间和潜在问题两者的利弊，作出最佳选择。目前遵循的主要范式有 1NF、2NF、3NF、BCNF、4NF 和 5NF等。在工程应用中 3NF、BCNF 应用得较为广泛。

（5）对关系模式进行必要的分解。我们知道被查询关系的大小对查询的速度有很大的影响，为了提高数据操作的效率和存储空间的利用率，有时需要把关系进行分割。常用的分割方法是水平分解和垂直分解，这两种方法的思想都是提高数据访问的局部性。

1）水平分解

水平分解是把关系的元组分成若干个子集合，定义每个集合为一个子关系，以提高系统的效率。根据"80/20 原则"，在一个大关系中，经常用到的数据只是关系的一部分，约为 20%，可以把这 20%的数据分解出来，形成一个子关系。分解的依据一般以范畴属性的取值范围划分数据行。这样在操作同表数据时，时空范围相对集中，便于管理。

在水平分解中，分解后的表结构及主码与原表保持不变，原表数据的内容相当于分解后表数据内容的并集。例如，在图书管理系统中的读者借阅信息表，可以水平分解为"历史借阅信息表"和"当前借阅信息表"。"历史借阅信息表"中存放已还图书的借阅信息，"当前借阅信息表"中存放外借未还的图书借阅信息表。因为经常需要操作当前借阅图书信息的数据，而对已还图书的信息关心较少，所以将读者的借阅信息分别存放在两张表中，可以提高对在借图书的处理速度。

2）垂直分解

垂直分解是把关系模式的属性分解成若干个子集合，形成若干个子关系模式。垂直分解是将经常在一起使用的属性从原关系模式中分解出来，形成一个新的子关系模式，这样可以提高某些事务的效率；另一方面，垂直分解又可能使得执行某些事务不得不增加连接的次数。因此分解时要综合考虑使得系统总的效率得到提高。在垂直分解时需要确保分解后的关系具有无损连接性和保持函数依赖性。

例如，对图书管理系统中的图书信息数据，可把查询时常用的属性和不常用的属性分置在两个不同的关系模式中，从而提高查询速度。

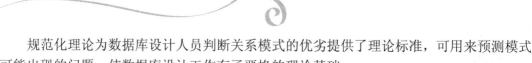

规范化理论为数据库设计人员判断关系模式的优劣提供了理论标准，可用来预测模式可能出现的问题，使数据库设计工作有了严格的理论基础。

10.4.3　外模式的设计

将概念结构转换为逻辑结构后，也就生成了整个应用系统的模式。此时，还应该根据局部应用的需求，结合具体 DBMS 的特点设计用户的外模式。

外模式是用户所看到的数据模式，各类用户有各自的外模式。目前关系数据库管理系统一般都提供了视图概念，可以利用这一功能设计更符合局部用户需要的外模式。

在外模式的设计中，首先要明确数据库的外模式设计与模式设计的出发点不同。在定义数据库模式时，主要是从系统的时间效率、空间效率、易维护性等角度出发；在设计用户外模式时，可以更注重用户的个别差异，如考虑数据的安全性、用户的习惯和操作方便等因素。在定义外模式时可以考虑如下几个方面。

1) 尽可能符合不同用户的使用习惯

在概念结构设计阶段，合并各局部 E-R 图时，曾做过消除命名冲突的工作，以便使数据库系统中同一关系和属性具有唯一的名称。这在设计数据库整体结构时是非常必要的。但这样修改之后使得一些用户必须使用不符合习惯的属性名。为此用 VIEW 机制在设计用户外模式时重新定义某些属性名，即在外模式设计时重新设计这些属性的别名使其与用户习惯一致，便于用户的使用。

2) 保证数据的安全性

针对不同级别的用户定义不同的外模式，可以防止用户非法访问本来不允许他们访问的数据，以保证系统的安全性要求。

例如，有关系模式：学生(学号,姓名,年龄,性别,专业,年级,联系电话,身份证号码,家长姓名,家长联系方式,…)，在这个关系模式上根据不同用户的需要建立不同的外模式。

为一般用户查看学生基本信息建立的外模式如下：

学生 1(学号,姓名,年龄,性别,专业,年级)

为辅导员老师建立的外模式如下：

学生 2(学号,姓名,年龄,性别,专业,年级,联系电话,家长姓名,家长联系方式)

3) 简化用户对系统的使用

如果某些局部应用经常用到某些复杂的查询，为了方便用户可以将这些查询定义为视图 VIEW，用户每次只对定义好的视图进行查询，以使用户的操作简单直观、易于理解，从而大大简化了用户对系统的使用。

10.4.4　应用实例

将 10.3.4 节应用实例中的 E-R 图转换为关系模型，则可得到如下关系：
学生(学号,班级编号,姓名,性别,出生日期,政治面貌,毕业学校,籍贯,照片,备注)。
班级(班级编号,班级名称,专业,入学年度,学制,所属院系,备注)。
教师(教师工号,姓名,性别,所在院系,专业,职称,照片,备注)。
教室(教室编号,室号,所在楼,容纳人数,备注)。

课程(<u>课程编号</u>,课程名称,学分,类别,备注)。

由于图 10.15 中存在 $m:n$ 的关系，因此需要增加一些关系，具体如下：

学习(<u>学号</u>,<u>课程号</u>,成绩)。

教室安排(<u>课程编号</u>,<u>教室编号</u>,<u>学年</u>,<u>学期</u>,<u>星期</u>,<u>起止节</u>,<u>起止周</u>)。

排课(<u>课程编号</u>,<u>教师工号</u>,<u>学年</u>,<u>学期</u>)。

10.5　物理结构设计

数据库最终是要存储在物理设备上的。数据库在物理设备上的存储结构和存取方式称为数据库的物理结构。为一个给定的逻辑数据模型选取一个最适合应用环境的物理结构的过程，就是数据库的物理结构设计。物理结构设计根据具体的 DBMS 的特点和应用处理的需要，将逻辑结构设计的关系模式进行物理存储安排，建立索引，形成数据库的内模式。

数据库的物理结构设计通常分为两步：

(1) 确定数据库的物理结构。

(2) 对物理结构进行评价，评价的重点是时间和空间效率。

10.5.1　确定数据库的物理结构

不同的数据库产品所提供的硬件环境、存储结构和存取方法不同，能供设计人员使用的设计变量、参数范围也不相同，因此物理结构设计没有通用的方法可遵循，这里只能给出一般的技术方法供参考。

1. 数据库物理结构设计的要求

为了设计出优化的物理数据库结构，使得在数据库上运行的各种事务响应时间小、存储空间利用率高、事务吞吐率大，设计人员必须深入了解以下几方面的内容：

(1) 详细了解给定的 DBMS 的功能和特点，特别是系统提供的存取方法和存储结构。

(2) 熟悉系统的应用环境，了解所设计的应用系统中各部分的重要程度、处理频率及对响应时间的要求。

(3) 了解外存设备的特性，包括外存的分块原则、块的大小、设备的 I/O 特性等。因为物理结构的设计要通过外存设备来实现。

(4) 能够针对不同的事务获取相关的设计信息。

对于数据库的查询事务，需要得到如下信息：①查询的关系；②查询条件所涉及的属性；③连接条件所涉及的属性；④查询的投影属性。

对于数据更新事务，需要得到如下信息：①被更新的关系；②每个关系上的更新操作条件所涉及的属性；③修改操作要改变的属性值。

此外，还需要了解每个事务在各关系上运行的频率和性能要求。上述信息对存取方法的选择具有重大的影响。

应注意的是，数据库上运行的事务是不断变化的，因此需要根据上述设计信息的变化及时调整数据库的物理结构，以获得最佳的数据库性能。

通常对于关系数据库物理结构设计的内容主要包括如下几个方面：

(1) 为关系模式选择存取方法。

(2) 设计关系、索引等数据库文件的物理存储结构。

2. 确定数据的存取方法

存取方法是快速存取数据库中数据的技术,许多关系模型数据库管理系统都提供了多种存取方法。常用的方法有 3 类:①索引存取方法;②聚簇(Cluster)存取方法;③HASH 存取方法。其中索引存取方法中的 B+树索引方法是数据库中经典的存取方法。具体采用哪种存取方法由系统根据数据的存储方式决定,一般用户不能干预。

1) 索引存取方法的选择

对于一般用户来讲,存取方法的设计主要是指如何建立索引,根据应用要求确定哪些属列建立索引、哪些属性建立组合索引,哪些索引设计为唯一索引。如果建立了索引,系统就可以利用索引查询数据。通过建立索引的方法来加快数据的查询效率。

建立普通索引的一般原则如下:

(1) 如果一个(或一组)属性经常在查询条件中出现,则考虑在这个属性(组)上建立索引(组合索引)。

(2) 如果一个属性经常作为最大值或最小值等聚集函数的参数,则考虑在这个属性上建立索引。

(3) 如果一个(或一组)属性经常在连接操作的连接条件中出现,则考虑在这个(这组)属性上建立索引。

(4) 对于以读为主或只读的关系表,只要需要且存储空间允许,就可以多建索引。

凡是满足下列条件之一的属性或表,可以考虑不建索引:

①不出现或很少出现在查询条件中的属性;②属性值可能取值的个数很少的属性,如属性"性别"只有两个值,若在其上建立索引,则平均起来每个索引值对应一半的元组;③经常更新的属性和表;④太小的表,太小的表不值得采用索引。

在关系上定义适当的索引可以加快数据的存取,但并不是索引越多越好。因为在修改数据时,系统要同时对索引进行维护,使索引与数据保持一致。维护索引要占用相当多的时间,而且存放索引信息也会占用空间资源。因此在决定是否建立索引时,要权衡数据库的操作,如果查询多,并且对查询的性能要求比较高时,则可以考虑多建一些索引。如果数据更改多,并且对更新的效率要求比较高,则应该考虑少建一些索引。总之,在设计和创建索引时,应确保对性能的提高程度大于存储空间和处理资源方面的代价,不能顾此失彼。

2) 聚簇存取方法的选取

聚簇就是把某个属性或属性组(称为聚簇码)上具有相同值的元组集中在一个或连续的几个物理块上,以提高按这些属性的查询速度。聚簇索引的索引顺序与物理顺序相同,而在非聚簇索引中索引顺序和物理顺序没有必然的联系。

聚簇索引可以大大提高按聚簇码进行查询的效率。例如,要查询计算机系的读者,若在读者表上建有部门的普通索引,设符合条件的读者有 300 人。在极端的情况下,这 300 条记录分散在 300 个不同的物理块中。由于每访问一个物理块需要执行一次 I/O 操作,该查询即使不考虑访问索引的 I/O 次数,也要执行 300 次 I/O 操作。若将同一部门的读者记录集中存放,则每读一个物理块可得到多个满足查询条件的记录,从而显著地减少了访问磁盘的次数。由于 I/O 操作会占用大量的时间，因此聚簇索引可以大大提高按聚簇查询的效率。聚簇以后，聚簇码相同的记录集中在一起了，因而聚簇码值不必在每个记录中重复存储，只要在一组中存一次就行了，因此可以节省一些存储空间。

聚簇功能不但适用于单个关系，也适用于的多个关系，即把多个连接关系的元组按连接属性值聚簇存放。这相当于把多个关系按"预连接"的形式存放，从而大大提高连接操作的效率。例如，用户经常要按部门查询读者借阅情况，这一查询涉及"读者"关系和"借阅"关系的连接操作，即需要按借书证的卡号连接这两个关系，可以把具有相同卡号的读者记录和借阅记录在物理上聚簇在一起。

一个数据库可以建立多个聚簇，但一个关系中只能建立一个聚簇。因为聚簇索引规定了数据在表中的物理存储顺序。SQL Server 2005 在默认情况下，会为每个表的主码创建聚簇索引。在具体的应用情况下，如果将聚簇索引建立在其他的字段上更能提高系统的性能，可进行调整。

在满足下列条件时，一般可以先确定为候选聚簇：

(1) 对经常在一起进行连接操作的关系可以建立聚簇。

(2) 如果一个关系的一个(或一组)属性上的值重复率很高，则此关系可建立聚簇索引。对应每个聚簇键值的平均元组不要太少，太少则聚簇效果不明显。

(3) 如果一个关系的一组属性经常出现在相等比较条件中，则该单个关系可建立聚簇索引。这样符合条件的记录正好出现在一个物理块或相邻的物理块中。

确定候选聚簇后应检查候选聚簇所在关系，取消其中不必要的关系：①从聚簇中删除经常进行全表扫描的关系；②从聚簇中删除更新操作远多于连接操作的关系；③不同的聚簇中可能包含相同的关系，一个关系可以在某一个聚簇中，但不能同时在多个聚簇中。要从这多个聚簇方案(包括不建立聚簇)中选择一个较优的，即保证在这个聚簇上运行各种事务的总代价最小。

值得注意的是，聚簇只能提高某些特定应用的性能，而且建立与维护聚簇的开销是相当大的。对已有关系建立聚簇，将导致关系中元组移动其物理存储位置，并使此关系上原有的索引无效，必须重建。当一个元组的聚簇码改变时，该元组的存储位置也要做相应移动。因此，只有用户在一个关系上经常通过一个(或一组)属性进行访问或连接操作，与这个(或这组)属性无关的其他操作很少或是次要的，这时可以为该关系的这个属性建立聚簇。尤其当 SQL 语句中包含有与聚簇码有关的 ORDER BY、GROUP BY、UNION、DISTINCT 等子句或短语时，使用聚簇特别有利，可以省去对结果集的排序操作，否则很可能会适得其反。

3) HASH 存取方法的选择

有些数据库管理系统提供了 HASH 存取方法。选择 HASH 存取方法的规则如下。如果一个关系的属性主要出现在等值连接条件中或主要出现在相等比较选择条件中，而且满足下列两个条件之一，则此关系可以选择 HASH 存取方法：

(1) 如果一个关系的大小可预知，而且不变。

(2) 如果关系的大小动态改变，而且数据库管理系统提供了动态 HASH 存取方法。

3. 确定数据的存储结构

确定数据库物理结构主要指确定数据的存放位置和存储结构，包括确定关系、索引、聚簇、日志和备份等的存储安排和存储结构，确定系统配置等。

确定数据的存放位置和存储结构要综合考虑存取时间、存储空间利用率和维护代价 3 个方面的因素。这 3 个方面常常是相互矛盾的，因此需要进行权衡，选择一个折中方案。

1) 确定数据的存放位置

一般来说，在设计中应遵守以下原则：

(1) 减少访问磁盘时的冲突，提高 I/O 的并行性。多个事务并发访问同一磁盘组时，会因访盘冲突而等待。如果事务访问的数据分散在不同的磁盘组上，则可并行地执行 I/O，从而提高性能。例如，将表和索引放在不同的磁盘上，在查询时，由于两个磁盘驱动器分别在工作，因而可以保证物理读写速度比较快；也可以将比较大的表分别放在两个磁盘上，以加快存取速度，这在多用户环境下非常有效。

(2) 分散热点数据，均衡 I/O 负荷。我们把经常访问的数据称为热点数据。热点数据最好分散在多个磁盘组上，以均衡各个磁盘组的负荷，充分利用磁盘组并行操作的优势。

(3) 保证关键数据的快速访问，缓解系统的瓶颈。对常用的数据应保存在高性能的外存上，不常用的数据可以保存在较低性能的外存上。例如，数据库的数据备份和日志文件备份等只有在故障恢复时才使用，且它们的数据量很大，因而可以将其存放在磁带上。

由于各个系统所能提供的对数据进行物理安排的手段、方法差异很大，因此设计人员必须仔细了解给定的 DBMS 在这方面能提供哪些方法，再针对应用环境的要求进行合理的物理安排。

2) 确定系统的配置参数

DBMS 一般都提供了一些系统配置参数、存储分配参数供设计人员和 DBA 对数据库进行物理优化。初始情况下，系统都为这些参数赋予了合理的默认值。为了系统的性能适合具体的应用环境，在进行物理设计时需要对这些参数重新赋值，以改善系统的性能。

DBMS 提供的配置变量很多，一般包括同时使用数据库的用户数、同时打开的数据库对象数、内存分配参数、缓冲区分配参数(使用的缓冲区长度、个数)、存储分配参数、物理块的大小、物理块装填因子、时间片大小、数据库的大小、锁的数目等。这些参数值影响存取时间和存储空间的分配，在物理结构设计时就要根据应用环境确定这些参数值，以使系统性能最佳。

在物理结构设计时对系统配置变量的调整只是初步的，在系统运行时还要根据系统实际运行情况做进一步地调整，从而改进系统性能。

10.5.2　评价物理结构

在确定了数据库的物理结构之后，还需进行评价，其评价重点是时间和空间的效率。评价物理数据库的方法完全依赖于所选用的 DBMS，主要是从定量估算各种方案的存储空间、存取时间、维护代价入手，对估算结果进行权衡、比较，其结果可以产生多种方案。

在实施数据库前，对这些方案进行细致地评价，以选择一个较优的方案作为数据库的物理结构。如果该结构不符合用户需求，则需要修改设计；如果评价结果满足设计要求，则可进行数据库实施。实际上，往往需要经过反复测试才能优化物理结构设计。

10.5.3　应用实例

根据 10.4.5 节应用实例，考虑排课表在高峰期使用频率较高，为了加快运行速度，可根据学年、学期进行组合索引；班级信息也是频繁被访问的数据表，所以可以根据实际用途的分类，分别按所属院系、学制、入学时间等建立索引。

10.6　数据库的实施

完成了数据库的物理结构设计之后，设计人员使用具体的关系数据库管理系统提供的数据定义语言 DDL 和其他的实用程序将数据库逻辑结构设计和物理结构设计严格地描述出来，在计算机上建立起实际数据库结构，然后装入数据、进行测试和试运行，这就是数据库实施阶段的主要任务。

1. 定义数据库结构

确定数据库的逻辑结构及物理结构后，就可以用选定的 RDBMS 提供的数据定义语言 DDL 来严格描述数据库的结构，或采用其他使用程序建立数据库结构。

2. 加载数据

数据库结构建立后，就可以向数据库中加载数据。一般数据库系统中的数据量都很大，且数据来自各个部门或部门中的不同单位，数据的组织方式、结构和格式等通常与系统的要求有一定的差距，而且系统对数据的完整性也有一定的要求。因此，加载数据是一项费时、费力的工作。

对于中大型系统，由于数据量极大，用人工方式组织数据入库将会耗费大量人力、物力，而且很难保证数据的正确性，因此应该设计一个数据输入子系统由计算机辅助数据的入库工作。通常加载数据包括以下步骤。

1）筛选数据

需要装入数据库的数据通常分散在各个部门的数据文件或原始凭证中，首先要从中选出需要入库的数据。

2）转换格式与输入数据

在输入数据时，如果数据的格式与系统要求的格式不一样，就要进行数据格式的转换。如果数据量小，可以先转换后再输入；如果数据量较大，可以针对具体的应用环境设计数据输入子系统来完成数据格式的自动转换工作。

3）检验数据

检验输入的数据是否有误。一般在数据输入子系统的设计中都设计有一定的数据校验功能。在数据库结构的描述中，对数据库的完整性描述也能起到一定的校验作用，如图书的"价格"要大于零。当然有些校验手段在数据输入完后才能实施，如在财务管理系统中的借贷平衡等；有些错误只能通过人工来进行检验，如在输入图书时把图书的"书名"输错。

3. 应用程序的编码与调试

数据库的实施阶段相应于软件工程的编码、调试阶段，也就是说，编制与调试应用程序是与数据库加载同步进行。调试应用程序时由于数据库入库尚未完成，可先使用模拟数据。

数据库应用程序的设计属于一般的程序设计范畴，但数据库应用程序有自己的一些特点。例如，大量使用屏幕显示控制语句、形式多样的输出报表、重视数据的有效性和完整性检查、有灵活的交互功能。为了加快应用系统的开发速度，一般选择第四代语言开发环

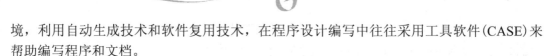
境，利用自动生成技术和软件复用技术，在程序设计编写中往往采用工具软件(CASE)来帮助编写程序和文档。

4. 数据库试运行

应用程序调试完成，并且有一部分数据入库后，就可以开始数据库的试运行。这一阶段要实际运行应用程序，执行其中的各种操作，测试功能是否满足设计要求。如不满足就要对应用程序部分进行修改、调整及达到设计要求为止。数据库试运行主要包括下列内容：①功能测试，实际运行应用程序，执行其中的各种操作，测试各项功能是否达到要求；②性能测试，即分析系统的性能指标，从总体上看系统是否达到设计要求。

特别需要强调的是，在组织数据入库时要注意以下两个方面：

(1) 采取分批输入数据的方法。如果测试结果达不到系统设计的要求，则可能需要返回物理结构设计阶段，调整各项参数；有时甚至要返回逻辑结构设计阶段来调整逻辑结构。如果试运行后要修改数据库设计，这可能导致要重新组织数据入库，因此在组织数据入库时，要采取分批输入数据的方法，即先输入少批量数据供调试使用，待调试合格后再大批量输入数据来逐步完成试运行评价。

(2) 在试运行过程中先调试好系统的转储和恢复功能。在数据库试运行过程中首先对数据库中的数据做好备份工作。这是因为，在试运行阶段，一方面系统还不很稳定，软件、硬件故障时有发生，会对数据造成破坏；另一方面，操作人员对系统还处于生疏阶段，误操作不可避免，因此要做好数据库的备份和恢复工作，把损失降到最低点。

10.7　数据库的运行和维护

数据库试运行符合要求后，数据库就可以正式运行。由于应用环境在不断变化，数据库运行过程中物理存储也会不断变化，因此对数据库设计进行评价、调整、修改等维护工作是一个长期的任务，也是设计工作的继续和提高。

在数据运行阶段，数据库的维护工作主要由数据库管理员 DBA 完成，包括以下内容。

1. 数据库的转储与恢复

数据库的转储与恢复是系统正式投入运行后重要的维护工作之一。DBA 要根据不同的应用需求指定不同的转储计划，按计划定期对数据库建立副本，以保证一旦发生故障能尽快将数据库恢复到某种一致性状态，并尽可能地减少对数据库的破坏。

2. 数据库的安全性和完整性控制

在数据库的运行过程中，由于应用环境的变化，对安全性和完整性的要求也会发生变化。例如，用户岗位的变化使得用户的密级、权限随之发生变化；同样数据的完整性要求也会发生变化；有的数据原来是机密的现在变成公开信息等，这些都需要 DBA 及时进行修改以满足用户的需求。

3. 数据库性能的监督、分析和改造

在数据库运行期间，监督系统的运行，对监测数据进行分析，找出改进系统性能的方法是 DBA 的重要任务。目前有些 DBMS 产品提供了监测系统性能参数的工具，DBA 可以利用这些工具得到系统的性能参数值，分析这些数值为重组织或重构造数据库提供了依据。

4. 数据库的重组和重构造

在数据库运行一段时间后，由于不断地增、删、改等操作使得数据库的物理存储情况变坏，数据存储效率降低，这时需要对数据库进行全部或部分重组。数据库的重组，并不修改原设计的逻辑结构和物理结构。

当数据库的应用环境发生变化，如增加了新的应用(或新的实体)或取消了某些应用(或实体)，这些都会导致实体及实体间的联系发生变化，使原有的数据库不能很好地满足系统的需要，这时就需要进行数据库的重构。数据库的重构部分修改了数据库的逻辑和物理结构，即修改了数据库的模式和内模式。

10.8　综合案例

为学校教务信息管理系统设计一个数据库，该系统主要实现教学安排、考试安排及学生成绩管理等功能。

10.8.1　教务系统需求分析

为了设计一个符合上述要求的数据库，首先要了解系统的使用对象及其相关操作，为此进行系统调研。经实地走访，了解到系统所涉及的对象有教务处、二级学院、学生及后勤处，他们的相关操作如下。

教务处负责输入、维护学生基本信息，设置学院信息和专业信息和所有员工的账户信息，上传试卷信息。其中，学生基本信息包括学生的学号、专业、班级，学院信息包括学院编号、名称、联系人等，专业信息包括专业编号、专业归口(即所属学院)课程、学位类别，试卷信息包括试卷编号、学年、学期、课程名称、考试时长、考试人数。

二级学院负责输入各专业的教学计划、课程信息，安排任课教师，输入考试成绩，查询和打印监考表、授课任务书、课程表等信息。其中，各专业的教学计划包括各专业每学期的课程设置、授课周数、周课时数，课程信息包括课程编号、课程名、所属专业、课程介绍、课程类别、学分，教师授课安排包括课程编号、课程名、任课教师姓名、所属系部，考试成绩包括课程名、学号、得分、考试类别、考试学年、考试学期，监考表包括考试科目、考试日期、考试起止时间、考试地点、考试时长、监考教师等信息，授课任务书包括任课教师、所授课程、授课对象、每周上课起止时间、授课地点、课时数，课程表所含信息为任课教师、所授课程、每周上课起止时间、授课地点。

学生向系统输入和维护选课信息、个人账户信息，查询课程表、考试日程安排、成绩单和补考单。选课信息包括所选课程、授课学年和学期、学号、专业、班级，个人账户信息包括学号、密码，课程表包括课程名、授课地点、上课时间、任课教师，试场安排表包括考试科目、考试日期、考试起止时间、考试地点、考试时长，成绩单包括学号、课程、得分。

后勤处向系统输入和维护教室信息，包括教室编号、所在位置、容纳人数。

1. 数据流图

根据上述需求分析，绘制图 10.16 所示的顶层数据流图。从图 10.16 中可以看到，教务信息管理系统有 11 条输入数据流，即学生信息、学院信息、专业信息、试卷信息、教室信息、账户信息、选课信息、考试成绩、课程信息、任课信息、教学计划；6 条输出数据流，即监考表、授课任务书、课程表、成绩单、补考单、试场安排。

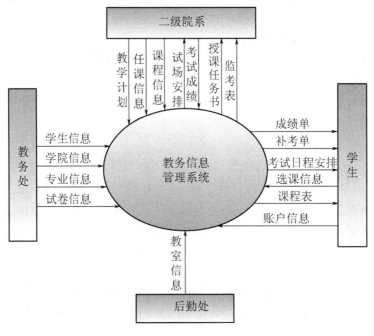

图 10.16　教务管理系统顶层数据流图

图 10.17 所示为教务管理系统 0 层数据流图，从该图可以看到教务管理系统内部的主要模块，从虚线框出来的为教务信息管理系统，其输入流、输入流的个数与图 10.16 一致。

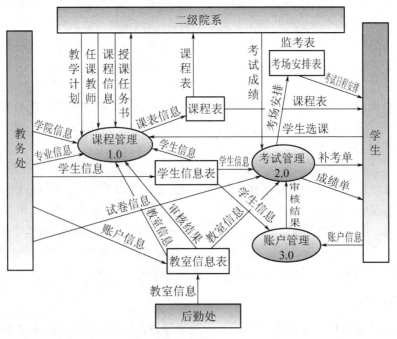

图 10.17　教务管理系统 0 层数据流图

图 10.18 所示为 1 层数据流图——课程管理 1.0,其中包括排课、开课、选课 3 个操作。输入为任课教师、专业信息、学院信息、教室信息、学生信息、学生选课、课程信息、教学计划 8 个数据流,为了简便起见,这里省略了账户审核结果,实际上所有的输入操作和输出查询均需通过账户审核(即审核结果标志为 1 时)方可执行;输出为课程表和授课任务书,与图 10.17 中的 1.0 模块相吻合。

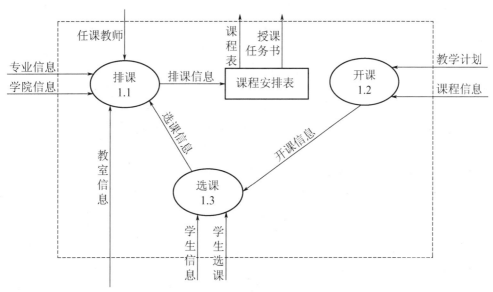

图 10.18　1 层数据流图——课程管理 1.0

图 10.19 所示为教务管理系统 1 层数据流图——考试管理 2.0,为了简便起见,这里同样省略了账户审核结果,实际上所有的输入操作和输出查询均需通过账户审核(即审核结果标志为 1 时)方可执行展开后可以看到它包含两个模块:成绩管理和考场管理。虚线框出的为模块 2.0,其输入、输出与图 10.17 的 2.0 模块吻合。

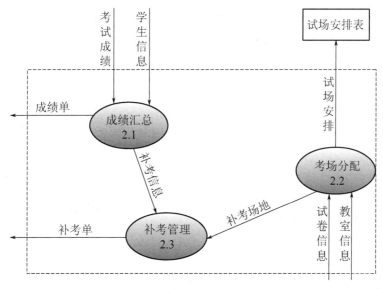

图 10.19　1 层数据流图——考试管理 2.0

在图 10.17 的账户管理 3.0 操作中输入的学生信息包含学生登录时的初始密码，学生初次登录时可设置密码，每次登录审核密码，该模块操作比较简单，不需要做进一步展开。

2. 数据字典

根据上述数据流图，把相近信息或表合并后得到如下的数据需求。

账户信息：账户编号、密码。

学院信息：学院编号、名称、联系电话、联系人。

专业信息：专业编号、专业名、学位类别、学制。

学生信息：学号、姓名、专业、年级、班级。

教学计划：计划编号、专业编号、课程编号、开课学期、授课周数、总课时数。

任课教师：课程编号、课程名、任课教师工号、任课教师姓名、所属学院、所属系。

课程信息：课程编号、课程名、所属专业、内容简介、课程类别、学分。

选课信息：课程名、授课学年、授课学期、学号、专业、班级。

教室信息：教室编号、室号、所在楼、容纳人数。

试卷信息：试卷编号、课程名称、考试时长、考试人数、监考教师、考试学年、考试学期。

考试成绩：课程名、学号、得分、考试类别、考试学年、考试学期。

补考信息：学号、补考科目、补考日期、补考时间、补考地点。

试场安排：考试科目、考试日期、考试起止时间、考试地点、考试时长、监考教师。

课程安排表：任课教师、所授课程、授课对象、星期数、起始节、终止节、授课地点、授课起始周、终止周。

课程表所含信息为任课教师、所授课程、每周上课起止时间、授课地点。

账户信息：学号、密码。

课程表包括课程名、授课地点、上课时间、任课教师。试场安排表包括考试科目、考试起止时间、考试地点、考试时长。

根据上述信息需求整理出相关数据项、数据结构、数据流、数据存储和处理过程，考虑篇幅，在这里我们仅以部分数据流作为分析对象。

1）数据项

（1）账号。

数据项：账号。
别名：用户 ID。
含义说明：唯一标识一个用户。
类型：字符型。
长度：9 位。
取值范围：000000001～999999999。
取值含义：学生学号或教师工号。

（2）学号。

数据项：学号。
别名：学生编号。
含义说明：唯一标识一个学生。

类型：字符型。

长度：10 位。

取值范围：0000000001～9999999999。

取值含义：第 1、2 位为入学年，第 3 位为入学季，第 4、5 位为所属学院，第 6、7 位为学院内的专业序号，第 8 位为班级序号，第 9、10 位为学生在班级内的序号。

(3) 专业编号。

数据项：专业编号。
别名：专业号。
含义说明：唯一标识一个专业。
类型：字符型。
长度：7 位。
取值范围：0000001～9999999。
取值含义：前 2 位为该专业所属学院序号；第 3、4 表示该专业所属系序号；第 5 位表示该专业所授予学位的类别，如 1 表示学士学位，2 表示硕士学位；第 6、7 位为该专业在学院内排列的序列号。

(4) 课程类别。

数据项：课程类别。
别名：无。
含义说明：标识课程的类别。
类型：字符型。
长度：3 个汉字。
取值范围：基础课、专业课、选修课、其他。
取值含义：根据培养方案中规定的类别进行设置。

(5) 考试性质。

数据项：考试性质。
别名：考试类别。
含义说明：标识考试的性质是补考、重修或常规考试。
类型：字符型。
长度：1 位。
取值范围：0～2。
取值含义：0 表示常规考试，1 表示补考，2 表示重修。

2）数据结构

(1) 专业信息。

数据结构名：专业信息。
含义说明：它是教学计划、教务排课、学生选课分类的依据之一，定义了专业的相关信息。
组成：={专业编号+专业归口+学位类别}。

(2) 考试成绩。

数据结构名：考试成绩。
含义说明：它是在考试结束后二级学院教师阅卷后上传的学生每门课的考试成绩。
组成：={课程编号+考试学年+考试学期+考试成绩+考试性质}。

3）数据流

（1）开课信息。

数据流名：开课信息。
说明：根据教学计划要求展示下学期拟开设的课程信息。
数据流来源：教学计划、课程信息。
数据流去向：选课操作。
组成：＝{编号+学年+学期+课程编号+周课时数+上课周数+开课对象+学分+课程介绍}。
高峰期流量：1000 条/天。

（2）选课信息。

数据流名：选课信息。
说明：学生根据开课信息进行选课之后的信息反馈。
数据流来源：选课操作。
数据流去向：排课操作。
组成：＝{编号+学年+学期+课程编号+周课时数+上课周数+学号}。
高峰期流量：10000 条/天。

4）数据存储

（1）试场安排表。

数据存储名：试场安排表。
说明：记录考试安排的详细信息。
写文件处理：考场分配。
流出数据流：考试日程安排、监考表。
组成：＝{考试科目+考试日期+考试起止时间+考试地点+考试时长+监考教师}。

（2）课程安排表。

数据存储名：课程安排表。
说明：记录授课地点、时间、任课教师和听课学生等与上课相关的信息。
写文件处理：排课。
流出数据流：课程表、授课任务书。
组成：＝{任课教师+所授课程+授课对象+星期数+起始节+终止节+授课地点+授课起始周+终止周}。

5）处理过程

（1）成绩汇总。

处理过程名：成绩汇总。
说明：二级学院教师根据输入的学生信息填写阅卷结果，由成绩汇总操作给出总评成绩单和补考信息。
输入：学生信息、考试成绩。
输出：成绩单、补考信息。
处理逻辑：教师根据学生信息填写考试成绩后生成总评成绩，再根据学号归类，向每个学生提供各门课程的成绩单；判断学生总评成绩是否小于 60，若是则将该生信息和课程信息等作为补考信息输出取补考管理操作。

（2）考试分配。

处理过程名：考场分配。
说明：为所有考试安排场地。

　　输入：教室信息、试卷信息。

　　输出：试场安排、补考场地。

　　处理逻辑：根据输入的席卷信息中的试卷编号、考生人数和教室信息中的容纳人数进行匹配，要求每个教室只能安排使用同一张试卷的考生，从而生成考试安排信息；判断试卷信息中的试卷类别，如果属于"补考"，则将补考场地信息输出到补考管理操作。

10.8.2　教务系统概念结构设计

　　根据上述需求分析，进行数据抽象，可以整理出如下实体及其属性。

　　实体"学院"包含属性：学院编号、学院名、联系电话、联系人，其中学院编号为主属性。

　　实体"专业"包含属性：专业编号、专业名、学位类别、学制，其中专业编号为主属性。

　　实体"教师"包含属性：工号、姓名，其中工号为主属性。

　　实体"教学计划"包含属性：计划编号、编制日期，其中计划编号为主属性。

　　实体"课程"包含属性：课程代码、课程名、内容简介、学分，其中课程代码为主属性。

　　实体"教室"包含属性：教室编号、所在楼、室号、容纳人数，其中教室编号为主属性。

　　实体"学生"包含属性：学号、姓名、年级、班级，其中学号为主属性。

　　实体"账户"包含属性：账号、密码，其中账号为主属性。

　　实体"试卷"包含属性：试卷编号、考试时长、考试学年、考试学期，其中试卷编号为主属性。

　　考虑实体"账户"中的账号是由学生的学号和教师的工号派生出来的，且实体"账户"与实体"学生"或"教师"是一对一联系，所以实体"账户"中的属性账号可以剔除，把实体"账户"中的密码直接加到实体"学生"和"教师"中，这样实体"账户"就可以删掉了。根据整理出来的实体分别绘制课程管理 E-R 图和考试管理 E-R 图，如图 10.20 和图 10.21 所示。

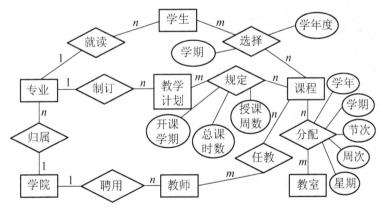

图 10.20　课程管理 E-R 图

　　图 10.20 所示的课程管理 E-R 图中包含学生、专业、学院、教师、教学计划、课程和教室 7 个实体，其中实体"学生"和"课程"之间的联系"选择"包含学"年度""学期"属性，"教学计划"和"课程"之间的联系"规定"包含属性"开课学期""授课周数""总课时数"，"课程"和"教室"之间的联系"分配"包含属性"节次""周次"和"星期"等。

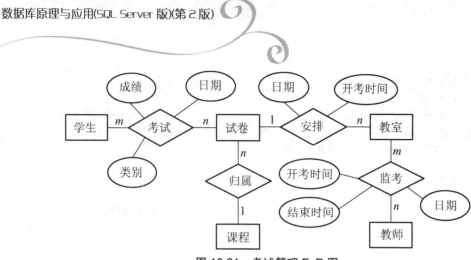

图 10.21 考试管理 E-R 图

图 10.21 所示的考试管理 E-R 图中包含学生、试卷、课程、教室和教师 5 个实体，实体"学生"和实体"试卷"之间的联系"考试"包含属性"成绩""日期"和"类别"，联系"安排"和"监考"均包含相同属性"日期"和"开考时间"。

10.8.3 教务系统逻辑结构设计

1. E-R 图向关系模型转换

首先将图 10.20 和图 10.21 中的 8 个实体和 6 个一对多的联系转换为逻辑关系，图 10.20 所示 E-R 图中属于一对多的联系有"专业-教学计划""学院-专业""专业-学生""学院-教师"；在图 10.21 所示 E-R 的图中属于一对多的联系有"试卷-教室""课程-试卷"，按转换原则，将 1 端的主码加入到多端的实体中，转换后的实体如下：

学生(学号,姓名,专业编号,年级,班级,账户密码)。

专业(专业编号,专业名,学位类别,学制,所属学院)。

学院(学院代码,学院名,联系电话,联系人)。

教学计划(计划编号,专业编号,制订日期)。

课程(课程编号,课程名,课程类别,学分,内容简介)。

教师(工号,姓名,所属学院,账户密码)。

教室(教室编号,所在楼,室号,容纳人数)。

试卷(试卷编号,课程编号,教室编号,考试时长,考试学年,考试学期)。

试场安排(教室编号,试卷编号,考试日期,开考时间)。

上述的关系中有下画直线的为主码，有下画波浪线的为外码。完成了实体和一对多的逻辑关系之后，将图 10.20 和图 10.21 中的多对多的联系转换为逻辑关系：

学生选课(学号,课程编号,学年度,学期)。

计划课程(计划编号,课程编号,开课学期,授课周数,总课时数)。

教室分配(课程编号,教室编号,学年,学期,周次,节次,星期)。

教师任教(教师工号,课程代码)。

学生考试(试卷编号,学号,成绩,类别,考试日期)。

考场安排(教室编号,试卷编号,考试日期,开考时间)。

监考安排(教室编号,监考教师,监考日期,开考时间,结束时间)。

上述关系中下画双线的既是主码又是外码。从"监考安排"的逻辑结构中我们可以看到属性"监考日期"和"开考时间"应与"考场安排"中的"考试日期"和"开考时间"是一致的，而关系"监考安排"中的"结束时间"可以根据"开考时间"和关系"试卷"的属性中"考试时长"推算出来，所以可以把关系"监考安排"中的教师工号加入到"考场安排"，这样，"监考安排"这个关系就可以和关系"考场安排"合并如下：

试场安排(<u>教室编号</u>,<u>试卷编号</u>,<u>监考教师</u>,考试日期,开考时间)。

2．外模式的设计

根据前面的需求分析和已有的逻辑关系，系统需要提供课程表、授课任务书、试场安排表、补考单、成绩单等外模式。

课程表(课程名,授课地点,授课对象,起始周,终止周,节次,星期)。

授课任务书(开课学年度,开课学期,教师工号,课程名,授课对象,课时数)。

试场安排表(教室号,所在楼,考试课程,参考对象,考试日期,开考时间)。

补考单(学号,补考课程,补考时间,补考地点)。

成绩单(学年,学期,学号,课程,成绩)。

选课表(开课学期,开课学年,课程名称,适用专业,课程介绍)。

10.8.4　教务系统物理结构设计

整个系统高峰期使用最为频繁的为选课表，系统根据开课学期、开课学年为不同专业和年级的学生提供不同的课程供其选择，考虑关系"计划课程"在日常使用中修改和维护的频度并不高，但在每年选课时需要被反复调用，因此对关系"计划课程"中的属性计划编号、课程编号、开课学期进行联合索引。

10.8.5　教务系统数据库的实施

根据概念结构的分析，建立相应的数据库 teachDB，这里使用的 SQL Server 2012 关系模型数据库管理系统建立数据表。限于篇幅，下面列出部分数据表结构。

首先建立使用频度最高的学生信息表 Student，其表结构见表 10-1。

表 10-1　Student 表结构

字段名	描述	数据类型	长度	主码/外码	约　束	允许空	默认值
sID	学号	varchar	9	主码	0000000001～9999999999	否	
sName	姓名	varchar	20			否	
mID	专业代码	varchar	6	外码		否	
Pwd	密码	varchar	50			否	999999
Grade	年级	char	2			是	1
Class	班级	char	1			是	

建立课程计划数据表，表名为 CoursePlan，其表结构见表 10-2。

表 10-2　CoursePlan 表结构

字段名	描述	数据类型	主码/外码	约　束	允许空	默认值
pID	计划编号	varchar(6)	主码		否	

（续）

字段名	描述	数据类型	主码/外码	约　　束	允许空	默认值
cID	课程编号	varchar(6)	主码、外码		否	999999
pSemester	开课学期	char(1)		取值为 1～8	否	1
cQuantity	课时数	char(3)			是	
weeks	授课周数	char(2)		取值为 1～18	否	18

建立课程信息表，表名为 Course，其表结构见表 10-3。

表 10-3　Course 表结构

字段名	描述	数据类型	主码/外码	约　　束	允许空	默认值
cID	课程编号	int	主码		否	
cName	课程名	vachar(50)			否	
cType	课程类别	char(1)		取值为 1～4，1 表示基础课，2 表示专业基础课，3 表示专业课，4 表示选修课	是	
Cridet	学分	char(1)		1～9	是	
intro	课程简介	text			否	

建立教室安排表，表名为 CourseRoom，其表结构见表 10-4。由于在不同学年、不同学期会有同一课程安排在同一教室内，因此学年度、学期不依赖教室编号和课程编号，同样课程的起始周、结束周、起始节次、终止节次和星期也不具有依赖性，即同一门课在同一学期内可能分段上课，在同一周内上课的次数可能有多次，所以本表为全码。

表 10-4　CourseRoom 表结构

字段名	描述	数据类型	主码/外码	约　　束	允许空	默认值
rID	教室编号	char(4)	主码	0000～1111	否	
cID	课程编号	varchar(6)	主码	000000～999999	否	
schYear	学年度	varchar(9)	主码	第 1～4 位和第 6～9 为 4 位数字表示年份，中间为符号"—"	否	
term	学期	char(1)	主码	1 或 2	否	
startWeek	起始周	char(2)	主码	1～20	否	
endWeek	结束周	char(2)	主码	1～20	否	
startLes	起始节次	char(2)	主码	1～12	否	
endLes	终止节次	char(2)	主码		否	
week	星期	nchar(1)	主码	一～五	否	999999

建立教室安排表，表名为 CourseRoom，其表结构见表 10-5。

表 10-5　Room 表结构

字段名	描述	数据类型	主码/外码	约　　束	允许空	默认值
rID	教室编号	char(4)	主码		否	

（续）

字段名	描述	数据类型	主码/外码	约　　束	允许空	默认值
room	室号	char(4)			否	
building	所在楼	nchar(15)			否	
capacity	容量	int			是	

建立专业表，表名为 Major，其表结构见表 10-6。

表 10-6　Major 表结构

字段名	描述	数据类型	主码/外码	约　　束	允许空	默认值
mID	专业编号	char(4)	主码		否	
mName	专业名	int	主码		否	
mType	专业类别	varchar(2)		专科、本科、研究生	是	本科
schLen	学制	char(1)		1～4	否	4

建立学生选课表，表名为 CourseSel，其表结构见表 10-7。

表 10-7　CourseSel 表结构

字段名	描述	数据类型	主码/外码	约　　束	允许空	默认值
sID	学号	char(4)	主码		否	
cID	课程编号	int	主码、外码		否	
schYear	学年度	varchar(9)	主码	第 1～4 位和第 6～9 为 4 位数字表示年份，中间为符号"—"	否	本科
term	学期	char(1)	主码	1～2	否	4

按上述方法建立所有的数据表，在完成表之后，根据前面的分析，建立相应的视图或存储过程来满足用户外模式的需要。

例如，根据外模式要求生成课程表，在生成课程表时是按输入具体的学年学期来调用的，所以可以通过存储过程来实现生成课程。

分析：根据外模式的要求，课程表包含的信息有课程名、授课地点、授课对象、起止周、起止节、星期。课程名我们可以通过 CourseRoom 表和 Couse 表的连接(连接键为 cID)获得；授课地点可以通过 CourseRoom 表和 Room 表的连接(连接键为 rID)获得；对象是指授课专业和班级，可以通过 courseSel 和 Student 表的连接(连接键为 sID)获得，但由于同一学期同一个班级选同一门课的学生较多，需要有一个过渡的视图 sylObj 来剔除。

```
CREATE VIEW sylObj AS
SELECT DISTINCT cID, Grade,Class,mID,schYear, term FROM student, CourseSel.sID
WHERE CourseSel.sID= Student.sID
```

使用下述命令来调用课程表：

```
SELECT cName AS 课程名,building+room AS 授课地点, grade+class AS 授课对象,
Week AS 星期, startLes+'-'+endLes AS 起止节次,startWeek+'-'+endWeek AS 起止周,
WHERE CourseRoom.cID=Couse.cID AND CourseRoom.rID=Room.rID AND
```

```
CourseSel.cID=sylObj.cID AND CourseSel.schYear =sylObj.schYear AND CourseSel.term
=sylObj.term
```

上述课程表也可以让用户根据输入的学年、学期来调用相应的课程，这就需要用带变量的存储过程来实现。

本 章 小 结

本章详细介绍了数据库设计的 6 个阶段：系统需求分析、概念结构设计、逻辑结构设计、物理结构设计、数据库实施、数据库的运行与维护，详细讨论了每一个阶段的任务、方法和步骤。

需求分析是整个数据库设计过程的基础，需求分析做得不好，可能会导致整个数据库设计返工重做。

概念结构设计将需求分析所得到的用户需求抽象为信息结构即概念模型。概念结构设计是整个数据库设计的关键，包括局部 E-R 图的设计、合并成初步 E-R 图及 E-R 图的优化。

逻辑结构设计将独立于 DBMS 的概念模型转化成相应的数据模型，包括初始关系模式设计、关系模式的规范化、外模式的设计。

物理结构设计则为给定的逻辑模型选取一个合适应用环境的物理结构，物理结构设计包括确定物理结构和评价物理结构两部分。

根据逻辑结构设计和物理结构设计的结果，在计算机上建立起实际的数据库结构，装入数据，进行应用程序的设计，并试运行整个数据库系统，这是数据库实施阶段的任务。

数据库的运行与维护是数据库设计的最后阶段，包括维护数据库的安全性与完整性，监测并改善数据库性能，必要时需要进行数据库的重新组织和重构。

习 题 10

1．数据库设计分为哪几个阶段？

2．需求分析的主要任务是什么？

3．简述概念结构设计的基本步骤。

4．逻辑结构设计的任务是什么？

5．简述将 E-R 图转换为关系模型的转换规则。

6．在逻辑结构设计中，设计外模式有哪些好处？

7．设某商业集团数据库中有 3 类实体：商店、商品、职工。其中，商店具有商店编号、商店名、地址属性，商品具有商品号、商品名、规格、单价等属性，职工具有职工编号、姓名、性别和业绩等属性；每个商店可销售多种商品，每种商品也可以放在多个商店销售，每个商店销售的每种商品有月销售量；一个商店聘用多名职工，每个职工只能在一个商店工作，商店聘用职工有聘期和工资。

（1）试画出 E-R 图。

（2）将该 E-R 图转换成关系模型，并指出主码和外码。

8．试以某个信息管理系统为调研对象，设计出相应的数据库。

参 考 文 献

[1] [美]Abraham Silberschatz,Henry F Korth, S Sudarshan. 数据库系统概念[M]. 杨冬青，李红燕，唐世渭译. 北京：机械工业出版社，2012.

[2] [美]Gavin Powell. 数据库设计入门经典[M]. 沈洁、王洪波、赵恒译. 北京：清华大学出版社，2007.

[3] [美]Patrick LeBlanc. SQL Server 2012 从入门到精通[M]. 潘玉琪译. 北京：清华大学出版社，2014.

[4] 李春葆. 数据库原理与技术：基于 SQL Server 2012[M]. 北京：清华大学出版社，2015.

[5] SQL Server 2005 实例教程编委会. SQL Server 2005 实例教程[M]. 北京：中国电力出版社，2008.

[6] 何玉洁，梁琦. 数据库原理与应用[M]. 2 版. 北京：机械工业出版社，2011.

[7] 邝劲筠，杜金莲. 数据库原理实践(SQL Server 2012)[M]. 北京：清华大学出版社，2015.

[8] 李春葆. 新编数据库原理习题与解析[M]. 北京：清华大学出版社，2013.

[9] 郑阿奇. SQL Server 实用教程(SQL Server 2012 版)[M]. 4 版.北京：电子工业出版社，2015.

[10] 毛一梅，郭红. 数据库原理与应用(SQL Server 版)[M]. 北京：北京大学出版社，2010.

[11] [美]Peter Rob, Carlos Coronel. 数据库系统设计、实现与管理[M]. 8 版. 金名，张梅译. 北京：清华大学出版社，2012.

[12] 孙改平，郭红. 数据库原理及应用实验指导书[M]. 北京：煤炭工业出版社，2014.

[13] 王珊，萨师煊. 数据库系统概论[M]. 5 版. 北京：高等教育出版社，2014.

[14] 王珊，张俊. 数据库系统概论习题解析与实验指导[M]. 5 版. 北京：高等教育出版社，2015.

[15] 卫琳. SQL Server 2012 数据库应用与开发教程[M]. 3 版. 北京：清华大学出版社，2014.

[16] 张海藩，牟永敏. 软件工程导论[M].6 版. 北京：清华大学出版社，2013.

[17] https://msdn.microsoft.com/zh-cn/library/ee679654，SQL Server 2012 联机丛书

[18] https://technet.microsoft.com

北京大学出版社本科计算机系列实用规划教材

序号	标准书号	书　名	主编	定价	序号	标准书号	书　名	主编	定价
1	7-301-24245-2	计算机图形用户界面设计与应用	王赛兰	38	30	7-301-21271-4	C#面向对象程序设计及实践教程	唐燕	45
2	7-301-24352-7	算法设计、分析与应用教程	李文书	49	31	7-301-19388-4	Java 程序设计教程	张剑飞	35
3	7-301-25340-3	多媒体技术基础	贾银洁	32	32	7-301-19386-0	计算机图形技术(第 2 版)	许承东	44
4	7-301-25440-0	JavaEE 案例教程	丁宋涛	35	33	7-301-18539-1	Visual FoxPro 数据库设计案例教程	谭红杨	35
5	7-301-21752-8	多媒体技术及其应用(第 2 版)	张　明	39	34	7-301-19313-6	Java 程序设计案例教程与实训	董迎红	45
6	7-301-23122-7	算法分析与设计教程	秦　明	29	35	7-301-19389-1	Visual FoxPro 实用教程与上机指导（第 2 版）	马秀峰	40
7	7-301-23566-9	ASP.NET程序设计实用教程(C#版)	张荣梅	44	36	7-301-21088-8	计算机专业英语(第 2 版)	张　勇	42
8	7-301-23734-2	JSP 设计与开发案例教程	杨田宏	32	37	7-301-14505-0	Visual C++程序设计案例教程	张荣梅	30
9	7-301-10462-0	XML 实用教程	丁跃潮	26	38	7-301-14259-2	多媒体技术应用案例教程	李　建	30
10	7-301-10463-7	计算机网络系统集成	斯桃枝	22	39	7-301-14503-6	ASP .NET 动态网页设计案例教程(Visual Basic .NET 版)	江　红	35
11	7-301-22437-3	单片机原理及应用教程(第 2 版)	范立南	43	40	7-301-14504-3	C++面向对象与 Visual C++程序设计案例教程	黄贤英	35
12	7-301-21295-0	计算机专业英语	吴丽君	34	41	7-301-14506-7	Photoshop CS3 案例教程	李建芳	34
13	7-301-21341-4	计算机组成与结构教程	姚玉霞	42	42	7-301-14510-4	C++程序设计基础案例教程	于永彦	33
14	7-301-21367-4	计算机组成与结构实验实训教程	姚玉霞	22	43	7-301-14942-3	ASP .NET 网络应用案例教程(C# .NET 版)	张登辉	33
15	7-301-22119-8	UML 实用基础教程	赵春刚	36	44	7-301-12377-5	计算机硬件技术基础	石　磊	26
16	7-301-22965-1	数据结构(C 语言版)	陈超祥	32	45	7-301-15208-9	计算机组成原理	娄国焕	24
17	7-301-15689-6	Photoshop CS5 案例教程(第 2 版)	李建芳	39	46	7-301-15463-2	网页设计与制作案例教程	房爱莲	36
18	7-301-18395-3	概率论与数理统计	姚喜妍	29	47	7-301-04852-8	线性代数	姚喜妍	22
19	7-301-19980-0	3ds Max 2011 案例教程	李建芳	44	48	7-301-15461-8	计算机网络技术	陈代武	33
20	7-301-27833-8	数据结构与算法应用实践教程(第 2 版)	李文书	42	49	7-301-15697-1	计算机辅助设计二次开发案例教程	谢安俊	26
21	7-301-12375-1	汇编语言程序设计	张宝剑	36	50	7-301-15740-4	Visual C# 程序开发案例教程	韩朝阳	30
22	7-301-20523-5	Visual C++程序设计教程与上机指导(第 2 版)	牛江川	40	51	7-301-16597-3	Visual C++程序设计实用案例教程	于永彦	32
23	7-301-20630-0	C#程序开发案例教程	李挥剑	39	52	7-301-16850-9	Java 程序设计案例教程	胡巧多	32
25	7-301-20898-4	SQL Server 2008 数据库应用案例教程	钱哨	38	53	7-301-16842-4	数据库原理与应用 (SQL Server 版)	毛一梅	36
26	7-301-21052-9	ASP.NET 程序设计与开发	张绍兵	39	54	7-301-16910-0	计算机网络技术基础与应用	马秀峰	33
27	7-301-16824-0	软件测试案例教程	丁宋涛	28	55	7-301-25714-2	C 语言程序设计实验教程	朴英花	29
28	7-301-20328-6	ASP. NET 动态网页案例教程(C#.NET 版)	江　红	45	56	7-301-25712-8	C 语言程序设计教程	杨忠宝	39
29	7-301-16528-7	C#程序设计	胡艳菊	40	57	7-301-15064-1	网络安全技术	骆耀祖	30

序号	标准书号	书　名	主编	定价	序号	标准书号	书　名	主编	定价
58	7-301-15584-4	数据结构与算法	佟伟光	32	66	7-301-18538-4	实用计算方法	徐亚平	24
59	7-301-17087-8	操作系统实用教程	范立南	36	67	7-301-19435-5	计算方法	尹景本	28
60	7-301-16631-4	Visual Basic 2008 程序设计教程	隋晓红	34	68	7-301-18539-1	Visual FoxPro 数据库设计案例教程	谭红杨	35
61	7-301-17537-8	C 语言基础案例教程	汪新民	31	69	7-301-25469-1	Photoshop 中国画技法实训教程	邹　晨 陈军灵	39
62	7-301-17397-8	C++程序设计基础教程	郗亚辉	30	70	7-301-28262-5	数据库原理与应用(SQL Server 版)(第 2 版)	毛一梅 郭　红	52
63	7-301-17578-1	图论算法理论、实现及应用	王桂平	54	71	7-301-28263-2	C#面向对象程序设计及实践教程(第 2 版)	唐　燕	54
64	7-301-17964-2	PHP 动态网页设计与制作案例教程	房爱莲	42	72	7-301-28246-5	PHP 动态网页设计与制作案例教程(第 2 版)	房爱莲	58
65	7-301-18514-8	多媒体开发与编程	于永彦	35					

如您需要更多教学资源如电子课件、电子样章、习题答案等，请登录北京大学出版社第六事业部官网 www.pup6.cn 搜索下载。
如您需要浏览更多专业教材，请扫下面的二维码，关注北京大学出版社第六事业部官方微信（微信号：pup6book），随时查询专业教材、浏览教材目录、内容简介等信息，并可在线申请纸质样书用于教学。

感谢您使用我们的教材，欢迎您随时与我们联系，我们将及时做好全方位的服务。联系方式：010-62750667，pup6_czq@163.com，szheng_pup6@163.com，pup_6@163.com，lihu80@163.com，欢迎来电来信。客户服务 QQ 号：1292552107，欢迎随时咨询。